普通高等教育

软件工程 "十三五" 规划教材

13th Five-Year Plan Textbooks
of Software Engineering

Web 前端开发技术

——HTML、CSS、JavaScript

（第 3 版）

聂常红 ◎ 编著

Web Front-end Development Technologies
HTML、CSS、JavaScript

人民邮电出版社
北京

图书在版编目（CIP）数据

Web前端开发技术：HTML、CSS、JavaScript / 聂常红编著. -- 3版. -- 北京：人民邮电出版社，2020.4（2024.6重印）

普通高等教育软件工程"十三五"规划教材

ISBN 978-7-115-49529-7

Ⅰ．①W… Ⅱ．①聂… Ⅲ．①超文本标记语言－程序设计－高等学校－教材②网页制作工具－高等学校－教材③JAVA语言－程序设计－高等学校－教材 Ⅳ．①TP312.8②TP393.092.2

中国版本图书馆CIP数据核字(2018)第227967号

内 容 提 要

本书全面介绍了 Web 标准的 3 个主要组成部分：HTML、CSS 和 JavaScript。循序渐进地讲述 Web 开发所涉及的三大前端技术的内容、应用技巧，以及它们的综合应用。每部分都配备了大量的实用案例，图文并茂，效果直观。

全书共 21 章，分为 4 个部分。在 HTML 部分，系统介绍了 HTML 基本概念、常用文本标签、HTML5 文档结构标签、在网页中插入多媒体内容、列表、div 标签、元素类型、在网页中创建超链接、在网页中使用表格、在网页中创建表单等内容；在 CSS 部分，系统介绍了 CSS 的定义、CSS 选择器、CSS 常用属性、盒子模型、网页元素的 CSS 排版、网页常用布局版式等内容；在 JavaScript 部分，系统介绍了 JavaScript 基础、脚本函数、事件处理、JavaScript 内置对象、使用 DOM 操作 HTML 文档、BOM 对象、正则表达式模式匹配、JavaScript 经典实例等内容；本书最后部分，通过一个综合案例，详细讲解了整合三大 Web 前端技术制作网页涉及的各方面内容和技巧。

本书可作为普通高等院校、大中专院校及培训学校计算机及相关专业的教材，也可供从事前端开发工作的相关人员参考。

◆ 编　著　聂常红

责任编辑　许金霞

责任印制　王　郁　陈　犇

◆ 人民邮电出版社出版发行　　北京市丰台区成寿寺路 11 号

邮编　100164　电子邮件　315@ptpress.com.cn

网址　https://www.ptpress.com.cn

涿州市京南印刷厂印刷

◆ 开本：787×1092　1/16

印张：23.75　　　　　　　2020 年 4 月第 3 版

字数：625 千字　　　　　　2024 年 6 月河北第 12 次印刷

定价：59.80 元

读者服务热线：**(010)81055256**　印装质量热线：**(010)81055316**

反盗版热线：**(010)81055315**

广告经营许可证：京东市监广登字 20170147 号

前言

在 2005 年以前的 Web 1.0 时代，网页内容比较简单，主要就是一些文字和图片，所以网页开发也比较简单，只要熟悉几个网页制作软件，诸如 Photoshop、Dreamweaver、Flash 软件，就很容易把网页制作出来，借助制作软件，网页开发对开发人员的要求并不高。在 2005 年以后，随着互联网进入 Web 2.0 时代，网页不仅要求完全地展现在访客面前，而且还要求具备炫酷的页面交互、良好的用户体验以及跨终端的适配兼容等功能。可见，在 Web 2.0 时代，对网页开发的要求越来越高，不论是开发难度上，还是开发方式上，网页开发都更接近传统的网站后台开发。所以此时的网页开发不再叫网页制作，而是叫前端开发，并且只有专业的前端工程师才能做好。

党的二十大报告指出：教育、科技、人才是全面建设社会主义现代化国家的基础性、战略性支撑。必须坚持科技是第一生产力、人才是第一资源、创新是第一动力。成为一名合格的前端工程师，需要掌握前端开发相关的技术，例如，HTML、CSS、JavaScript、Ajax、Node.js、React.js 等技术。在众多的前端开发技术中，HTML、CSS、JavaScript 是最基本也是最核心的技术，其他很多技术都是在这些核心技术的基础上发展起来的，这些新技术常常会随着时代的发展而被淘汰，而 HTML、CSS、JavaScript 作为原生语言却一直保持着旺盛的生命力。所以，作为前端开发人员，掌握原生语言 HTML、CSS、JavaScript 的开发技能是最核心的！鉴于 HTML、CSS、JavaScript 在前端开发中的重要性，本书对它们进行了详尽的介绍。

本书内容及特点如下。

本书分为 4 个部分：HTML、CSS、JavaScript 和 HTML+CSS+JavaScript 的综合应用。系统、全面地介绍了 Web 开发所涉及的三大前端技术的内容和应用技巧。

第一部分：HTML 相关内容。

这部分内容由第 1 章～第 7 章组成，主要讲述了 HTML 基础、常用文本标签、文档结构标签、在网页中插入多媒体内容、列表、div 标签、元素类型、在网页中创建超链接、在网页中使用表格、在网页中创建表单等内容。

第二部分：CSS 层叠样式表相关内容。

这部分内容由第 8 章～第 12 章组成，主要讲述了 CSS 基础、CSS 常用属性、盒子模型、网页元素的 CSS 排版、网页常见布局版式等内容。

第三部分：JavaScript 脚本相关内容。

这部分内容由第 13 章～第 20 章组成，主要讲述了 JavaScript 基础、脚本函数、事件处理、JavaScript 内置对象、使用 DOM 操作 HTML 文档、BOM 对象、正则表达式模式匹配、JavaScript 经典实例等内容。

第四部分：HTML5+CSS+JavaScript 综合应用。

这部分为第 21 章，将理论知识贯穿于实践，介绍了 HTML5+CSS+JavaScript 进行前端开发涉及的各方面内容和应用技巧。

本书具有以下几个特点。

- 内容全面、系统。本书全面、系统地介绍了 Web 开发涉及的三大前端技术的内容和应用技巧。

- 理论和实践完美结合。每章都配有大量的实用案例，对一些核心知识点，还在章节中引入综合案例；在全面、系统介绍各章内容知识的基础上，还提供了一个整合 HTML5+ CSS+JavaScript 开发企业级网站的综合案例。通过各种案例，将理论知识和实践完美地结合起来。

- 图文并茂。本书的每个实例都配有相应的运行效果图，效果直观，提高学习效率。

第 3 版说明如下。

第 3 版在第 2 版的基础上做了比较大的调整，其中涉及以下几方面内容。

- 删除了陈旧的内容，如<font>、文字的修饰标签、<center>、<blockquot>、<hr>、<marquee>、框架等。这些 HTML 元素实现的效果都可以通过 CSS 或 JavaScript 实现，如<font>、文字的修饰标签、<center>、<blockquot>、<hr>的效果都可以通过 CSS 实现，<marquee>元素实现的滚动字幕效果在综合案例中就是通过 JavaScript 来实现的。同时增加了一些新的内容以及许多实用的内容，例如，新增了<video>、<audio>等 HTML5 标签，网页常见布局版式，使用正则表达式进行模式匹配等内容。

- 遵循 Web 标准中的结构和表现分离原则，在介绍 HTML 标签时主要突出其对网页结构的展示，同时大量缩减 HTML 标签中有关设置样式属性的内容；而对于 CSS 的介绍，相比于前两个版本，增加了一倍的幅篇进行更为详细的介绍。

- 对内容的部分结构做了调整，例如，将第 2 版中 HTML5 基础篇的内容和第一篇 HTML 的内容融合在一起；另外将原先放在第 1 章中网站建设与发布的内容调整到第 21 章综合案例中，作为第 21 章第 1 节的内容，第 2 节的案例则围绕第 1 节的内容展开；将原来最后两章的综合案例整合为一个 HTML5+CSS+JavaScript 的案例，将 HTML5 中的文档结构元素、表单新增属性及新增 input 类型等内容融入案例中。

- 综合案例的代码也做了比较大的修改，例如，原来使用 marquee 标签实现滚动字幕的效果，现在使用 JavaScript 来实现；网页的布局增加了 HTML5 文档结构元素；校验表单数据的有效性，除了使用 HTML5 表单新增属性及新增 input 类型外，还增加了正则表达式匹配校验内容。

总之，第 3 版相对于前两个版本来说，内容更新、更实用，结构也更合理。

编者

2023 年 5 月

目 录

第1章 HTML 基础

随着计算机技术和通信技术的迅猛发展和日益普及，以 Internet 为代表的计算机网络已经从最初的军事、科研和教育的专用网络逐步向全球化网络、商业化网络和大众化网络方向发展，逐渐成为人们工作、学习和生活的一个重要部分，并深深地改变着我们的学习、工作和生活方式。时至今日，人们已经在很大程度上离不开网络了。目前 Internet 为人们提供了多种服务，如 WWW、E-mail、FTP、BBS 等，其中 WWW 是应用最广泛的服务之一，它已经成为查找信息、网上购物、网上结算、软件下载等活动的重要场所。而要将网上的信息展现在用户面前，则需要使用一种称为 HTML 的标签语言。

1.1　HTML 概述

Internet 也称为因特网、互联网，是全球最大的、开放的、由众多网络互连而成的计算机网络。

Internet 提供的服务主要有：WWW、FTP、E-mail、BBS 和 Telnet。其中，WWW 用于提供网页浏览服务，是应用最广、发展最快的一种服务。

1. WWW 简介

WWW 是全球广域网（World Wide Web）的缩写，简称为 Web，中文又称为"万维网"。它起源于 1989 年 3 月，是由欧洲量子物理实验室 CERN 所发展出来的超媒体系统。

WWW 为使用者提供了一个可以轻松驾驭的图形用户界面来查阅 Internet 上的文档，它允许使用者通过"跳转"或"超级链接"从某一页跳到其他页。一个完整的 WWW 系统包括 WWW 服务器、浏览器、HTML 文件（Web 页面，网页）和网络 4 部分。

WWW 服务器是指能够实现 WWW 服务功能的计算机，也称为 Web 站点。服务器上包含了许多后缀名为.html 文件的资源，这些 Web 页面采用超文本（Hypertext）的格式，即可以包含指向其他 Web 页面或其本身内部特定位置的超级链接。服务器信息资源主要以网页的形式向外提供。访问者要查看 Web 站点上的信息，需使用 Web 浏览器软件，如 Microsoft 的 Internet Explorer 或 Google 的 Chrome 等，它们能将 Web 站点上的信息转换成用户显示器上的文本或图形。一旦浏览器连接到了 Web 站点，就会在计算机上显示出有关的信息。相对于服务器来说，浏览器称为 WWW 的客户端。

一般来讲，一个 Web 站点由多个网页构成。每个 Web 站点上都有一个起始页，通常称为主页或首页。这是一个特殊的页面，它是网站的入口页面，其中包含指向其他页面的超链接。通常主页的名称是固定的，一般使用"index"或"default"来命名主页，例如"index.html"或"default.html"。

WWW 的运行涉及 3 个重要的概念：统一资源定位器（Uniform Resource Locator，URL）、超文本传输协议（Hypertext Transfer Protocol，HTTP）和超文本标签语言（Hypertext Markup Language，HTML）。

（1）URL

在 Internet 上查找 WWW 信息资源需要使用 URL。URL 提供了在 Web 上访问资源的统一方法和路径，相当于现实生活中的门牌号，它标识了链接所指向的文件的类型及其准确位置。

（2）HTTP

WWW 服务器和 WWW 客户机之间是按照文本传输协议（HTTP）互传信息的。HTTP 协议制定了 HTML 文档运行的统一规则和标准，它是基于客户端请求、服务器响应的工作模式，主要由 4 个过程组成：客户端与服务器建立连接；客户端向服务器发出请求；服务器接受请求、发送响应；客户端接收响应，客户端与服务器断开连接。这一过程就好比打电话一样，打电话者一端为客户端，接电话者一端为服务端。

（3）HTML

HTML 是一种文本类、解释执行的标签语言，用于编写要通过 WWW 显示的超文本文件。在后面会进一步介绍 HTML。

2. 浏览器

浏览器是专门用于执行 HTML 文件以及查看 HTML 源代码的一种软件。如 Microsoft 的 Internet Explorer、Google 的 Chrome 以及 Mozilla 的 Firefox。

浏览器执行 HTML 文件有两种方式：鼠标双击 HTML 文件来执行，通过在浏览器地址栏中输入 HTML 文件的 URL 来执行。

3. 静态网页和动态网页

由 HTML 直接书写，内容不会因人因时变化，并且不能够在客户端与服务器端进行交互的网页称为静态网页。静态网页的扩展名为".html"或".htm"。

内容能够因人因时变化，且能够在客户端与服务器端进行交互的网页称为动态网页。动态网页的扩展名依据所用的编程语言来定，如".jsp"".aspx"等。

全部由静态页面组成的网站称为静态网站；包含有动态网页的网站称为动态网站。

1.2 HTML 发展历程

HTML 是一种文本类、由浏览器解释执行的标签语言，用于编写要通过 WWW 显示的超文本文件，具有平台无关性。

HTML 诞生于 20 世纪 90 年代，由 Tim Berners-Lee 所设计。最初的 HTML 被设计得很简单，只包含几个标签，主要用于在网上展现文本。随着 Web 网络的迅速发展，人们开始希望在网上发布的信息图文并茂，并且动感十足。为满足人们不断增加的需要，HTML 被不断地发展，其标签不断被充实，功能也得到了不断增强。至今，HTML 已发展到了 HTML5。在 HTML5 之前的 HTML 的最高版本是 HTML4.0.1，现在说的 HTML 通常就是指 HTML4.0.1。在这个版本的语言中，规范更加统一，浏览器之间的兼容性也更强了。

虽然 HTML 目前的功能已得到了极大的增强，不同浏览器之间的兼容性也更加好了，但

HTML 本身存在致命的缺点，就是不能描述数据的具体含义，同时它的标签也是很有限的，这就使得 HTML 的发展比较有限。另外在 HTML 的整个发展历程中，各种浏览器厂商对 HTML 的支持并没有完全严格按规范要求来做，使得 HTML 显得极其宽松，比如双标签可以没有结束标签，标签和属性的大小写不约束，属性值是否有引号都没关系，标签是否正确嵌套也没关系。而运行在计算机上的各种浏览器对错误的 HTML 也极其宽容，以至于明显格式不良的 HTML 文档在浏览器上竟然也能正确显示结果。随着技术的发展，浏览器不仅能在计算机上运行，而且还能在移动设备和手持设备上运行，而运行在这些设备上的浏览器对 HTML 的错误就没有那么宽容了。为此，W3C 建议使用可扩展标签语言（Extensible Markup Language，XML）规范来约束 HTML 文档。

XML 是一套用来定义语义标签的规则，没有固定的标签，在 XML 中，程序员可以根据需要定义不同的标签。XML 是区分大小写的，所有元素必须成对出现，所有属性值必须用英文引号引起来。XML 的主要用途：一是作为定义各种实例标签语言标准的元标签；二是作为 Web 数据的标准交换语言，起到描述交换数据的作用。

XML 作为 Web 数据的标准交换语言，具有很强的数据转换功能，完全可以替代 HTML。但目前存在成千上万的基于 HTML 语言设计的网站，因此马上采用 XML 还不太合适。为从 HTML 平滑过渡到 XML，而采用了可扩展 HTML（Extensible Hypertext Markup Language，XHTML）。XHTML 是一个过渡技术，它同时结合了 HTML 的简单性和 XML 的规范性等优点，是一种增强了的 HTML。2000 年 1 月，W3C 发布了 XHTML 1.0 版本。

虽然 HTML 看上去显得很不规范，但事实上，W3C 将它以及 XHTML 作为标准来发布时，都通过文档类型定义（Document Type Definition，DTD）对它们制定了严格的规范标准，但现在大量存在互联网上的 HTML 文档却很少完全遵守这些规范。出于“存在即是合理”的考虑，Web 超文本应用技术工作组（Web Hypertext Application Technology Working Group，WHATWG）组织制定了 HTML5 这样一个新的 HTML 标准，这是一种由规范向现实“妥协”的规范。HTML5 的规范极其宽松，甚至不用提供 DTD。在 WHATWG 的努力下，W3C 在 2008 年终于认可了 HTML5，2014 年 10 月 28 日，W3C 的 HTML 工作组正式发布了 HTML5 的正式推荐标准（W3C Recommendation）。HTML5 增加了支持 Web 应用开发者的许多新特性，以及更符合开发者使用习惯的新元素，并重点关注定义清晰的、一致的准则，以确保 Web 应用和内容在不同浏览器中的互操作性。HTML5 带来了一组新的用户体验，如 Web 的音频和视频不再需要插件，通过 Canvas 更灵活地完成图像绘制，而不必考虑屏幕的分辨率，浏览器对可扩展矢量图（SVG）和数学标签语言（MathML）的本地支持等。HTML5 是构建开放 Web 平台的核心，为此，各大浏览器厂商都对 HTML5 抱着极大的热情，纷纷在自己的浏览器中对 HTML5 提供越来越高的支持。在 Web 开发界，它也得到了越来越多开发人员的青睐，事实上，Google 在很多地方都开始使用 HTML5。

1.3　HTML 文件

使用 HTML 语言编写的文件称为 HTML 文件，也叫 Web 页面或网页，扩展名为“.html”或“.htm”。HTML 文件是一种纯文本文件，可以使用记事本、EditPlus 等文本编辑工具，或 Sublime Text、WebStorm、IntelliJ IDEA、Dreamweaver 等可视化编辑工具来编写。HTML 文件由浏览器解释执行，具有跨平台性，任何一台主机，只要具有浏览器就可以执行 HTML 文件。单击鼠标右键后，在弹出的菜单中单击“查看源”或“查看网页源代码”命令，访问者可以查看网页的 HTML 代码。

HTML 文件的组成包含两部分内容：一是 HTML 标签；二是 HTML 标签所设置的内容。

1.3.1　HTML 标签

HTML 标签，也称为元素，用于描述网页结构，同时也可对页面对象样式进行简单的设置。所有标签都是由一对尖括号（"<" 和 ">"）和标签名所构成的，并分为开始标签和结束标签。开始标签使用<标签名>表示，结束标签使用</标签名>表示。在开始标签中使用attributename= "value"这样的格式来设置属性，结束标签不包含任何属性。标签中的标签名用来在网页中描述网页对象，属性则用于表示元素所具有的一些特性，比如事物的形状、颜色、用途等特性。

标签语法格式：

```
<标签名称 属性1="属性值1" 属性2="属性值2" …>标签内容</标签名称>
```

大多数 HTML 标签都有一个开始标签和结束标签，有部分标签只有开始标签，没有结束标签。对于同时具有开始标签和结束标签的称为双标签，如<body></body>；而只具有开始标签的称为单标签，如
。

一个标签中可以包含任意多个属性，不同属性之间使用空格分隔，例如：<a href="https://www.sise.com.cn" title="广州大学华软软件学院首页">。标签属性虽然可以对标签所设置的内容进行一些简单样式的设置，如对文字颜色、字号、字体等样式进行设置。但在实际应用中，一般使用 CSS 来设置样式，而不建议用标签属性来设置样式，这是因为使用标签属性设置样式，一方面会使表现和结构无法分开，另一方面有可能造成在不同浏览器中得到不同的表现效果。

通常标签都具有默认属性，当一个标签中只包含标签名时，标签将使用默认属性来获得标签的默认样式，例如：段落标签<p>，其存在一个默认的居左对齐方式。需要修改标签的默认样式时，通常使用 CSS 来重置默认样式。

HTML5 相比于 HTML 的其他版本，标签语法存在某些方面的不同，主要体现在以下几方面。

1．标签和属性不区分大小写

在 XHTML 中因为遵循了 XML 语法，所以要求标记及属性严格区分大小写，而在 HTML5 中则没有此限制，例如，<option Value="1">选项一</Option>是完全正确的。

2．可以省略具有布尔类型的属性值

对具有表示 true 或 false 意思的属于布尔类型的属性值，在 HTML5 中可省略不设置。具有布尔类型值的属性有：disabled、readonly、checked、selected、requried、autofocus 等。在 HTML5 中，当希望使用其中的某个属性表示 true 的意思时，直接在元素开始标签中添加该属性即可（在 XHTML 中，则要求必须同时给该属性赋值为属性名，如 selected="selected"）；如果希望该属性表示 false 的意思，则不使用该属性就可以了。例如：

```
<!--写属性名，没有属性值，表示复选框被选中-->
<input type="checkbox" checked>选项一
<!--省略 checked 属性，表示复选框没有被选中-->
<input type="checkbox">选项一
<!--XHTML 规范，表示复选框被选中时必须设置 checked 属性，并且给属性赋值为属性名-->
<input type="checkbox" checked="checked">
```

3．属性值可以省略引号

在 XHTML 规范中，必须保证属性值使用单引号或双引号，而在 HTML5 中，在不引起混淆的情况下，属性值可以省略引号。只有在属性值包含空格、"<"">"" ="、单引号和双引号的情

况下，才需要使用引号。例如：

```
<input type=text value="属性值在不包含    等字符时可以省略引号">
```

上述 input 元素的 type 属性值省略了引号，而 value 属性值因为包含了空格，因而不能省略引号，否则认为 value 的值只是"等"字前面的字符串而出现错误。

HTML 开始标签后面或标签对之间的内容就是 HTML 标签所设置的内容，其中的内容可以是普遍的文本，也可是嵌套的标签。

1.3.2　HTML 文件基本结构

一个 HTML 页面不管多复杂，在 W3C 标准模式下，其文件基本结构都是一样的，不外乎都包含一个文档声明和表示 HTML 页面基本结构的几个 HTML 标签。结构代码如下所示：

```
<!doctype html>
<html>
<head>
<meta charset="utf-8">
<title>无标题文档</title>
</head>
<body>
</body>
</html>
```

按照实现功能的不同，HTML 页面结构可分成两层：一层是外层，由<html>和</html>标签对来标识；另外一层是内层，用于实现 HTML 文件的各项功能。根据实现功能的不同，又可以将内层细分为两个区域，即头部区域和主体区域。头部区域主要用来设置一些与网页相关的信息，由<head>和</head>标签标识；主体区域主要用于在浏览器窗口显示内容，由<body>和</body>标识。

1.3.3　<!doctype>文档类型声明标签

doctype 是 Document Type 的简写。在 HTML 文档中，doctype 有两个作用：一是指定文档的根元素（跟在 doctype 后面的标识符）为<html>；二是用来告诉浏览器使用什么样的 HTML 或 XHTML 规范来解析网页。解析规范由 doctype 定义的 DTD（文档类型定义）来指定，DTD 规定了使用通用标签语言的网页语法。需要注意的是：在 HTML 文档中，doctype 声明标签应该位于页面的第一行。

在 HTML5 以前，必须指定 DTD，例如下例代码是 XHTML 的过渡类型的文档声明：

```
<!doctype html PUBLIC "-//W3C//DTD XHTML 1.0 Transitional//EN"
  "http://www.w3.org/TR/xhtml1/DTD/xhtml1-transitional.dtd">
```

在 HTML5 中，遵循"存在即合理"的原则，对规则的要求比较宽松，没有指定 HTML 标签必须遵循的 DTD，因而简写成以下形式：

```
<!doctype html>
```

DOCTYPE 是不区分大小写的，所以也可以写成<!DOCTYPE html>。

注：目前，浏览器对页面的渲染有两种模式：怪异模式（浏览器使用自己的模式解析渲染页面）和标准模式（浏览器使用 W3C 官方标准解析渲染页面）。不同的渲染模式会影响到浏览器对 CSS 代码甚至 JavaScript 脚本的解析。如果使用 doctype，浏览器将按标准模式解析渲染页面，否则将按怪异模式解析渲染页面。使用怪异模式对运行在 IE 低版本浏览器下的页面影响很大。可见 doctype 对一个页面的正确渲染很重要。

1.3.4 <html>及网页头部区域标签

1. <html></html>包含所有 HTML 内容

<html>标签是 HTML 页面中所有标签的顶层标签，即是 HTML 文档的根元素，页面中的所有标签必须放在<html></html>标签对之间。

2. 头部区域标签

网页的头部区域包含的常用标签如表 1-1 所示。

表 1-1 常用头部标签

标签	描述
<head>	设置网页文档的头部信息
<title>	设置网页的标题，该标题同时可作为搜索关键字以及搜索结果的标题
<meta>	定义网页的字符集、关键字、描述信息等内容
<style>	设置 CSS 层叠样式表的内容
<link>	设置对外部 CSS 文件的链接
<script>	设置页面脚本或链接外部脚本文件
<base>	设置页面的链接或源文件 URL 的基准 URL 和链接的目标

本章将介绍<head><title>和<meta>三个标签，<style><link>和<script>标签将分别放到后面相关章节中介绍。

（1）<head></head>设置网页文档的头部信息

<head>通常跟在<html>后面。<head>和</head>标签对用于标识 HTML 页面的头部区域，<head>和</head>之间的内容都属于头部区域中的内容。这个区域主要用来设置一些与网页相关的信息，如网页标题、字符集、网页描述的信息等，设置的信息内容一般不会显示在浏览器窗口中。

（2）<title></title>设置网页文档的标题

<title>标签的作用有两个：一是设置网页的标题，以告诉访客网页的主题是什么，设置的标题将出现在浏览器中的标题栏或选项卡中，如图 1-1 所示；二是给搜索引擎索引，作为搜索关键字以及搜索结果的标题使用。需要注意的是：搜索引擎会根据<title>标签设置的内容将你的网站或文章合理归类，所以标题对一个网站或文章来说，特别重要。实践证明，对标题同时设置关键字时可以使网站获得更靠前的排名。包含关键字的标题的设置格式为"标题-关键字"，例如"首页-广州大学华软软件学院"。

为了让访客更好地了解网页内容以及使网站获得更好的排名，每个页面都应该有一个简短的、描述性的、最好能带上关键字的标题，而且这个标题在整个网站应该是唯一的。

标题设置语法如下：

```
<title>网页标题</title>
```

有关<title>设置页面标题对标题对搜索影响的示例请分别参见示例 1-1 和示例 1-3。

【示例 1-1】页面标题设置。

```
<!doctype html>
<html>
<head>
<meta charset="utf-8">
<title>HTML 文件标题示例</title>
```

设置网页标题

```
</head>
<body>
</body>
</html>
```

上述代码在 IE11 浏览器中的运行结果如图 1-1 所示，页面标题显示在选项卡中。

图 1-1　网页标题设置

（3）<meta>定义文档元数据

<meta>标签位于文档的头部，不包含任何文字内容。<meta>用来定义文档的元数据。一般使用它来描述当前页面的特性，比如：文档字符集、关键字、网页描述信息、页面刷新等内容。<meta>是一个辅助性标签，对 HTML 页面可以进行很多方面的特性的设置。

<meta>可以实现很多功能，这些不同的功能通过设置<meta>的属性来实现。meta 功能虽然强大，但使用却很简单，它包含 4 个属性，各个属性的描述如表 1-2 所示。

表 1-2　　　　　　　　　　　　　　　　<meta>标签的属性

属性	描述
http-equiv	以键/值对的形式设置一个 HTTP 标题信息，"键"指定设置项目，由 http-equiv 属性设置，"值"由 content 属性设置
name	以键/值对的形式设置页面描述信息或关键字，"键"指定设置项目，由 name 属性设置，"值"由 content 属性设置
content	设置 http-equiv 或 name 属性所设置项目对应的值
charset	设置页面使用的字符集

http-equiv 属性类似于 HTTP 的头部协议，它回应给浏览器一些有用的信息，以帮助正确地显示网页内容。name 属性用于设置关键字、描述网页等内容，以便于搜索引擎机器人查找、分类。目前几乎所有的搜索引擎都使用网上机器人自动查找 meta 值来给网页分类，一个设计良好的 meta 标签可以大大提高网站被搜索到的可能性。

每一个<meta>实现一种功能，可以在 HTML 文件的头部区域中包含任意数量的<meta>标签，以实现多种功能。

① 使用<meta>设置页面字符集。

<meta>标签可以设置页面内容所使用的字符编码，浏览器会据此来调用相应的字符编码显示页面内容和标题。当页面没有设置字符集时，浏览器会使用默认的字符编码显示。简体中文操作系统下，IE 浏览器的默认字符编码是 GB2312，Chrome 浏览器的默认字符编码是 GBK。所以当页面字符集设置不正确或没有设置时，文档的编码和页面内容的编码有可能不一致，此时将导致页面中文内容和中文标题显示乱码。

在 HTML 页面中，常用的字符编码是"utf-8"。"utf-8"又叫"万国码"，它涵盖了世界上几乎所有地区的文字。我们也可以把它看成是一个世界语言的"翻译官"。有了"utf-8"，你可以在

HTML 页面上写中文、英语、法语、越南语、韩语等语言的内容。默认情况下，我们的 HTML 文档的编码也是"utf-8"。所以当我们设置页面编码为"utf-8"时，就使文档编码和页面内容的编码保持一致，这样的页面在世界上几乎所有地区都能正常显示。

<meta>标签设置字符集有两种格式，一种是 HTML5 的格式，一种是 HTML5 以下版本的格式。设置基本语法如下。

HTML4/XHTML 设置格式：

```
<meta http-equiv="Content-Type" content="text/html; charset=字符集">
```

HTML5 对字符集的设置作了简化，格式如下：

```
<meta charset="字符集">
```

语法说明：http-equiv 传送 HTTP 通信协议标题头，Content-Type 表示"字符集"设置项目，content 用于定义文档的 MIME 类型以及页面所使用的具体的字符集。当 charset 取值为"gb2132"时，表示页面使用的字符集是国标汉字码，目前最新的国标汉字码是 gb18030，在实际应用中，我们经常使用 utf-8 编码。

【示例 1-2】网页字符集设置。

```
<!doctype html>
<html>
<head>
<meta charset="utf-8">
<title>网页字符集设置示例</title>
</head>
<body>
    设置网页字符集
</body>
</html>
```

上述代码在 IE11 浏览器中的运行结果如图 1-2 所示。

图 1-2　设置字符集后中文显示正常

将示例 1-2 中的<meta>标签去掉后，再在 IE11 浏览器中运行，结果如图 1-3 所示。

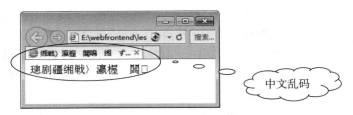

图 1-3　去掉字符集设置后中文乱码显示

对比图 1-2 和图 1-3，可见页面字符集设置对页面内容正确显示的重要性。

② 使用<meta>设置关键字。

关键字是为搜索引擎提供的，在网页中是看不到关键字的，它的作用主要体现在搜索引擎优化上面。为提高网页在搜索引擎中被搜索到的概率，我们可以设定多个与网页主题相关的关键字。

基本语法：

```
<meta name="keywords" content="关键字 1,关键字 2,关键字 3,…">
```

语法说明：keywords 表示"关键字"设置项目，content 中设置具体的关键字，不同的关键字使用逗号或空格分隔。需注意的是，虽然设定多个关键字可提高被搜索到的概率，但目前大多数的搜索引擎在检索时都会限制关键字的数量，一般 10 个以内比较合理，关键字多了会分散关键字优化，影响排名。

示例代码如下所示：

```
<meta name="keywords" content="VANCL,凡客,凡客诚品,货到付款,快时尚,时尚,品牌服装,男装,
女装,童装,鞋,家居,配饰,衬衫">
```

③ 使用<meta>设置网页描述信息。

网页的描述信息主要用于概述性地描述页面的主要内容，用来补充关键词，当描述信息中包含了部分关键字时，会作为搜索结果返回给浏览者。像关键字一样，搜索引擎对描述信息的字数也有限制，一般允许 70～100 个字，所以内容应尽量简明扼要。需注意的是，不同的搜索引擎，对待描述信息有不同的态度，例如对百度搜索引擎来说，描述信息没什么用处，而对 Google 搜索引擎来说，描述作息在搜索信息中会起到一点作用。

基本语法：

```
<meta name="discription" content="网页描述信息">
```

语法说明：discription 表示"描述"设置项目，content 中设置具体的描述信息。

示例代码如下所示：

```
<meta name="description" content="凡客 VANCL 官方网站,互联网快时尚品牌,网上购物首选品
牌,提供男装、女装、鞋、家居等多种商品网购,支持货到付款的购物网站,特价商品,优惠券,快速配送,货到
付款,买衣服网站首选。">
```

【示例 1-3】使用标题、关键字和网页描述信息搜索网页。

```
<!doctype html>
<html>
<head>
<meta charset="utf-8">
<meta name="keywords" content="VANCL,凡客,凡客诚品,货到付款,快时尚,时尚,品牌服装,男装,
女装,童装,鞋,家居,配饰,衬衫,牛津纺,青年布,法兰绒,牛津纺衬衫,法兰绒衬衫,衬衣,长袖衬衫,短袖
衬衫,全棉,纯棉,全棉衬衫,…">
<meta name="description" content="凡客 VANCL官方网站,互联网快时尚品牌,网上购物首选品牌,
提供男装、女装、鞋、家居等多种商品网购,支持货到付款的购物网站,特价商品,优惠券,快速配送,货到付
款,买衣服网站首选。">
<title>凡客 VANCL-互联网快时尚品牌,服装,鞋,配饰,网上购物货到付款网站,7 天无条件退货</title>
…
</head>
<body>
 …
</body>
</html>
```

上述代码为凡客官网首页的部分源代码，当我们在百度搜索框中输入"凡客"时会搜索到该页面，同时在返回的搜索结果中，会以网页标题"凡客 VANCL-互联网快时尚品牌，服装，鞋，配饰，网上购物货到付款网站，7 天无条件退货"作为搜索结果的标题，而返回的搜索结果描述信息则是上述代码中设置的网页描述信息，如图 1-4 所示。

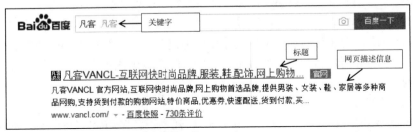

图 1-4　使用标题、关键字和描述信息搜索网页

也可以使用关键字来搜索信息，如输入图 1-5 所示的关键字同样可以搜索到图 1-4 所示结果，只不过排名可能不一样。另外需要注意的是，输入不同的关键字个数，搜索到的结果可能是不一样的，而且，输入的关键字个数超过一定数量时，得到的结果反而是排名越靠后。

图 1-5　使用关键字搜索信息

④ 设定网页自动刷新。

使用<meta>标签可以实现每隔一定时间刷新页面内容，这一功能常用于需要实时刷新页面的场合，如 Internet 现场图文直播、聊天室、论坛消息的自动更新等。

基本语法：

```
<meta http-equiv="refresh" content="刷新间隔时间">
```

语法说明：http-equiv 传送 HTTP 通信协议标题头，refresh 表示刷新功能，content 用于设定刷新间隔的时间，单位是秒。

【示例 1-4】页面的自动刷新设置。

```
<!doctype html>
<html>
<head>
<meta charset="utf-8">
<meta http-equiv="refresh" content="3">
<title>页面的自动刷新设置示例</title>
</head>
<body>
    页面每隔 3 秒刷新一次
</body>
</html>
```

⑤ 设定网页自动跳转。

使用 http-equiv 属性值 refresh，不仅能够完成页面自身的自动刷新，也可以实现页面之间的跳转。这一功能目前已被越来越多的网页所使用，例如，当网站地址有变化时，希望在当前的页面中等待几秒钟后自动跳转到新的网站地址；或者希望首先在一个页面上显示欢迎信息，然后经过一段时间后，自动跳转到指定的网页上。

基本语法：

```
<meta http-equiv="refresh" content="刷新间隔时间;url=页面地址">
```

语法说明：http-equiv 传送 HTTP 通信协议标题头，refresh 表示刷新功能，content 中设定刷新间隔的秒数及跳转到的页面地址。

【示例 1-5】页面的自动跳转设置。

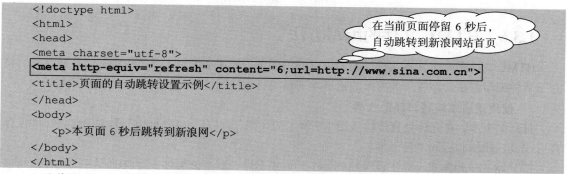

```
<!doctype html>
<html>
<head>
<meta charset="utf-8">
<meta http-equiv="refresh" content="6;url=http://www.sina.com.cn">
<title>页面的自动跳转设置示例</title>
</head>
<body>
    <p>本页面 6 秒后跳转到新浪网</p>
</body>
</html>
```

> 在当前页面停留 6 秒后，自动跳转到新浪网站首页

上述代码在 IE11 浏览器中的运行结果如图 1-6 和图 1-7 所示。首先显示图 1-5 所示的当前页面，6 秒后跳转到新浪首页。

图 1-6　当前页面

图 1-7　6 秒后跳转到新浪首页

1.3.5　<body>主体标签

<body>标签封装了页面的主体内容，所有需要在浏览器窗口中显示的内容都需要放置在 <body></body>标签对之间。

【示例 1-6】<body>标签的使用。

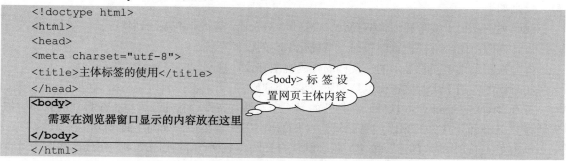

```
<!doctype html>
<html>
<head>
<meta charset="utf-8">
<title>主体标签的使用</title>
</head>
<body>
    需要在浏览器窗口显示的内容放在这里
</body>
</html>
```

> <body> 标签设置网页主体内容

上述代码在 IE11 浏览器中的运行结果如图 1-8 所示。从图中可看到，<body>标签对之间的内容显示在了浏览器窗口中。

图 1-8　主体标签的作用

1.3.6　HTML 文件的编写方法

HTML 文件是一个文本文件，我们可以使用任意一种文本编辑工具进行编写。在此，我们将介绍两种编写方法，即使用最简单的记事本工具编写和使用可视化的 Dreamweaver 编写。

1. 使用记事本编写 HTML 文件

打开记事本，在光标处直接输入图 1-9 所示的代码，并以"ex1-7.html"为文件名将文件保存在 E:\webfrontend\lesson1 目录下。

在 E:\webfrontend\lesson1 目录找到 ex1-7.html 文件，双击该文件，会自动打开浏览器执行该 html 文件；或者打开浏览器，选择"文件→打开"命令，从弹出的"打开"对话框中找到 ex1-7.html 文件后，单击"确定"按钮，即可以执行该文件，运行效果如图 1-10 所示。

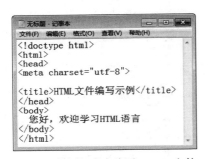

图 1-9　使用记事本编写 HTML 文件

图 1-10　HTML 文件在浏览器中的运行效果

2. 使用 Dreamweaver 编写 HTML 文件

Dreamweaver 是 Macromedia 公司推出的目前最流行、使用最广泛的一款专业的可视化网页制作软件，它集网页制作和网站管理于一身，可用于对 Web 站点、Web 页面进行设计和编码。

Dreamweaver 的文档窗口通常包含多个视图窗口，其中 Dreamweaver CS6 包含了 4 个视图窗口，分别如下。

代码视图：用于编写和编辑 HTML、CSS、JavaScript 等代码的编码环境。

设计视图：用于可视化页面布局、可视化编辑的设计环境。

拆分视图：用于同时显示同一文档的代码视图和设计视图。

实时视图：用于实时展现浏览器浏览效果的窗口。

打开 Dreamweaver CS6 软件，在打开的界面中选择"文件→新建"菜单，在打开的界面中依次选择"空白页"→"HTML"页面类型→"HTML5"文档类型，如图 1-11 所示。

单击图 1-11 中的"创建"按钮后将会默认打开图 1-12 所示的代码视图。在代码视图中可直接编写代码，编写完后将文件保存为 HTML 文件，如图 1-13 所示。如果同时单击拆分视图和实时视图，则可同时查看代码视图及其在浏览器中的显示效果，如图 1-14 所示。

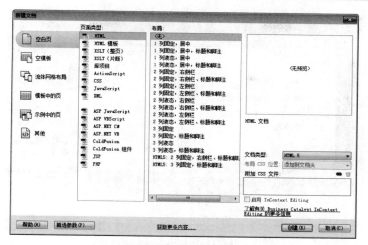

图 1-11　新建 HTML 文件

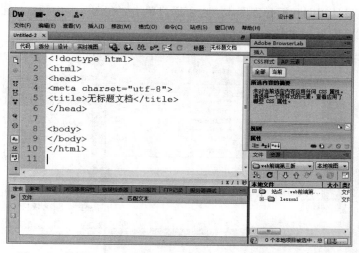

图 1-12　使用 Dreamweaver 新建 HTML 文件默认打开的代码视图

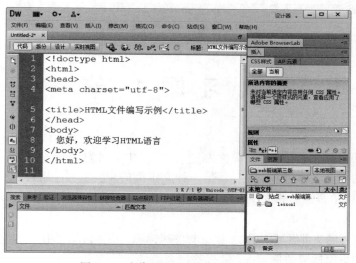

图 1-13　在代码视图中进行代码的编写

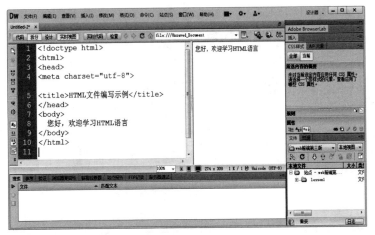

图 1-14　同时显示代码视图和实时视图

　　在代码视图、设计视图和拆分视图中，也可通过单击"在浏览器中预览/调试"按钮，以打开选择的浏览器来浏览网页，如图 1-15 所示。

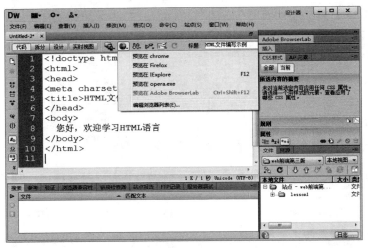

图 1-15　选择浏览器浏览网页

习 题 1

1．填空题

（1）WWW 的全称是_____，简称为_____，中文名为_____。

（2）HTML 的中文名称叫_____，是一种文本类的由_____解释执行的标签语言。

（3）用 HTML 语言编写的文件称为_____，HTML 文件的扩展名可以是"_____"或".htm"。

（4）HTML 文件的头部区域使用_____标签来标识，主体区域使用_____标签来标识。

（5）用于设置页面标题的是_____标签。

（6）meta 标签可以提供 HTTP 标题信息和页面描述信息的设置，分别使用属性_____设置 HTTP 标题信息，使用_____设置页面描述信息。

（7）某一聊天页面，如果希望每隔 1s 显示最新聊天信息，应将 meta 标签代码设置为_____。

2．判断题

（1）HTML5 的 DOCTYPE 声明语句中不需要指明文档类型。 　　　　　　　　　　　（　　　）

（2）HTML5 中标记不需要区分大小写。 　　　　　　　　　　　　　　　　　　　（　　　）

（3）HTML5 中的属性可以不需要使用引号。 　　　　　　　　　　　　　　　　　（　　　）

（4）对属性值为布尔类型的属性值可以不需要设置。 　　　　　　　　　　　　　　（　　　）

（5）在 HTML5 中字符集的声明可以不需要 content 属性。 　　　　　　　　　　　（　　　）

3．上机题

（1）熟悉 Dreamweaver 软件，并分别使用记事本和 Dreamweaver 软件创建一个简单的 HTML 文件。

（2）在 IE11 浏览器中单击"查看→源"命令或在浏览器窗口中单击鼠标右键，然后单击"查看源"命令查看创建的 HTML 文件的源代码。

（3）创建一个网页，并按如下要求设置页面头部信息。

① 网页标题，如"使用头部标签设置网页相关信息"。

② 网页关键字，如"title""meta"。

③ 网页描述信息，如"这是一个关于介绍 HTML 的网站"。

④ 网页停留 5s 后自动跳转到某个网页，如 https://www.sise.com.cn/。

⑤ 设置网页字符集为"utf-8"。

第2章
常用文本标签和文档结构标签

文本是网页最基础的内容，其对页面传达信息起着关键性的作用。为了得到不同的页面效果和更好地传达信息，常常需要设置页面文本以及文本样式。对文本样式的设置除了可以使用 CSS，还需要使用相关的一些标签。

在 HTML5 以前，HTML 页面的不同结构都是通过<div>这个没有具体含义的标签来划分的。这样划分结构的结果既不利于搜索引擎搜索，也不利于视力障碍人士阅读。为此，HTML5 提供了<header>、<section>、<article>、<nav>、<aside>及<footer>等具有语义化的标签划分页面结构。

2.1 常用文本标签

文本标签主要用于设置网页中所有有关文字方面的内容，具体包括段落、标题字、换行、强调以及特殊字符等方面的标签。

2.1.1 段落与换行标签

段落就是一段格式上统一的文本。在 Dreamweaver 设计视图中按 Enter 键后，将自动生成一个段落。在 HTML 中，创建段落需要使用<p>标签。

基本语法：

```
<p>段落内容</p>
```

语法说明：段落从<p>开始创建，到</p>结束。使用<p>和</p>创建的段落分别与上下文有一空行的间隔，这是由段落默认情况下，存在 16px 的上外边距和下外边距所决定的。可以通过后面将学习的 CSS 的 margin:0 样式代码来重置默认外边距为 0。

默认情况下，段落相对于其父窗口居左对齐。修改段落水平对齐方式，有两种方法：一种是使用标签的 align 属性；另一种是使用 CSS。建议使用 CSS 方式来修改对齐方式。

设置段落水平对齐方式的语法如下：

```
<p align="对齐方式">段落内容</p>
```

语法说明：对齐方式可分别取 left、center 和 right 3 种值，分别表示居左、居中和居右对齐。默认情况下，段落居左对齐，当段落是左对齐时，对齐方式可以省略不设置。

段落之间是隔行换行的，文字的行间距比较大，当希望换行后文字显示比较紧凑时，可以使用标签
来换行。
是一个单标签，在 XHTML 中直接在
中加一个空格和反斜线表示段落结束。

基本语法：

```
<br>或<br />
```

语法说明：在 HTML5 中，可以直接写成
。一个换行使用一个
，多个换行可以连续使用多个
，连续使用两个
将产生一个空行。

【示例 2-1】段落标签和换行标签的使用。

```
<!doctype html>
<html>
<head>
<meta charset="utf-8">
<title>段落标签和换行标签的使用</title>
</head>
<body>
    这是第一行文本，没有使用任何标签进行设置
    <p>这是第二行文本，被设置为一个段落</p>
    这是第三行文本，<br>在这里使用了 br 标签换行
</body>
</html>
```

上述代码在 IE11 浏览器中的运行结果如图 2-1 所示。

从图 2-1 中可以看出，设置为段落的第二行文本与第一行和第三行之间间隔一行空行。而换行只是将
后面的文本内容在下一行显示，与换行前的文本之间不产生空行。

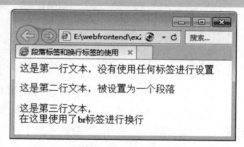

图 2-1　段落和换行标签的使用效果

2.1.2　标题字标签

标题字就是以某几种固定的字号显示的文字，一般用于强调段落要表现的内容或作为文章的标题，默认具有加粗显示并与上、下文产生特定大小的间隔特性，这是由标题字默认情况下，存在特定大小的上外边距和下外边距所决定的。不同级别标题字的默认外边距不相同，同一级别的标题字，不同浏览器默认的外边距也可能不相同。在实际应用中，为了提高浏览器的兼容性，通常会通过 margin 样式代码来重置标题字的默认外边距。

标题字根据字号的大小分为 6 级，分别用标签 h1～h6 表示，字号的大小默认随数字增大而递减。标题字的字号可以使用 CSS 修改。

基本语法：

```
<hn>标题字</hn>
```

语法说明：hn 中的 n 表示标题字级别，取值为 1～6，具体设置如表 2-1 所示。

表 2-1　　　　　　　　　　　各级标题字设置

标签	描述	标签	描述
<h1>…</h1>	一级标题设置	<h4>…</h4>	四级标题设置
<h2>…</h2>	二级标题设置	<h5>…</h5>	五级标题设置
<h3>…</h3>	三级标题设置	<h6>…</h6>	六级标题设置

默认情况下，标题字相对其父窗口居左对齐。要修改水平对齐方式，和段落一样，可以使用标签的 align 属性和使用 CSS 两种方式。建议使用 CSS 方式设置对齐方式。

基本语法：

```
<hn align="水平对齐方式">标题字</hn>
```

语法说明：hn 中的 n 表示标题字级别。水平对齐方式可取 left、center 和 right 3 种值，分别表示居左、居中和居右对齐。

【示例 2-2】设置标题字及其对齐方式。

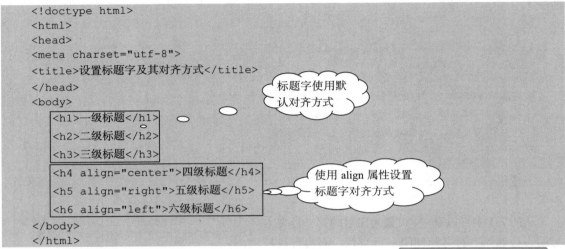

```
<!doctype html>
<html>
<head>
<meta charset="utf-8">
<title>设置标题字及其对齐方式</title>
</head>
<body>
    <h1>一级标题</h1>
    <h2>二级标题</h2>
    <h3>三级标题</h3>
    <h4 align="center">四级标题</h4>
    <h5 align="right">五级标题</h5>
    <h6 align="left">六级标题</h6>
</body>
</html>
```

标题字使用默认对齐方式

使用 align 属性设置标题字对齐方式

上述代码在 IE11 浏览器中的运行结果如图 2-2 所示。

图 2-2 中的页面显示了 6 个级别的标题字，它们的字号从一级到六级依次减小。其中前三级标题字使用了默认对齐方式，即左对齐；后面三级标题字使用 align 属性显式设置对齐方式分别为居中、居右和居左。

2.1.3 <strong>标签

<strong>标签通过语气的加重来强调文本，是一个具有强调语义的标签，除了样式上要显示加粗效果外，还通过特别加重的语气来强调文本。使用<strong>标签修饰的文本会更容易吸引搜索引擎。另外，视力障碍人士使用阅读设备阅读网页时，<strong>标签内的文字会着重朗读。

图 2-2 标题字及其对齐方式设置

基本语法：

```
<strong>文本</strong>
```

语法说明：需要修饰的文本直接放到标签对之间即可。

【示例 2-3】<strong>标签的使用。

```
<!doctype html>
<html>
<head>
<meta charset="utf-8">
<title>strong 标签的使用</title>
</head>
<body>
```

```
  <p>你中了 500 万（没有使用任何格式化标签）</p>
  <p><strong>你中了 500 万（使用 strong 标签加强语气）</strong></p>
</body>
</html>
```

上述代码创建了两段文本，最后一段文本会加粗显示。运行结果如图 2-3 所示。

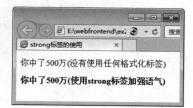

"中 500 万奖"那是一件多么让人激动的事。但图 2-3 所示的第一段文本，仅仅平铺直叙地表达中奖这一件事，让浏览者无法体会到陈述者激动的心情；而第二段文本不仅从视觉效果上可以引起浏览者的注意，而且能通过陈述者加强的语气，体现其此刻激动的心情，使用阅读设备阅读该文本时，也会更大声地着重朗读。

图 2-3　strong 标签的设置效果

2.1.4　<em>标签

<em>标签也是一个具有强调语义的标签，除了在样式上会显示倾斜效果外，还通过特别加重的语气来强调文本，因而能引起搜索引擎的侧重。<em>标签和<strong>标签一样，都可以强调文本，但语气上要比<strong>标签轻，即<strong>标签的强调程度更大一些。

基本语法：

```
<em>文本</em>
```

语法说明：需要修饰的文本直接放到标签对之间即可。

【示例 2-4】<em>标签的使用。

```
<!doctype html>
<html>
<head>
<meta charset="utf-8">
<title>em 标签的使用</title>
</head>
<body>
  <p>你中了 500 万（没有使用任何格式化标签）</p>
  <p>你中了<em>500</em>万（使用 em 标签强调 500）</p>
</body>
</html>
```

上述代码创建了两段文本，最后一段文本会倾斜显示。运行结果如图 2-4 所示。

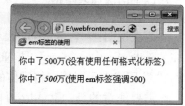

奖项的大小对人情绪的影响是不一样的，"500 万大奖"不管对谁都是一个大奖，所以为了突出奖项的大小，应特别强调奖金数量。但图 2-4 所示第一段文本中的奖金数量和其他文本的格式完全一样，没有突出数量；第二段文本中的数量不仅从视觉效果上引起浏览者的注意，而且使用<em>标签来加强语气，因而体现陈述者情绪的激动。

图 2-4　em 标签的设置效果

2.1.5　<span>标签

<span>标签是一个装饰性标签，通常用于设置文本的视觉差异，例如，某些关键字需要区别对待时，就可以使用<span></span>标签对进行装饰。

基本语法：

```
<span>文本</span>
```

语法说明：需要修饰的文本直接放到标签对之间即可。

【示例 2-5】使用 span 标签设置关键字颜色。

```
<!doctype html>
<html>
<head>
<meta charset="utf-8">
<title>使用 span 标签设置关键字颜色</title>
<style>
span {
    color: red;
}
</style>
</head>
<body>
  <p>欢迎大家来学习 Web 前端技术：<span>HTML、CSS</span>和<span>JS</span></p>
</body>
</html>
```

上述代码使用 span 标签包含"HTML、CSS 和 JS"，然后使用 CSS 样式代码设置这些文本的颜色为红色，使其更加醒目（注：<style><style>标签对之间的代码为 CSS 样式代码，用于设置 span 标签所选择的文本颜色样式）。运行结果如图 2-5 所示。

图 2-5　使用 span 标签设置关键字颜色

2.1.6　空格、特殊字符的输入及注释

根据文字输入方式的不同以及是否显示在页面中，可以将网页文字分成以下几类：普通文字、空格、特殊文字和注释语句。普通文字直接输入就可以了，但空格和特殊文字则需要采用一定的方法才能输入，而注释语句和普通文字不同的是，其作用是对代码进行描述说明，主要是给开发人员看的，不会显示在浏览器中。

1. 空格的输入

通常情况下，在制作网页时，通过空格键输入的多个空格，在浏览器浏览时将只保留一个空格，其余空格都被自动截掉了。网页中的空格几乎都是不换行空格，为了在网页中增加空格，可使用以下语法插入空格。

```
 
```

语法说明：一个" "表示一个不换行空格，需要多个空格时，需要连续输入多个" "。在" "中，"nbsp"是 Non-Breaking Space 的缩写形式，表示空格对应的实体名称，"&"和"；"用于表示引用字符实体的前缀和后缀符号，不能省略。

需要注意的是，默认情况下，" "在不同浏览器中显示的宽度是不一样的，例如，在 IE 浏览器中，4 个" "等于一个汉字；而在 Chrome 中，有些是 2 个" "等于一个汉字，在一些较新的版本中，则是一个" "等于一个汉字。空格宽度不相等的原因主要是各个浏览器默认使用的请求和响应的编码不同。为此，在实际应用中，最好使用 CSS 样式来生成空格，比如段首的缩进空格，最好使用 CSS 样式属性 text-indent 来设置。

2. 特殊文字的输入

有些字符在 HTML 中有特别的含义，比如小于号<表示 HTML 标签的开始；另外，还有一些字符无法通过键盘输入，这些字符对于网页来说都属于特殊字符。要在网页中显示这些特殊字符，

可以使用输入空格的形式，即使用它们对应的字符实体。

基本语法：

&实体名称;

语法说明：使用时，用特殊字符对应的实体名称。常用的特殊字符与对应的字符实体如表 2-2 所示。

表 2-2　　　　　　　　　　　　　　常用特殊字符及其字符实体

特殊符号	字符实体	特殊符号	字符实体
"	&quot;	¢	&cent;
&	&amp;	¥	&yen;
<	&lt;	£	&pound;
>	&gt;	©	&copy;
·	&middot;	®	&reg;
×	&times;	™	&trade;
§	&sect;		

3. 注释语句

为了提高代码的可维护性和可读性，常常在源代码中添加注释语句，用于对代码进行说明。浏览器解析页面时会忽略注释，因而注释语句不会显示在浏览器中，但查看源代码时可以看到。

基本语法：

<!-- 注释内容 -->

语法说明：注释内容可以是多条语句。

【示例 2-6】空格、特殊字符的输入及注释的使用。

```
<!doctype html>
<html>
<head>
<meta charset="utf-8">
<title>空格、特殊字符的输入及注释的使用</title>
</head>
<body>
    <!-- 使用一个 输入一个不换行空格 -->
    <p>    此句首缩进了 4 个空格。</p>
    <!-- 特殊字符使用对应的字符实体输入 -->
    <p>这是一本专业&amp;详尽的有关&quot;HTML&quot;标签的
        书籍，其中介绍了常用标签如&lt;body&gt;、&lt;form&gt;
        等标签。</p>
    <p>&copy;广州大学华软软件学院版权所有 2018</p>
</body>
</html>
```

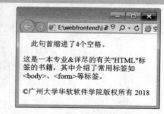

图 2-6　空格、特殊字符的输入及
注释的使用效果

上述示例演示了普通文字、空格、特殊字符（<、>、&、注册符号、版权符号及双引号）及注释语句的输入方式。在 IE11 浏览器中的运行结果如图 2-6 所示。

从图 2-6 可以看出，两条注释语句的内容没有显示在浏览器窗口中。

2.2 HTML5 文档结构标签

在 HTML5 以前，页面的头部、主体内容、侧边栏和页脚等不同结构的内容都是使用 div 来划分的。虽然我们可以给每个 div 标签的 id 起一个相对合理的名字，以区分不同的结构。遗憾的是，由于 id 属性值可以任意，所以不同的人对同一个结构，是完全可能取不同的自认为是合理的值的。所以，不能通过标签的 id 来区分不同的结构。也就是说 div 标签本身并无法指出内容类型。使用 div 虽然对样式的设置以及一般的用户没有任何影响，但对于搜索引擎和视力障碍人士影响比较大。当搜索引擎抓取使用 div 划分结构的页面内容时，就只能猜测某部分的功能。另外就是使用 div 划分结构的页面交给视力障碍人士阅读时，由于文档结构和内容不清晰而不利于他们阅读。

针对上述问题，HTML5 新增了几个专门用于表示文档结构的标签，如：<header><footer><section><article><nav>和<aside>等。使用这些标签可以使页面布局更加语义化，让页面代码更加易读，同时也能使搜索引擎更好地理解页面各部分之间的关系，从而更快、更准确搜索到我们需要的信息。

2.2.1 <header>标签

<header>标签定义了页面或内容区域的头部信息，例如：页面的站点名称、logo 和导航栏、搜索框等放置在页面头部的内容以及内容区域的标题、作者、发布日期等内容都可以包含在 header 元素中。<header>标签是一个双标签，头部信息需要放置在标签对之间。

基本语法：

```
<header>头部相关信息</header>
```

通常<header>标签至少包含（但不局限于）一个标题标签（<h1>～<h6>），还可以包括搜索表单、<nav>等标签。

使用<header>标签时注意以下事项：

1. <header>标签可以作为网页或者任何一块元素的头部信息；
2. 在同一个 HTML 页面内，没有<header>标签个数的限制；
3. <header>标签里不能嵌套<header>标签或者<footer>标签。

【示例 2-7】header 标签的使用。

```html
<!doctype html>
<html>
<head>
<meta charset="utf-8">
<title>header 标签的使用</title>
</head>
<body>
   <header>
      <h1>网站名称</h1>
      <nav>…</nav>
   </header>
   <article>
      <header>
```

```
      <h3>文章标题</h3>
    </header>
    …
  </article>
</body>
</html>
```

上述代码中，<header>标签既用于设置网站名称和导航条，又用于设置文章标题。可见，在一个页面中，<header>标签可以多次出现，既可以出现在页面的头部，也可以出现在页面的某块内容中。注：<article>标签用于表示页面中一块独立的内容，具体用法参见 2.2.2 节。

2.2.2　<article>标签

<article>标签用于表示页面中一块独立的、完整的内容块，可独立于页面其他内容使用，例如一篇完整的论坛帖子、一篇博客文章、一个用户评论、一则新闻等。一般来说，<article>标签包含一个<header>标签（包含标题部分），以及一个或多个<section>标签，有时也会包含<footer>标签和嵌套的<article>标签。内层的<article>标签对外层的<article>标签有隶属关系，例如，一篇博客的文章可以用<article>标签显示，然后评论可以以<article>标签的形式嵌入其中。

基本语法：

```
<article>独立内容</article>
```

【示例 2-8】<article>标签的使用。

```
<!doctype html>
<html>
<head>
<meta charset="utf-8">
<title>article 标签的使用</title>
</head>
<body>
  <article>
    <header>
      <h2>写给 IT 职场新人的六个"关于"</h2>
    </header>
    <section>
      <h3>关于工作地点</h3>
      …
    </section>
    <section>
      <h3>关于企业</h3>
      …
    </section>
    …
  </article>
</body>
</html>
```

上述代码的文章中包含了标题和多个区块。

2.2.3　<section>标签

<section>标签用于对页面上的内容进行分块，例如，将文章分为不同的章节，将页面内容分

为不同的内容块。

基本语法：

```
<section>块内容</section>
```

 　　由<section>标签标识的区块通常由内容及其标题组成。另外，需要把<section>和<div>标签的作用区分开来。使用<section>主要是从语义上对内容进行分块，而不是作为内容的容器使用，而<div>主要是作为容器使用，主要用于定义容器样式或通过脚本定义容器行为。

【示例 2-9】 <section>标签的使用。

```
<!doctype html>
<html>
<head>
<meta charset="utf-8">
<title>section 标签的使用</title>
</head>
<body>
  <article>
    <header>
        <h2>写给 IT 职场新人的六个"关于"</h2>
    </header>
    <section id="workplace">
        <h3>关于工作地点</h3>
        <p>…</p>
    </section>
    <section id="company">
        <h3>关于企业</h3>
        <p>…</p>
    </section>
    …
  </article>
</body>
</html>
```

上述代码使用多个<section>标签将一篇文章分成了几块，其中每块又包含标题和段落内容。

2.2.4　<nav>标签

<nav>标签用于定义页面上的各种导航条，一个页面可以拥有多个<nav>标签，作为整个页面或不同部分内容的导航。

基本语法：

```
<nav>导航条</nav>
```

【示例 2-10】 使用<nav>标签创建导航条。

```
<body>
    <header>
    <h1>美食 DIY</h1>
    </header>
    <div>推荐博文
    <nav>
        <ul>
```

```
                <li><a href="#">夏季最爱——零添加爽口西瓜冰沙</a></li>
                <li><a href="#">用三分之一的时间炖一锅美白靓汤</a></li>
                <li><a href="#">香滑细腻——奶油浓香玉米饮</a></li>
                <li><a href="#">more...</a></li>
            </ul>
        </nav>
    </div>
    <div>相关博文
        <nav>
            <ul>
                <li><a href="#">红豆拌花椰菜可抵抗癌症</a></li>
                <li><a href="#">超级简单好吃的冰棍做法【芒果冰棍】</a></li>
                <li><a href="#">more...</a></li>
            </ul>
        </nav>
    </div>
    ...
</body>
```

上述代码使用两个<nav>标签分别为不同的内容创建导航条。

注：<nav>标签只针对导航条使用，既可以用于创建整个网站的导航条，也可以创建页面内容的导航条。当超链接不作为导航条时，不应使用<nav>标签。

2.2.5　<aside>标签

<aside>标签用于定义当前页面或当前文章的附属信息部分，可以包含与当前页面或主要内容相关的引用、侧边栏、广告、导航条等内容，通常放在主要内容的左、右两侧，因而也称侧边栏内容。<aside>标签包含的内容与页面的主要内容是分开的，可以被删除，而不会影响页面所要传达的信息。

基本语法：

```
<aside>侧边栏内容</aside>
```

【示例2-11】使用<aside>标签创建侧边栏。

```
<body>
    ...
    <aside>
        <h2>热点新闻</h2>
        <ul>
        <li><a href="#">科技强军</a></li>
        <li><a href="#">中部经济增速稳居第一</a></li>
            ...
        </ul>
    </aside>
    ...
</body>
```

上述代码生成的热点新闻将作为侧边栏内容。

2.2.6　<footer>标签

<footer>标签主要用于为页面或某篇文章定义脚注内容，包含与页面、文章或是部分内容有

关的信息，如文章的作者或者日期，页面的版权、使用条款和链接等内容。一个页面可以包含多个<footer>标签。

基本语法：

```
<footer>页脚内容</footer>
```

【示例 2-12】使用<footer>标签创建网站页脚。

```
<body>
   …
   <footer>
      <div class="forpc">地址：广东省广州市从化区经济开发区高新技术产业园广从南路548号 | 电话：
         020-87818918 传真：87818020 邮编：510990 | 网站公安备案编号：4401840100050 粤 ICP
         备：05085382 号
      …
      </div>
      …
   </footer>
</body>
```

上述代码设置了网站所属单位的地址、联系方式及网站公安备案号等信息。

使用<footer>标签时，需注意以下事项。

1. <footer>标签可以用于创建网页或者任何一块元素的脚注信息。

2. 在同一个 HTML 页面内<footer>标签的出现没有个数限制。

3. <footer>标签不能嵌套<header>标签或者<footer>标签。

习 题 2

1. 填空题

（1）要在某行文字中添加两个半角空格可以使用_____。

（2）使用_____标签可以创建一个段落，该标签对创建的段落与上下文间隔_____，只能实现换行显示的标签是_____。

（3）标题字标签的级别通过标签后面的数字来标识，可取的数值为_____，并且数字越大，标题字的字号_____，默认情况下，最大字号的标题字是_____。

2. 判断题

（1）HTML5 提供了多个语义元素来表示 HTML 文档的结构。 （ ）

（2）<section>标签可将页面的某块内容进一步分块成标题、内容和页脚等几部分。 （ ）

（3）<article>标签用于表示页面中一块与上下文不相关的独立内容，其中可以包括<article>和<section>等标签。 （ ）

（4）<footer>标签只能用于设置页面的页脚。 （ ）

3. 简述题

HTML5 的文档结构标签主要有哪些？简述各标签的作用。

4. 上机题

使用段落、换行、标题及强调等标签创建图 2-7 所示的 HTML 页面。

图 2-7 上机题运行效果图

第3章
在网页中插入多媒体内容

在制作网页时，除了可以在网页中放置文本外，还可以在页面中插入图片、声音、视频、Flash 动画等多媒体内容，使页面更加丰富多彩、动感十足。在网页中插入不同类型的多媒体内容需要使用对应的标签。需要注意的是，许多多媒体标签存在浏览器兼容性问题，使用时要特别注意。

3.1　在网页中插入图片

在网页中插入图片可以使网页更加生动、直观，图文并茂的网页更能吸引用户的眼球。

3.1.1　网页常用图片格式

目前，图片格式有 GIF、JPEG、PNG、BMP、TIF 等多种，在制作网页时，是否可以不加考虑图片的格式呢？答案是否定的。因为不同格式图片的浏览速度是不同的。从浏览速度的角度来看，目前适合在网上浏览的图片格式主要有 JPEG、GIF 和 PNG 3 种。

1．JPEG

联合图像专家组标准（Joint Photographic Experts Group，JPEG）又称 JPG，它支持数百万种色彩，主要用于显示照片等颜色丰富的精美图像。JPEG 是质量有损耗的格式，这意味着在压缩时会丢失一些数据，因而降低了最终文件的质量，然而由于数据丢失得很少，因此在质量上不会差很多。

2．GIF

图形交换格式（Graphics Interchange Format，GIF）是网页图像中很流行的格式。它最多使用256 种色彩，最适合显示色调不连续或具有大面积单一颜色的图像。此外，GIF 还可以包含透明区域和多帧动画，所以 GIF 常用于卡通、导航条、LOGO、带有透明区域的图形和动画等。

3．PNG

可移植网络图形（Portable Network Graphics，PNG）既融合了 GIF 透明显示的颜色，又具有JPEG 处理精美图像的优势，是逐渐流行的网络图像格式，但目前浏览器对其的支持并不一致。

3.1.2　插入图片基本语法

在网页中插入图片需要使用<img>标签。

基本语法：

```
<img src="图片文件路径">
```

语法说明：src 属性指定需要插入的图片文件路径，这是一个必设属性。只使用 src 属性时，将在网页中插入一个原始大小的图片。<img>标签除了 src 属性外，还有一些常用的属性，如表 3-1 所示。

表 3-1　　　　　　　　　　　　　　<img>标签常用属性

属性	描述
src	设置要插入的图片文件路径
alt	设置图片的替换信息
title	设置图片的提示信息

注：<img>标签除了表 3-1 所示的属性外，还有一些现在已不建议使用的属性，如 border、align、width、height、vspace 和 hspace 等，这些属性主要用于设置样式，建议使用 CSS 代替这些样式属性来设置元素样式。例如，图片的水平对齐建议使用 CSS 的 text-align 属性或浮动和定位来实现，垂直对齐建议使用 CSS 的 vertical-align 来设置，而不是使用标签的 align 属性。

【示例 3-1】在网页中插入一张原始图片。

```
<!doctype html>
<html>
<head>
<meta charset="utf-8">
<title>在网页中插入一张原始图片</title>
</head>
<body>
    <img src="images/beida.JPG">
</body>
</html>
```

上述代码在 IE11 浏览器中的运行结果如图 3-1 所示。

图 3-1　在网页中插入一张原始图片

从图 3-1 中，可以看到使用<img>标签及其 src 属性可以在网页中插入一张没有经过任何修改的原始图片。

3.1.3　设置图片大小

使用<img>标签插入图片，默认情况下将插入原始大小的图片，如果想在插入时，修改图片的大小，可以使用 height 和 width 属性或 CSS 样式实现。在实际应用中建议使用 CSS 样式设置。在此介绍使用标签属性设置图片大小的方法。

基本语法：

```
<img src="图片文件路径" width="宽度" height="高度">
```

语法说明：宽度和高度为某个数值，单位是 px（像素）。两个属性可以同时设置，也可以只设置其中一个。当只设置其中一个属性值时，另一个属性值会等比例缩放。

【示例 3-2】设置图片大小。

```
<!doctype html>
<html>
<head>
<meta charset="utf-8">
<title>设置图片大小</title>
</head>
<body>
  <img src="images/beida.JPG">
  <img src="images/beida.JPG" width="130"/>
  <img src="images/beida.JPG" height="65"/>
  <img src="images/beida.JPG" width="65" height="65"/>
</body>
</html>
```

在该示例中共插入了 4 张图片，其中第一张插入的是原始图片（98px×98px），第二张图修改宽度为原图的三分之一，第三张图修改高度为原图高度的三分之二，第四张图同时修改宽度和高度为原图的三分之二。在 IE11 浏览器中的运行结果如图 3-2 所示。

图 3-2　设置图片大小

3.1.4　设置图片描述信息和替换信息

为了让用户了解网页上的图片内容，当用户将鼠标指针移动到图片上时，应弹出图片的相关描述信息；在图片无法正常显示时，应该在图片位置处显示替换图片的文本。要达到这些目的，需要对网页上的图片设置描述信息和替换信息。设置图片描述信息需要使用 title 属性，设置图片的替换信息需要使用 alt 属性。

基本语法：

```
<img src="图片文件路径" title="图片描述信息" alt="图片替换信息">
```

语法说明：图片描述信息和替换信息可以包括空格、标点以及一些特殊字符。在实际使用时，title 和 alt 属性的值通常会设置为一样的。

注：在较低版本的浏览器中，如 IE7 及以下版本的浏览器，alt 属性可以同时设置图片的描述信息和图片的替换信息。但在较高版本的浏览器中，如 IE8 及以上版本的浏览器，设置图片的描

述信息必须使用 title 属性，图片的替换信息则必须使用 alt 属性来设置。所以为了兼容各种浏览器，设置图片的描述信息和替换信息时，应分别使用 title 和 alt 属性。

【**示例 3-3**】设置图片的描述信息和替换信息。

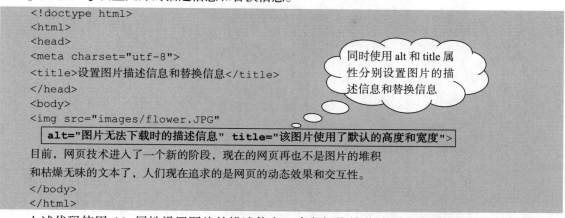

```
<!doctype html>
<html>
<head>
<meta charset="utf-8">
<title>设置图片描述信息和替换信息</title>
</head>
<body>
<img src="images/flower.JPG"
    alt="图片无法下载时的描述信息"  title="该图片使用了默认的高度和宽度">
目前，网页技术进入了一个新的阶段，现在的网页再也不是图片的堆积
和枯燥无味的文本了，人们现在追求的是网页的动态效果和交互性。
</body>
</html>
```

（气泡）同时使用 alt 和 title 属性分别设置图片的描述信息和替换信息

上述代码使用 title 属性设置图片的描述信息，当鼠标指针移动到图片时将弹出该描述信息。alt 属性设置的信息是图片无法下载时显示的替换信息。上述代码在 IE11 浏览器中的运行结果如图 3-3 和图 3-4 所示。

图 3-3　鼠标指针移动到图片上时显示的描述信息

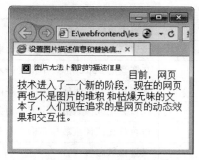

图 3-4　图片无法正常下载时显示的替换信息

3.2　使用<object>标签嵌入 Flash 动画

object 标签用于包含音频、视频、Java Applets、ActiveX、PDF 以及 Flash 等对象。<object> 标签设计的初衷是取代 img 和 applet 元素。不过由于漏洞以及缺乏浏览器支持，这一点并未实现。

object 标签可用于 IE 3.0 及以后浏览器或者其他支持 ActiveX 控件的浏览器。

基本语法：（针对 IE 9/8/7/6 等低版本）

```
<object classid="clsid_value" codebase="url" width="value"
    height="value">
    <param name="movie" value="file_name">
    <param name="quality" value="high">
      <param name="wmode" value="opaque">
  ...
</object>
```

　　语法说明：上述语法只针对 IE9 及以下较低版本的 IE 有效，在 IE10 及以上的 IE 浏览器以及非 IE 浏览器中使用上述语法无效，对于这些浏览器，需要在<object>标签中再嵌入<object>标签，语法如下：（针对 IE10/11 和非 IE 浏览器，注：Firefox 不支持<object>标签）

```
<object classid="clsid_value" codebase="url" width="value"
   height="value">
 <param name="movie" value="media_fileName">
 <param name="quality" value="high">
 ...
 <!--[if !IE]>-->
 <object type="media_type" data="media_fileName" width="value" height="value">
 <!--<![endif]-->
   <param name="quality" value="high">
   <param name="wmode" value="opaque">
   ...
   <!--[if !IE]>-->
 </object>
 <!--<![endif]-->
</object>
```

说明：<object>标签和<param>标签常用属性如表 3-2 所示。

表 3-2　　　　　　　　　　　　　<object>标签和<param>标签常用属性

属性	描述
classid	设置浏览器的 ActiveX 控件
codebase	设置 ActiveX 控件的位置，如果浏览器没有安装，会自动下载安装
data	在嵌套的 object 标签中指定嵌入的多媒体文件名
type	在嵌套的 object 标签中设置媒体类型，对动画的类型是 application/x-shockwave-flash
height	以百分比或像素数指定嵌入对象的高度
width	以百分比或像素数指定嵌入对象的宽度
name	设置参数名称
value	设置参数值
movie	指定动画的下载地址
quality	指定嵌入对象的播放质量
wmode	设置嵌入对象窗口模式，可取 window｜opaque｜transparent。其中，window 为默认值，表示嵌入对象始终位于 HTML 的顶层；opaque 允许嵌入对象上层可以有网页的遮挡；transparent 设置 Flash 背景透明

【示例 3-4】使用 object 标签在网页中嵌入 Flash 动画。

```
<!doctype html>
<html>
<head>
<meta charset="utf-8">
<title>使用 object 标签嵌入 flash 动画</title>
</head>
<body>
    <object id="FlashID" classid="clsid:D27CDB6E-AE6D-11cf-96B8-444553540000"
      width="1000" height="500">
      <param name="movie" value="media/flashexp.swf">
      <param name="quality" value="high">
```

```
          <param name="wmode" value="opaque">
      <!--[if !IE]>-->
      <object type="application/x-shockwave-flash"
        data="media/flashexp.swf" width="1000" height="500">
      <!--<![endif]-->
          <param name="quality" value="high">
          <param name="wmode" value="opaque">
      <!--[if !IE]>-->
      </object>
      <!--<![endif]-->
    </object>
  </body>
  </html>
```

上述代码使用<object>标签在网页中嵌入了一个指定宽度和高度的 Flash 动画。上述代码通过在<object>标签中嵌入<object>标签的方式，实现了对 IE 和非 IE 浏览器的兼容处理。在 IE11 浏览器中的运行结果如图 3-5 所示。

图 3-5　使用 object 标签在网页中嵌入 Flash 动画

3.3　使用<embed>标签嵌入多媒体内容

embed 标签和 object 标签一样，也可以在网页中嵌入 Flash 动画、音频和视频等多媒体内容。不同于 object 标签的是，embed 标签用于 Netscape Navigator 2.0 及以后的浏览器或其他支持 Netscape 插件的浏览器，其中包括 IE 和 Chrome 浏览器，Firefox 目前还不支持<embed>标签。

基本语法：

```
<embed src="file_URL"></embed>
```

语法说明：src 属性指定多媒体文件，这是一个必设属性。多媒体文件的格式可以是 mp3、mp4、swf 等。

在<embed>标签中，除了必须设置 src 属性外，还可以设置其他属性获得所嵌入多媒体对象的不同表现效果。<embed>标签的常用属性如表 3-3 所示。

表 3-3   \<embed\>标签常用属性

属性	描述
src	指定嵌入对象的文件路径
width	以像素为单位定义嵌入对象的宽度
height	以像素为单位定义嵌入对象的高度
loop	设置嵌入对象的播放是否循环不断，取值为 true 时循环不断，否则只播放一次，默认值是 false
hidden	设置多媒体播放软件的可视性，默认值是 false，即可见
type	定义嵌入对象的 MIME 类型

【示例 3-5】使用\<embed\>标签在网页中嵌入 MP3 和 Flash 动画。

```
<!doctype html>
<html>
<head>
<meta charset="utf-8">
<title>使用 embed 嵌入 MP3 和 Flash 动画</title>
</head>
<body>
 <p>使用 embed 嵌入 MP3: </p>
  <embed src="media/song.mp3"></embed>
  <p>使用 embed 嵌入 Flash 动画: </p>
  <embed src="media/01.swf" width="777" height="165"></embed>
</body>
</html>
```

上述代码使用了两个\<embed\>标签在网页中分别嵌入了默认大小的 MP3 播放器和一个指定宽度和高度的 Flash 动画。在 IE11 浏览器中的运行结果如图 3-6 所示。

图 3-6   使用 embed 标签在网页中嵌入 MP3 和 Flash 动画

3.4   使用\<video\>标签嵌入音频和视频

前面介绍的\<object\>标签和\<embed\>标签虽然可以在网页中嵌入多媒体内容，但都存在浏览器兼容性问题，例如，在 Firefox 浏览器都不支持。在一些较新版的支持 HTML5 标签的浏览器中，如果嵌入的不是 Flash 动画，则可以使用\<video\>和\<audio\>标签来替代\<object\>和\<embed\>标签。

<video>和<audio>标签是 HTML5 的新增标签，其中<video>用于在网页中嵌入音频、视频，<audio>则用于在网页中嵌入音频。IE9 及以上版本、Firefox、Opera、Chrome 以及 Safari 都支持<video>和<audio>标签。本节我们介绍<video>标签的使用，<audio>标签将在下一节介绍。

基本语法：

```
<video src="file_URL"></video>
```

语法说明：src 属性指定多媒体文件，这是一个必设属性。多媒体文件的格式可以是 mp3、mp4、ogg、webm 和 webp 等。

在<video>标签中，除了必须设置 src 属性外，还可以设置其他属性获得所嵌入多媒体对象的不同表现效果。<video>标签的常用属性如表 3-4 所示。

表 3-4　　　　　　　　　　　　　　　　<video>标签的常用属性

属性	描述
src	指定嵌入对象的文件路径
autoplay	嵌入对象在加载页面后自动播放
controls	如出现该属性，则向用户显示控件
preload	设置视频在页面加载时同时加载，并预备播放，如果同时使用了"autoplay"，则该属性无效
muted	设置视频中的音频输出时静音
width	以像素为单位定义嵌入对象的宽度
height	以像素为单位定义嵌入对象的高度
loop	设置嵌入对象的播放是否循环不断，取值为 true 时循环不断，否则只播放一次，默认值是 false
hidden	设置多媒体播放软件的可视性，默认值是 false，即可见
poster	设置视频下载时显示的图像，或者在用户点击播放按钮前显示的图像
type	定义嵌入对象的 MIME 类型

【示例 3-6】使用 video 标签在网页中嵌入 MP3 音频和 MP4 视频。

```
<!doctype html>
<html>
<head>
<meta charset="utf-8">
<title>使用 video 标签在网页中嵌入 MP3 音频和 MP4 视频</title>
</head>
<body>
  <p>使用 video 嵌入 MP3 音频：</p>
  <video src="media/horse.mp3" controls autoplay></video>
  <p>使用 video 嵌入 MP4 视频：</p>
  <video src="media/华软丝木棉视频欣赏.mp4" width="300" height="200" controls muted>
  </video>
</body>
</html>
```

上述代码使用了两个<video>标签在网页中分别嵌入默认的 MP3 播放器和一个指定宽度和高度的 MP4 视频播放器，两个<video>标签都设置了 controls 属性，因而都可以显示播放软件。另外，MP3 设置了 autoplay 属性，加载页面后自动播放，而 MP4 设置了 muted，播放视频时音频输出被静音。上述代码在 IE11 浏览器中的运行结果如图 3-7 所示。

图 3-7　使用 video 标签在网页中嵌入 MP3 音乐和 MP4 视频

3.5　使用<audio>标签嵌入音频

<audio>标签用于在网页中嵌入音频。嵌入的音频格式包括 mp3、wav 和 ogg 等。

基本语法：

```
<audio src="file_URL" control></audio>
```

语法说明：src 属性指定多媒体文件，这是一个必设属性。在<audio>标签中，除了必须设置 src 属性外，还可以设置其他属性获得所嵌入多媒体对象的不同表现效果。<audio>标签和<video>标签的绝大多数属性都是一样的，对表 3-4 中所列属性，除了 poster 属性<audio>标签没有外，其他属性都有，且作用也一样，在此就不再赘述了。

【示例 3-7】使用 audio 标签在网页中嵌入音频。

```
<!doctype html>
<html>
<head>
<meta charset="utf-8">
<title>使用audio标签嵌入音频</title>
</head>
<body>
  <p>使用audio在网页中嵌入MP3音频:</p>
  <audio src="flash/song.mp3" controls loop></audio>
</body>
</html>
```

上述代码使用一个<audio>标签在网页中嵌入默认大小的 MP3 播放器。<audio>标签设置了 controls 属性，因而可以显示播放软件。另外，MP3 设置了 loop 属性，因而 MP3 音频将循环不断地播放。上述代码在 IE11 浏览器中的运行结果如图 3-8 所示。

图 3-8　使用 audio 标签在网页中嵌入 MP3 音频

习 题 3

1. 填空题

（1）目前适合在网上浏览的图片格式主要有_____、_____和_____。

（2）使用_____标签可在网页中插入图片，使用_____属性为图片添加提示信息；使用_____属性可设置图片的对齐方式。

（3）在网页中可以嵌入 Flash 动画、音频、视频等多媒体文件，其中_____标签和_____标签都可以嵌入 Flash 动画，嵌入非 Flash 动画的多媒体文件可使用_____标签和_____标签。

2. 上机题

创建一个 HTML 网页，在其中插入图片，运行效果如图 3-9 所示。

图 3-9　上机题运行效果

第4章
列表、div 标签和元素类型

div 标签是一个很常用的容器标签，主要用于容纳其他元素，以便布局网页。网页包含各种元素，这些元素根据显示形式及其具有的特点来看，主要可以分为 3 类：块级元素、行内元素和行内块级元素。

4.1　使用列表标签创建列表

使用列表标签可以使相关的内容以一种整齐划一的方式排列显示。根据列表项排列方式的不同，可以将列表分为：有序列表、无序列表和嵌套列表三大类。

4.1.1　创建有序列表

以数字或字母等可以表示顺序的符号为项目标号来排列列表项的列表，称为有序列表，如图 4-1 所示。

```
1. Photoshop
2. Illustrator
3. CorelDRAW
```

图 4-1　有序列表

1. 创建有序列表基本语法

```
<ol>
    <li>列表项一</li>
    <li>列表项二</li>
...
</ol>
```

语法说明：首先使用<ol>标签声明有序列表，然后在<ol>标签对之间使用<li>标签创建列表项，每个列表项使用一个<li>标签对。

【示例 4-1】创建有序列表。

```
<!doctype html>
<html>
<head>
```

```
<meta charset="utf-8">
<title>创建有序列表</title>
</head>
<body>
    <h3>图像设计软件</h3>
    <ol>
     <li>Photoshop</li>
     <li>Illustrator</li>
     <li>CorelDRAW</li>
    </ol>
</body>
</html>
```

上述代码在 IE11 浏览器中的运行结果如图 4-2 所示，其显示了一个以阿拉伯数字排序的包含 3 个列表项的有序列表。

图 4-2　创建有序列表

2. 设置有序列表的列表项标号

默认情况下，有序列表的列表项标号是阿拉伯数字。除了可以使用阿拉伯数字外，还可以使用大写或小写的英文字母或罗马数字作为列表项标号。使用 type 属性可以修改有序列表的列表项标号。

基本语法：

```
<ol type="列表项标号标识符">
```

语法说明：按列表项标号的不同，列表项标号标识符可分别取 1、A、a、I、i 这几种值，各种值的含义如表 4-1 所示，默认的列表项标号标识符是"1"。

表 4-1　　　　　　　　　　　　　　　有序列表 type 属性取值描述

属性	描述	属性值及其说明	
type	设置有序列表的列表项标号标识符	1	列表项标号为数字 1、2、3……
		a	列表项标号为小写字母 a、b、c……
		A	列表项标号为大写字母 A、B、C……
		i	列表项标号为小写罗马数字 i、ii、iii……
		I	列表项标号为大写罗马数字 I、II、III……

3. 设置有序列表的列表标号起始编号

默认情况下，有序列表的列表标号是从排序符号的第一位开始的，如果希望从排序符号的其他位置开始排序列表项，则需要使用 start 属性进行设置。

基本语法：

```
<ol start="起始编号位序">
```

语法说明："起始编号位序"表示列表项的开始编号所处的有序数列中的位置序号，如编号"c"的位序在小写英文字母数列中是"3"。默认情况下，有序列表的起始编号位序为"1"。

【**示例 4-2**】设置有序列表标号和起始编号。

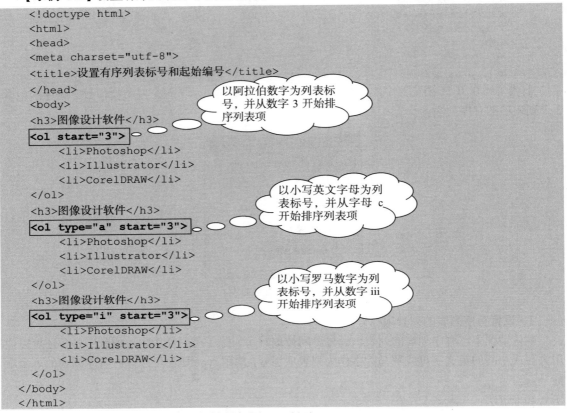

```
<!doctype html>
<html>
<head>
<meta charset="utf-8">
<title>设置有序列表标号和起始编号</title>
</head>
<body>
<h3>图像设计软件</h3>
<ol start="3">
        <li>Photoshop</li>
        <li>Illustrator</li>
        <li>CorelDRAW</li>
</ol>
<h3>图像设计软件</h3>
<ol type="a" start="3">
        <li>Photoshop</li>
        <li>Illustrator</li>
        <li>CorelDRAW</li>
</ol>
<h3>图像设计软件</h3>
<ol type="i" start="3">
        <li>Photoshop</li>
        <li>Illustrator</li>
        <li>CorelDRAW</li>
</ol>
</body>
</html>
```

以阿拉伯数字为列表标号，并从数字 3 开始排序列表项

以小写英文字母为列表标号，并从字母 c 开始排序列表项

以小写罗马数字为列表标号，并从数字 iii 开始排序列表项

上述代码在 IE 浏览器中的运行结果如图 4-3 所示。

图 4-3　设置有序列表标号和起始编号

4.1.2　创建无序列表

以无次序含义的符号（●、○、■等）为列表标号来排列列表项或没有任何列表标号的列表，称为无序列表，如图 4-4 所示。

- Photoshop
- Illustrator
- CorelDRAW

图 4-4　无序列表

常用的无序列表包括如下两种。

（1）项目列表：列表项前面必须包括列表标号。

（2）定义列表：列表项前没有任何列表标号。

1.　创建项目列表

（1）创建项目列表基本语法

项目列表的列表项标号使用无次序含义的符号（●、○、■等）来排列列表项，默认的列表标号是实心圆点"●"。

基本语法：

```
<ul>
    <li>列表项一</li>
    <li>列表项二</li>
    …
</ul>
```

语法说明：首先使用<ul>标签声明项目列表，然后在<ul>标签对之间使用<li>标签创建列表项，每个列表项使用一个<li>标签对。

【示例 4-3】创建项目列表。

```
<!doctype html>
<html>
<head>
<meta charset="utf-8">
<title>创建项目列表</title>
</head>
<body>
    <h3>图像设计软件</h3>
    <ul>
        <li>Photoshop</li>
        <li>Illustrator</li>
        <li>CorelDRAW</li>
    </ul>
</body>
</html>
```

上述代码在 IE11 浏览器中的运行结果如图 4-5 所示，其中创建了一个以实心圆点为列表标号的包含 3 个列表项的项目列表。

图 4-5　创建项目列表

（2）设置项目列表的列表标号

在默认情况下，项目列表以实心圆点●作为列表标号。项目列表标号除了可以使用实心圆点外，还可以使用空心圆点和实心小方块等符号。使用属性 type 可以修改项目列表的标号。

基本语法：

```
<ul type="列表标号标识符">
```

语法说明：列表标号标识符可分别取 disc、circle 和 square 这 3 个值，各个值的含义见表 4-2。

表 4-2　　　　　　　　　　　　　　项目列表 type 属性取值描述

属性	描述	属性值及其说明	
type	设置项目列表的列表标号标识符	disc	列表标号为实心圆点●（默认列表标号）
		circle	列表标号为空心圆点○
		square	列表标号为实心小方块■

【示例 4-4】设置项目列表标号。

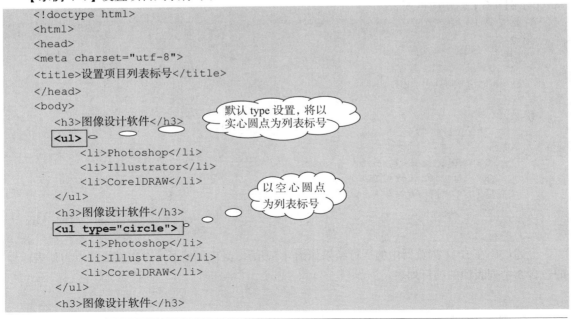

```
<ul type="square">
    <li>Photoshop</li>
    <li>Illustrator</li>
    <li>CorelDRAW</li>
</ul>
</body>
</html>
```

以实心小方块为列表标号

上述代码在 IE11 浏览器中的运行结果如图 4-6 所示。

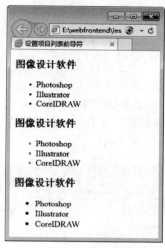

图 4-6　设置项目列表标号

2．定义列表

定义列表用于对名词进行解释，是一种具有两个层次的列表，其中名词为第一层次，解释为第二层次。定义列表的列表项前没有任何标号，解释相对于名词有一定位置的缩进。

基本语法：

```
<dl>
  <dt>名词一</dt>
        <dd>解释 1</dd>
        <dd>解释 2</dd>
        …
  <dt>名词二 </dt>
        <dd>解释 1</dd>
        …
  …
</dl>
```

语法说明：首先使用<dl>标签声明定义列表，然后在<dl>标签对中使用<dt>标签定义需解释的名词，接着使用<dd>标签解释名词。一个名词可以有多条解释，每条解释使用一个<dd>标签对。

【示例 4-5】创建定义列表。

```
<!doctype html>
<html>
<head>
<meta charset="utf-8">
<title>创建定义列表</title>
```

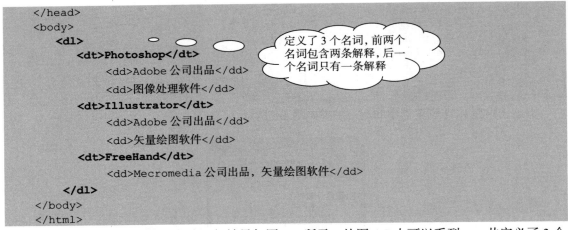

```
    </head>
    <body>
        <dl>
            <dt>Photoshop</dt>
                <dd>Adobe 公司出品</dd>
                <dd>图像处理软件</dd>
            <dt>Illustrator</dt>
                <dd>Adobe 公司出品</dd>
                <dd>矢量绘图软件</dd>
            <dt>FreeHand</dt>
                <dd>Mecromedia 公司出品，矢量绘图软件</dd>
        </dl>
    </body>
    </html>
```

> 定义了 3 个名词，前两个名词包含两条解释，后一个名词只有一条解释

上述代码在 IE11 浏览器中的运行结果如图 4-7 所示。从图 4-7 中可以看到，一共定义了 3 个名词，每个名词下面包括一条到多条解释，所有解释都显示在名词的下面，并通过缩进来体现解释和名词之间的所属关系。

图 4-7　创建定义列表

4.1.3　创建嵌套列表

嵌套列表是指在一个列表项的定义中嵌套了另一个列表的定义。

【示例 4-6】创建嵌套列表。

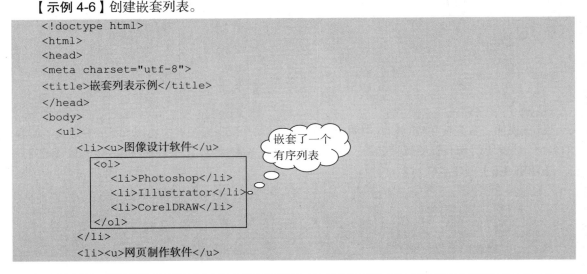

```
<!doctype html>
<html>
<head>
<meta charset="utf-8">
<title>嵌套列表示例</title>
</head>
<body>
    <ul>
        <li><u>图像设计软件</u>
        <ol>
            <li>Photoshop</li>
            <li>Illustrator</li>
            <li>CorelDRAW</li>
        </ol>
        </li>
        <li><u>网页制作软件</u>
```

> 嵌套了一个有序列表

```
        <ul>
            <li>Dreamweaver</li>
            <li>FrontPage</li>
            <li>Golive</li>
        </ul>
        </li>
        <li><u>动画制作软件</u></li>
    </ul>
    </body>
    </html>
```

嵌套了一个
项目列表

上述代码在 IE11 浏览器中的运行结果如图 4-8 所示，从中可以看到，外层定义了 3 个无序列表项，其中，前面两个无序列表项中又分别嵌套定义了一个有序列表和一个无序列表。

图 4-8　创建嵌套列表

4.2　\<div>标签

\<div>标签是最基本，也是最常用的标签。该标签是一个双标签，出现在主体区域中，主要作为一个容器标签使用，在其中可以包含除 body 之外的所有主体标签。每一对\<div></div>标签在HTML 页面中都会构建一个区块，可以通过\<div>标签将页面划分成许多大小不一的区块，以便更好地控制、布局页面内容。\<div>标签主要用来布局 HTML 结构。

\<div>标签属于块级元素（有关块级元素的介绍请参见 4.3 节），每个\<div>标签独占一行，其宽度自动填满父元素宽度，并和相邻的块级元素依次垂直排列，可以设定元素的宽度（width）和高度（height）以及 4 个方向的内、外边距。

【示例 4-7】div 标签的使用。

```
<!doctype html>
<html>
<head>
<meta charset="utf-8">
<title>div 标签的使用</title>
<style>
div {
    margin: 8px;
    background: #CFF;
}
</style>
```

```
  </head>
  <body>
    <div>div1</div>
    <div>div2</div>
  </body>
  </html>
```

在上述代码中，分别创建了两个 div 块级元素。另外，为了更清楚地看出块级元素的表现效果，在头部区域添加了一个<style></style>标签对，其中放置的代码称为 CSS 代码。CSS 代码用来设置元素的表现效果。该示例中的 CSS 设置了 div 元素的背景颜色以及外边距的表现效果。上述代码在 IE11 浏览器中运行的结果如图 4-9 所示。

图 4-9　div 元素的表现特点

从图 4-9 可以看到，作为块级元素的两个 div 元素分别独占一行，其宽度自动填满父元素宽度，且依次垂直排列。

4.3　元素类型

网页中包含许多元素，从元素具有的特点来分，网页中的元素主要可以分为 3 类：块级元素、行内元素以及行内块级元素。需要注意的是，不同类型之间的元素通过 display CSS 属性可以相互转换。有关元素类型转换的内容请参见 9.4 节。

4.3.1　block 块级元素

块级元素具有如下特点。

（1）独占一行。

（2）不设置宽度样式时，宽度自动撑满父元素宽度。

（3）和相邻的块级元素依次垂直排列。

（4）可以设定元素的宽度（width）和高度（height）以及 4 个方向的内、外边距（注：内边距是指元素内容和边框的间距；外边距是指元素与元素的间距。这两个边距属性都属于盒子属性，它们的相关内容请参见第 10 章）。

块级元素一般是其他元素的容器，例如，div 就是一种最常见的块级元素，它主要作为一个容器来使用。常见的块级元素有 div、p、h1～h6、ul、ol、dt、dd 以及 HTML 5 中的新增元素 section、header、footer、nav 等。

【示例 4-8】block 块级元素示例。

```
<!doctype html>
<html>
<head>
```

```
<meta charset="utf-8">
<title>块级元素示例</title>
<style>
.d1,p{
    height: 50px;
    padding: 10px;
    background: #1b9691;
}
.d2{
    width: 300px;
    height: 60px;
    margin: 30px;
    background: #CFF;
}
</style>
<body>
    <div class="d1">我是第一个 div 块级元素</div>
    <p>我是 p 块级元素</p>
    <div class="d2">我是第二个 div 块级元素</div>
</body>
</html>
```

上述代码分别创建了两个 div 和一个段落共 3 个块级元素，其中前面两个块级元素没有设置宽度，第三个块级元素设置了宽度。在 IE11 浏览器中的运行结果如图 4-10 所示。从图 4-10 中可以看到，3 个块级元素都独占一行，并在垂直方向上依次排列，且没有设置宽度的元素自动撑满父元素宽度。从示例的 CSS 代码以及运行结果中，也可以看到，块级元素既可以设置宽、高，也可以设置 4 个方向的内、外边距。

注：前两个块级元素撑满其父元素 body 的宽度，而 body 没有宽度设置，因而 body 又自动撑满其父元素 html，而 html 元素的宽度与浏览器屏幕大小相等，所以没有设置宽度时，块级元素会与浏览器屏幕大小保持一致。图 4-10 中前两个块级元素的宽度并没有等于浏览器屏幕大小，原因是 body 元素默认存在外边距，对 body 设置 margin:0px 样式时，将得到图 4-11 所示的结果。从图 4-11 中可以看到，前两个块级元素的宽度等于浏览器屏幕的大小。

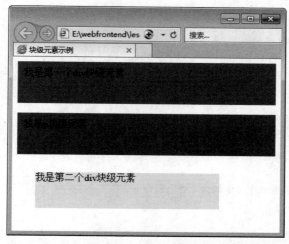

图 4-10　块级元素的显示效果（body 元素外边距为默认值）

图 4-11　块级元素的显示效果（body 元素外边距为 0）

4.3.2　inline 行内元素

行内元素也称为内联元素或内嵌元素。行内元素具有如下特点。

（1）行内元素不会独占一行，相邻的行内元素会从左往右依次排列在同一行里，直到一行排不下时，才会换行。（注：在源代码中，行内元素换行会被解析成空格。）

（2）不可以设置宽度（width）和高度（height）。

（3）可以设置 4 个方向的内边距以及左、右方向的外边距，但不可以设置上、下方向的外边距。

（4）行内元素的高度由元素高度决定，宽度由内容的长度控制，即宽、高由内容撑开。

行内元素内一般不可以包含块级元素。常见的行内元素有 span、a、em、strong 等。

【示例 4-9】inline 行内元素示例。

```
<!doctype html>
<html>
<head>
<meta charset="utf-8">
<title>行内元素示例</title>
<style>
span{
    background: #ccc;
}
.span1{  /*设置行内元素的宽度、高度*/
    width: 300px;
    height: 300px;
}
.span2{
    font-size:30px;
}
.a{
    background: #9FF;
}
.span3{/*设置行内元素 4 个方向的内、外边距*/
    padding: 20px;
    margin: 20px;
}
</style>
</head>
```

```
    <body>
        <span class="span1">行内元素 span1</span>
        <span class="span2">行内元素 span2</span><a href="#" class="a">行内元素 a1</a>
        <span class="span3">行内元素 span3</span><a href="#" class="a">行内元素 a2</a>
        <br>
        <span>行内元素 span4</span>
    </body>
    </html>
```

上述代码分别创建了 6 个行内级元素。其中，第一个 span 设置了宽、高，第二个 span 设置了字号，第三个 span 设置了内、外边距，第四个 span 和两个超链接 a 元素只设置了背景颜色。上述代码在 IE11 浏览器中的运行结果如图 4-12 所示。

图 4-12　行内元素的显示效果

从图 4-12 中可以看到，相邻行内元素在遇到
 前都显示在同一行，并且代码中没有换行的 span2 和 a1 两个行内元素之间没有空隙，而 span1 和 span2 的代码显示在不同行，因而 span1 和 span2 两个行内元素之间有一个空格。从图 4-12 中看到，设置了宽、高的 span1 和没有设置宽、高的 span4 的大小完全一样，可见，宽度和高度的设置对行内元素是无效的。再有就是，span3 设置了 4 个方向的外边距，但从图 4-12 中看到，只有左、右外边距有效，上、下外边距设置是无效的。另外，span3 还设置了 4 个方向的内边距，对比其他 3 个 span 可以看出，span3 4 个方向的内边距设置都有效。

4.3.3　inline–block 行内块元素

行内块元素可以理解为是块元素 block 和内嵌元素 inline 的结合体，它同时具有 block 和 inline 的一些特性。行内块元素的特点如下。

（1）和相邻的行内元素以及行内块元素从左往向右依次排列在同一行，直到一行排不下时，才会换行。（注：和行内元素一样，在源代码中，行内块元素换行会被解析成一个空格。）

（2）可以设置宽度（width）和高度（height）。

（3）可以设置 4 个方向的内、外边距。

常见的行内块元素有 img 和 input。

需要注意的是，对于行内块元素来说，相邻两个行内块元素水平方向的间距等于左边元素的右外边距+右边元素的左外边距；垂直方向的间距等于上面元素的下外边距+下面元素的上外边距。

【示例 4-10】inline-block 行内块元素示例。

```
<!doctype html>
<html>
<head>
<meta charset="utf-8">
<title>行内块元素示例</title>
<style>
```

```
body{
    margin:0;
}
#txt2{/*设置外边距为20px*/
    margin: 20px;
}
#txt3{/*设置宽、高*/
    width: 100px;
    height: 55px;
}
#txt4{/*设置内边距为20px*/
    padding: 20px;
}
</style>
</head>
<body>
    <input type="text" id="txt1" value="text1">
    <input type="text" id="txt2" value="text2">
    <input type="text" id="txt3" value="text3">
    <input type="text" id="txt4" value="text4">
</body>
</html>
```

上述代码在页面中插入了 4 个文本框，其中第一个文本框使用了默认的样式；第二个文本框设置 4 个方向的外边距样式；第三个文本框设置宽度和高度两个样式；第四个文本框设置 4 个方向的内边距样式。上述代码在 IE11 浏览器中的运行结果如图 4-13 所示。

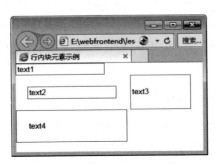

图 4-13　行内块元素的显示效果

从图 4-13 中可以看到，4 个文本框按从左向右的方向依次显示，当一行显示不了时，在下一行从左向右开始显示。从源代码中知道，第二个文本框设置了 4 个方向的外边距；第三个文本框设置了宽、高；第四个文本框设置了 4 个方向的内边距。从图 4-13 中可以看出，这些设置的样式全部都有效果，结合文本框的流式排列方式，可见文本框确实是行内块元素。另外，从图 4-13 中可以看到，既可以设置文本框 4 个方向的内、外边距，也可以设置宽度和高度。

习 题 4

1. 填空题

（1）声明有序列表需要使用_____标签，定义有序列表项使用_____标签。有序列表项的标号包括_____，默认列表项标号是_____，可通过_____属性来修改列表项标号类型。有序列表项标号的起始编号默认是_____，可使用_____属性修改项目列表项标号的起始编号。

（2）声明项目列表需要使用_____标签，定义项目列表项使用_____标签。项目列表项的标号包括_____，默认的列表项标号是_____，可通过_____属性来修改项目列表项标号类型。

（3）声明定义列表需要使用_____标签，在定义列表中，定义名词的标签是_____，定义解释的标签是_____。

（4）嵌套定义列表是指在一个_____中嵌套定义了另一个列表的定义。

（5）从元素具有的特点来分，网页中的元素主要可以分为 3 类：_____元素、_____元素以及_____元素；其中，在显示上占独一行的是_____元素；与相邻元素显示在同一行，且只能设置左、右外边距的是_____元素；既可以与相邻元素显示在同一行，又可以设置 4 个方向外边距的是_____元素。

（6）div 元素是一个容器元素，主要用于容纳其他元素。它是常用的_____元素。

2．上机题

定义图 4-14 所示的嵌套列表。

图 4-14 上机题图

第5章
在网页中创建超链接

浏览者单击文本或图片对象，可以从一个页面跳转到另一个页面，或从页面的一个位置跳转到另一个位置，实现这样功能的对象称为超链接。超链接是一个网站的灵魂，一个网站，如果没有超链接或者超链接设置不正确，将很难或根本无法完整地实现网站功能。

5.1 使用<a>标签创建超链接

超链接要能正确地进行链接跳转，需要同时存在两个端点，即源端点和目标端点。源端点是指网页中提供链接单击的对象，如链接文本或链接图像；目标端点是指链接跳转到的页面或位置，如某网页、书签等。创建超链接需要使用<a>标签，超链接的目标端点使用<a>标签的 href 属性来指定，源端点则通过<a>标签的内容来指定。

5.1.1 创建超链接的基本语法

<a>标签既可以用来设置超链接，也可以用来设置书签，其常用属性如表 5-1 所示。

表 5-1　　　　　　　　　　　　　　　<a>标签常用属性

属性	属性值	描述
href	超链接文件路径	指定链接路径（必设属性），用于设置超链接的目标端点
name | id	书签名	在 HTML5 以前使用 name 属性定义书签名称，在 HTML5 中使用 id 定义书签名称
target	目标窗口名称	在指定的目标窗口中打开链接文档
title	提示文字	设置链接提示文字

使用<a>标签创建超链接的基本语法如下。

```
<a href="目标端点">源端点</a>
```

语法说明：源端点可以是文本或图片。href 是 Hypertext Reference 的缩写，意思是超文本引用，用于指定链接路径，取值可以是绝对路径、相对路径和锚点等多种值，如表 5-2 所示。

表 5-2　　　　　　　　　　　　　　　　href 属性值

属性	描述
#	跳转到当前页面的顶部
javascript:…;	执行 JavaScript 后面指定的脚本
URL	跳转到指定的页面

【示例 5-1】创建超链接。

（1）包含超链接的页面 ex5-1.html

```
<!doctype html>
<html>
<head>
<meta charset="utf-8">
<title>创建基本超链接</title>
</head>
<body>
    <a href="welcome.html">我的第一个超链接</a>
</body>
</html>
```

（2）链接的页面 welcome.html

```
<!doctype html>
<html>
<head>
<meta charset="utf-8">
<title>welcome.html</title>
</head>
<body>
    <strong>恭喜您！超链接创建成功！</strong>
</body>
</html>
```

在 IE11 浏览器中运行 ex5-1.html 文件的结果如图 5-1 所示。单击超链接文本后，页面跳转到目标端点 welcome.html 页面，如图 5-2 所示。

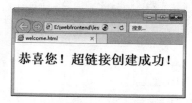

图 5-1　创建超链接　　　　　　　　图 5-2　超链接目标端点页面

5.1.2　设置超链接目标窗口

超链接页面默认情况下在当前窗口中打开，有时为了某种目的，希望超链接页面在其他窗口，如在新打开的窗口中打开，这就要求在创建超链接时，必须修改它的目标窗口。目标窗口的修改可以通过 target 属性来实现。

基本语法：

```
<a href="目标端点" target="目标窗口名称">源端点</a>
```

语法说明：target 属性可取表 5-3 所示的 5 种值。

表 5-3　　　　　　　　　　　　　　　target 属性的取值

属性值	描述
_blank	在新打开的窗口中打开链接文档
_self	在同一个框架或同一窗口中打开链接文档（默认属性）

续表

属性值	描述
_parent	在上一级窗口中打开，一般在框架页面中经常使用
_top	在浏览器的整个窗口中打开，忽略任何框架
框架名称	在指定的浮动框架窗口中打开链接文档

【示例 5-2】设置链接目标窗口。

本示例主要演示将新打开的窗口作为目标窗口和将当前窗口作为目标窗口，浮动框架作为链接目标窗口的示例请参见示例 5-11。

```
<!doctype html>
<html>
<head>
<meta charset="utf-8">
<title>设置链接目标窗口</title>
</head>
<body>
    <p><a href="http://www.sina.com" target="_self">_self 目标窗口</a></p>
    <p><a href="http://www.sina.com" target="_blank">_blank 目标窗口</a></p>
    <p><a href="http://www.sina.com">默认目标窗口</a></p>
</body>
</html>
```

上述代码在 IE11 浏览器中运行的结果如图 5-3～图 5-6 所示。从图 5-4 和图 5-6 可以看出，_self 目标窗口和默认目标窗口相同。

图 5-3　页面运行后的最初效果

图 5-4　单击"_self 目标窗口"链接时的效果

图 5-5　单击"_blank 目标窗口"链接时的效果

图 5-6　单击"默认目标窗口"链接时的效果

5.1.3　超链接的链接路径

每个文件都有一个指定自己所处位置的标识。对于网页来说，这个标识就是 URL，而对于一般的文件超链接，则是它的路径，即所在的目录和文件名。

链接路径就是在超链接中用于标识目标端点的位置标识。常见的链接路径主要有以下两种类型。

- 绝对路径：文件的完整路径，如 https://www.sise.com.cn/index.html。
- 相对路径：相对于当前文件的路径。

总体来说，相对路径包含以下 3 种情况。

（1）链接文件和当前文件在同一目录下。

（2）链接文件在当前文件的下一级目录。

（3）链接文件在当前文件的上一级目录。

对上述相对路径的链接路径设置分别如下。

- 同一目录，只需输入链接文件名称。
- 下一级目录，需在链接文件名前添加"下一级目录名/"。
- 上一级目录，需在链接文件名前添加"../"。

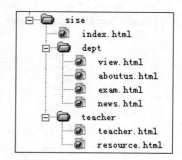

图 5-7　某个站点的部分目录结构

下面以图 5-7 所示网站的部分目录结构为例来介绍上述 3 种情况相对路径的链接路径的设置。

（1）同一目录：从 teacher.html 链接到 resource.html 的链接设置为<a href="resource. html"></a>。

（2）下一级目录：从 index.html 链接到 view.html 的链接设置为<a href="dept/view. html"></a>。

（3）上一级目录：从 exam.html 链接到 index.html 的链接设置为<a href="../index.html"></a>。

5.2　基准 URL 标签<base>

一个文档中<a><img><link><form>等标签中的绝大部分链接 URL 的前面部分都相同时，可以将 URL 这个公共的部分提取出来放到<base>标签中进行设置。另外，<a><form>等标签的链接目标窗口大部分相同时，也可以将这个公共的目标放到<base>标签中进行设置，而不必在每个标签中一一设置。

基本语法：

```
<base href="…" target="…">
```

语法说明：<base>标签是单标签，其在一个文档中，最多只能出现一次，而且必须放到<head>标签对内。它有 href 和 target 两个属性，这两个属性必须至少有一个出现在<base>中。<base>标签的属性见表 5-4。

表 5-4　　　　　　　　　　　　　　　<base>标签的属性

属性	属性值	描述
href	URL	规定作为基准的 URL
target	_blank	该属性的各个值和<a>标签的 target 属性各个值的含义完全一样； 该属性规定在何处打开页面上的链接，它会被每个链接中的 target 属性覆盖
	_parent	
	_self	
	_top	
	framename	

示例 5-3 使用了<img>、<a>和<base>三个标签在页面中下载网站 https://www.w3school.com.cn/

网上的一张图片，以及链接到这个网站上的一个网页。

【示例 5-3】使用 base 标签设置基准 URL 和目标。

```
<!doctype html>
<html>
<head>
<meta charset="utf-8">
<title>使用 base 标签设置基准 URL 和目标</title>
<base href="http://www.w3school.com.cn" target="_blank">
</head>
<body>
  <img src="i/tulip_ballade_s.jpg">
  <p><a href="HTML5/HTML5_base.asp">base 标签使用介绍</a></p>
</body>
</html>
```

使用相对 URL

因为上述代码使用<base>标签分别设置了图片和链接的基准 URL，所以图片和链接的完整路径都是基准 URL+它们各自的相对 URL。此外，<base>标签还设置了链接的目标为新窗口。上述代码在 IE11 浏览器中的运行结果如图 5-8 所示。

图 5-8　显示网络图片，单击图片下面的链接后，新开一个窗口显示链接页面

5.3　超链接的类型

根据超链接目标端点以及源端点的内容，可以将超链接分为不同的类型。

（1）根据目标端点的内容，可将链接分为以下几种类型。

- 内部链接。
- 外部链接。
- 书签链接。
- 脚本链接。
- 文件下载链接。

（2）按照源端点的内容，可将链接分为以下几种类型。

- 文本链接。
- 图像链接。
- 图像映射。

5.3.1　内部链接

内部链接是指在同一个网站内部，不同网页之间的链接关系。

基本语法：

```
<a href="file_URL">源端点</a>
```

语法说明：通过 href 属性指定链接文件，即目标端点，file_URL 表示链接文件的路径，一般使用相对路径。"源端点"既可以是文本，也可以是图片。

5.3.2　外部链接

外部链接是指跳转到当前网站外部，和其他网站中的页面或其他元素之间的链接关系。

基本语法：

```
<a href="URL">源端点</a>
```

语法说明：通过 href 属性指定链接文件，即目标端点，URL 表示链接文件的路径，一般情况下，该路径需要使用绝对路径。"源端点"既可以是文本，也可以是图片。

常用的 URL 格式如表 5-5 所示。

表 5-5　　　　　　　　　　　　　　常用 URL 格式

URL 格式	服务	描述
http://	WWW	进入万维网
mailto:	E-mail	启动邮件发送系统
ftp://	FTP	进入文件传输服务器
telnet://	Telnet	启动远程登录方式
news://	News	启动新闻讨论组

上述 URL 格式中，除了发送邮件的 URL 设置较复杂外，其他 URL 的使用都比较简单，所以下面主要介绍发送邮件的 URL。

邮件链接基本语法：

```
<a href="mailto:邮址 1?subject=content&cc=邮址 2&bcc=邮址 3">源端点</a>
```

语法说明：邮址 1 代表收件人邮箱地址，subject 属性用于设置邮件主题，cc 属性用于设置抄送邮箱地址，bcc 属性用于设置暗抄送邮箱地址。注意："?"和"&"两个符号后面都不能包含空格。源端点既可以是文本，也可以是图片。

外部链接示例代码如下。

```
<a href="http://www.51yala.com">中国旅游网</a>
<a href="mailto:nch@163.com?subject=咨询&cc=cred@sise.com.cn">联系我们</a>
```

5.3.3　书签链接

书签链接是指目标端点为网页中的某个书签（锚点）的链接。最常见的书签链接就是电商页面的"返回顶部"效果，当页面滑到最底层时，单击"返回顶部"，页面会滑到最顶层。

创建书签链接涉及以下两个步骤。

- 创建书签。
- 创建书签链接。

1．创建书签

创建书签与创建链接一样，都使用<a>标签。在 HTML5 以前使用 a 标签的 name 属性来创建书签，在 HTML5 中直接使用 id 属性创建书签，即 id 属性值就是书签名。

基本语法：

```
HTML5 以前版本：<a name="书签名">[文字/图片]</a>
HTML5：<a id="书签名">[文字/图片]</a>
```

语法说明：[文字/图片]中的"[]"表示文字或图片可有可无。注意：书签名不能含有空格。

2．创建书签链接

基本语法如下。

（1）链接到同一页面中的书签，称为内部书签链接。

```
<a href="#书签名">源端点</a>
```

（2）链接到其他页面中的书签，称为外部书签链接。

```
<a href="file_URL#书签名">源端点</a>
```

语法说明：如果书签与书签链接在同一页面，则链接路径为"#"+书签名；如果书签和书签链接分别处于不同的页面，则必须在书签名及"#"号前加上书签所在页面的路径。

【示例 5-4】创建书签链接。

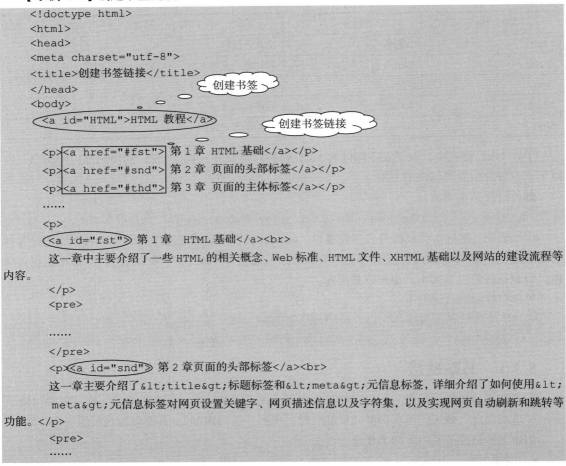

```
<!doctype html>
<html>
<head>
<meta charset="utf-8">
<title>创建书签链接</title>
</head>
<body>
<a id="HTML">HTML 教程</a>

<p><a href="#fst">第 1 章 HTML 基础</a></p>
<p><a href="#snd">第 2 章 页面的头部标签</a></p>
<p><a href="#thd">第 3 章 页面的主体标签</a></p>
……

<p>
<a id="fst">第 1 章　HTML 基础</a><br>
这一章中主要介绍了一些 HTML 的相关概念、Web 标准、HTML 文件、XHTML 基础以及网站的建设流程等内容。
</p>
<pre>

……

</pre>
<p><a id="snd">第 2 章页面的头部标签</a><br>
这一章主要介绍了&lt;title&gt;标题标签和&lt;meta&gt;元信息标签，详细介绍了如何使用&lt;meta&gt;元信息标签对网页设置关键字、网页描述信息以及字符集，以及实现网页自动刷新和跳转等功能。</p>
<pre>
……
```

```
</pre>
<p><a id="thd"> 第 3 章 页面的主体标签</a><br/>
```

这一章主要介绍了如何使用<body>来设置网页的属性，其中包括网页文字颜色的设置、网页背景颜色的设置和网页边距的设置等内容。

```
<pre>
……

</pre>
<a href="#HTML">返　回</a>
</body>
</html>
```

注：<pre>是预格式化标签，其可以保留源代码的空格、换行等格式。

上述代码在 IE11 浏览器中的运行结果如图 5-9 所示。示例 5-4 分别在 HTML 教程和内容介绍中的章标题处创建书签，在章标题列表中分别对每个章标题创建书签链接，在文章最后的"返回"处也创建了一个书签链接。这样，当单击对应书签链接时，当前窗口会立即显示书签对应的内容，这就好比我们在书中夹了书签一样，可以直接翻到书签所在页码，从这一点来说，我们创建的书签和现实生活中书签的作用完全相同，即都是起到定位作用。

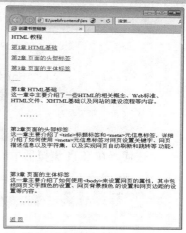

图 5-9　创建书签链接

5.3.4　脚本链接

脚本链接，指的是将脚本作为链接目标端点的链接。通过脚本可以实现 HTML 语言实现不了的功能。

基本语法：

```
<a href="javascript:…">源端点</a>
```

语法说明：在 javascript:后面的内容就是具体的脚本。

【示例 5-5】创建脚本链接。

```
<!doctype html>
<html>
<head>
<meta charset="utf-8">
<title>脚本链接</title>
</head>
<body>
  <a href="javascript:alert('您好，欢迎访问我的站点！');
">欢迎访问</a>
</body>
</html>
```

图 5-10　脚本链接

上述代码在 IE11 浏览器中的运行结果如图 5-10 所示。单击其中的超链接文本后，将弹出如图 5-10 所示的警告对话框。

5.3.5 文件下载链接

当链接的目标文件后缀名是.doc、.rar、.zip、.exe 等时，可以获得文件下载链接。要创建文件下载，只要在链接地址处输入文件路径即可。用户单击链接后，浏览器会自动判断文件类型，做出不同的处理。

基本语法：

```
<a href="file_URL">链接内容</a>
```

语法说明：file_URL 指明下载文件的路径。

【示例 5-6】创建文件下载链接。

```
<!doctype html>
<html>
<head>
<meta charset="utf-8">
<title>文件下载链接</title>
<body>
  <a href="lab.doc">Word 文档文件下载</a>
  <p><a href="dictcn.exe">可执行文件下载</a></p>
  <p><a href="resources/test.rar">压缩文件下载</a></p>
</body>
</html>
```

上述代码在 IE11 浏览器中的运行结果如图 5-11～图 5-13 所示。

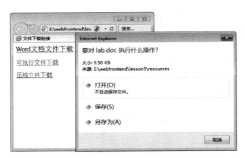  

图 5-11 下载 Word 文档　　　　图 5-12 下载可执行文件　　　　图 5-13 下载压缩文件

由图 5-11～图 5-13 可见，浏览器会自动根据下载文件的类型给出不同的处理方式。

5.3.6 文本链接

文本链接是指源端点为文本的超链接。

基本语法：

```
<a href="file_URL">文本</a>
```

语法说明：file_URL 可以是任意的目标端点。

因为前述章节使用的超链接都是文本链接，所以本节不再举示例说明。

5.3.7 图片链接

图片链接是指源端点为图片文件的超链接。

基本语法：

```
<a href="file_URL"><img src="img_URL" … /></a>
```

语法说明：file_URL 指明了链接目标端点，img_URL 指明了图片文件路径。在较低版本的浏览器，如 IE10 及以下版本的浏览器，默认情况下，图片链接中的图片会显示大约 2px 宽的边框。但现在在各大浏览器的最新版本中，如 IE11，默认情况下，图片链接中的图片不再显示边框。此时如果要显示边框，则需要通过设置样式来实现。因此如果需要图片链接显示边框，为了兼容各个浏览器，就应对图片设置边框样式。

【示例 5-7】创建图片链接。

```html
<!doctype html>
<html>
<head>
<meta charset="utf-8">
<title>图片链接</title>
<body>九寨沟风景区简介，请点击下面的图片链接查看
    <a href="http://www.51yala.com/Html/20061013152546-1.html" target="_blank">
      <img src="images/jiuzhaigou.jpg">
    </a>
</body>
</html>
```

上述代码在 IE11 浏览器中的运行结果如图 5-14 所示。当单击图片时，将在新窗口中打开图 5-15 所示的页面。

图 5-14　图片链接

图 5-15　单击图片链接后打开的页面

5.4　超链接与浮动框架

5.4.1　在页面中嵌入浮动框架

浮动框架就像 HTML 页面中的其他对象一样，可以出现在页面中的任何一个位置，但与其他对象不同的是，浮动框架在页面中构建了一个区域，在这个区域中可以显示另一个 HTML 页面的内容。使用浮动框架的属性 src 来指定区域中显示的页面。创建浮动框架需要使用 iframe 标签。

基本语法：

```
<iframe src="源文件地址"></iframe>
```

语法说明：源文件地址是指需要在浮动框架中显示的页面的地址，地址可以是绝对路径，也可以是相对路径。注：</iframe>结束标签不能省略，否则，<iframe>标签后面的内容无法显示。

【示例 5-8】在 HTML 页面中插入浮动框架。

```
<!doctype html>
<html>
<head>
<meta charset="utf-8">
<title>在 HTML 页面中插入浮动框架</title>
</head>
<body>
    <p>浮动框架就像 HTML 页面中其他对象一样，可以出现在页面中的任何一个位置，但与其他对象不同的
    是浮动框架在页面中构建了一个区域，在这个区域中可以显示另一个 HTML 页面的内容，区域中显示的
    页面使用浮动框架的 src 属性来指定。</p>
    <iframe src="https://www.sise.com.cn/"></iframe>
</body>
</html>
```

上述代码在当前页面的浮动框架中嵌入了一个外部网站的首页，在 IE11 浏览器中运行的结果如图 5-16 所示。

图 5-16　在 HTML 页面中插入
　　　　　浮动框架

5.4.2　设置浮动框架的大小

在示例 5-8 中，页面中插入了一个默认大小的浮动框架。浮动框架的默认宽度是 200 像素，高度是 100 像素。很显然，这个默认的大小有时无法满足我们的要求，为此需要修改浮动框架的大小。修改浮动框架的大小有两种方法：一是使用标签的 width 和 height 属性；二是使用 CSS 的 width 和 height 属性。下面介绍使用标签的 width 和 height 属性来修改浮动框架大小。

基本语法：

```
<iframe src="源文件地址" height="高度" width="宽度"></iframe>
```

语法说明：height 和 width 属性值是一个数值，单位是像素。

【示例 5-9】设置浮动框架大小。

```
<!doctype html>
<html>
<head>
<meta charset="utf-8">
<title>设置浮动框架大小</title>
</head>
<body>
    <p>浮动框架就像 HTML 页面中其他对象一样，可以出现在页面中的任何一个位置，但与其他对象不同
    的是浮动框架在页面中构建了一个区域，在这个区域中可以显示另一个 HTML 页面的内容，区域中显示
    的页面使用浮动框架的 src 属性来指定。</p>
    <iframe src="https://www.sise.com.cn/" width="700" height="500"></iframe>
</body>
</html>
```

修改浮动框架的大小

上述代码将浮动框架的宽度设置为 700 像素，高度设置为 500 像素，在 IE11 浏览器中运行的结果如图 5-17 所示。

图 5-17　设置浮动框架的大小

5.4.3　设置浮动框架的边框

默认情况下，浮动框架会显示边框。为了使浮动框架中的内容无缝地嵌入 HTML 页面，需要取消浮动框架的边框。可使用 <iframe> 标签的 frameborder 属性设置浮动框架边框，或使用 border 等有关边框的 CSS 属性。

基本语法：

```
<iframe frameborder="0 | 1"></iframe>
```

语法说明：frameborder 属性的默认值是 1，取 1 值时会显示 1px 的边框，取 0 值时取消边框。

【示例 5-10】设置浮动框架的边框。

```
<!doctype html>
<html>
<head>
<meta charset="utf-8">
<title>取消浮动框架边框</title>
</head>
<body>
    <p>浮动框架就像 HTML 页面中其他对象一样，可以出现在页面中的任何一个位置，但与其他对象不同
    的是浮动框架在页面中构建了一个区域，在这个区域中可以显示另一个 HTML 页面的内容，区域中显示
    的页面使用浮动框架的 src 属性来指定。</p>
    <iframe src="https://www.sise.com.cn/" frameborder="0"></iframe>
</body>
</html>
```

取消边框

上述代码将浮动框架边框取消，在 IE11 浏览器中的运行结果如图 5-18 所示。

5.4.4　浮动框架作为超链接目标

浮动框架的一个重要应用就是作为超链接的目标。应用方法是首先给浮动框架命名，然后将框架名作为超链接的 target 属性值。

【示例 5-11】浮动框架作为超链接的目标窗口。

```
<!doctype html>
<html>
<head>
```

图 5-18　取消浮动框架边框

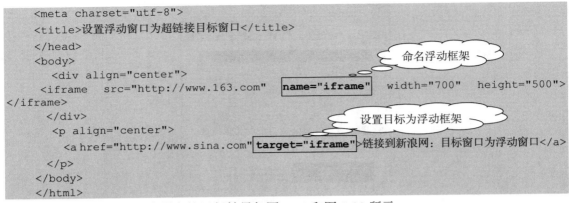

```
    <meta charset="utf-8">
    <title>设置浮动窗口为超链接目标窗口</title>
    </head>
    <body>
      <div align="center">
     <iframe   src="http://www.163.com"  name="iframe"  width="700"  height="500">
</iframe>
      </div>
        <p align="center">
          <a href="http://www.sina.com" target="iframe">链接到新浪网：目标窗口为浮动窗口</a>
        </p>
    </body>
    </html>
```

命名浮动框架

设置目标为浮动框架

上述代码在 IE11 浏览器中的运行结果如图 5-19 和图 5-20 所示。

图 5-19　页面浏览后的最初效果

图 5-20　单击超链接后的效果

习 题 5

1．填空题

（1）创建超链接必须具备的条件是同时存在_____和_____。

（2）在创建超链接时经常涉及的路径有两种：_____和文件相对路径，通常外部链接需要使用_____，内部链接一般使用_____。

（3）超链接必设的一个属性是_____。

（4）通过_____属性，可使目标端点在不同的窗口打开。

（5）根据源端点，超链接可分为_____超链接、_____超链接和图像映射；根据目标端点，超链接可分为_____链接、_____链接、书签链接、_____链接和文件下载链接。

（6）创建书签链接有两个步骤：一是_____；二是_____。

2．上机题

创建本章各种类型的超链接。

第6章
在网页中使用表格

表格在网页中有两个作用，一是布局网页内容；二是组织相关数据，以行列的形式将数据罗列出来，结构紧凑，数据直观，因而在日常生活中，表格被大量使用，如工资表、工作报表、财务报表、数据调查表、电视节目表等都使用了表格组织数据。在 2008 年以前，表格最主要的用途就是布局网页内容。随着前端技术的不断发展，使用表格布局的弊端越来越明显，因而使用表格布局网页的方式已逐渐淘汰，现在布局网页的方式主要是使用 CSS+DIV+一些结构性标签。

6.1　表格概述

表格通过行列的形式直观形象地将内容表达出来，结构紧凑且蕴含的信息量大，是文档处理过程中经常用到的一种对象。可以在 HTML 表格的单元格中放入任何网页元素，如导航条、文字、图像、动画等，从而使网页的各个组成部分排列有序。

表格属于结构性对象，一个表格包括行、列和单元格 3 个组成部分。其中行是表格中的水平分隔，列是表格中的垂直分隔，单元格是行和列相交产生的区域。在网页中描述表格至少需要 3 个标签，分别是<table><tr>和<td>（<th>），其中<table>用于声明一个表格对象，<tr>用于声明一行，<td>（<th>）用于声明一个单元格。

基本语法：

```
<table>
  <tr>
    <td>单元格内容<td>
     …
  </tr>
  <tr>
    <td>单元格内容<td>
     …
  </tr>
   …
</table>
```

语法说明：表格中的所有<tr>标签对都必须放到<table>标签对之间，一个 table 标签对可以包含一个或多个<tr>，而<td>标签对需要放到<tr>标签对之间，一个<tr>标签对可以包含一个或多个<td>标签对，需要注意的是，所有需在表格中显示的内容，包括嵌套表格，都是放到单元格<td>标签对之间的。注：<td>也可以使用<th>替代，但需要注意的是，两个标签的默认样式不同，它们的默认样式请见 6.2.3 节。

【示例 6-1】表格基本结构示例。

```
<!doctype html>
<html>
<head>
<meta charset="utf-8">
<title>表格基本结构</title>
</head>
<body>
  <table>
    <tr>
      <td>第 1 行中的第 1 个单元数据</td>
      <td>第 1 行中的第 2 个单元数据</td>
    </tr>
    <tr>
      <td>第 2 行中的第 1 个单元数据</td>
      <td>第 2 行中的第 2 个单元数据</td>
    </tr>
  </table>
</body>
</html>
```

上述代码使用了<table><tr>和<td>创建了一个两行两列的表格，在 IE11 浏览器中的运行结果如图 6-1 所示。

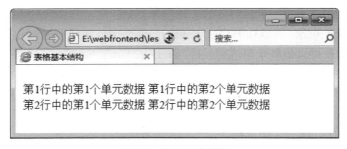

图 6-1　表格基本结构

从图 6-1 可见，表格默认没有边框、水平居左对齐，而且单元格之间没有间距。表格的默认样式可以使用相应的标签属性或 CSS 属性来修改。

6.2　表格标签

表格对象的创建需要使用到多个标签，常见的有<table><tr><td><th>和<caption>等。

6.2.1　<table>标签

使用<table>标签可以定义表格对象，同时可以使用其标签属性设置表格的宽度、高度、边框宽度、对齐方式、背景颜色、单元格间距和边距等样式。<table>标签常用的属性如表 6-1 所示。

表 6-1 <table>标签常用属性

属性	属性值	描述
align	left | center | right	定义表格相对于容器窗口的水平对齐方式，默认为居左对齐
border	px	定义表格的边框宽度，默认没有边框
bgcolor	#RRGGBB | rgb(R,G,B) | rgb(R,G,B,A) | colorname	定义表格的背景颜色
cellpadding	px	定义单元格间距，即数据与边框的间距
cellspacing	px	定义单元格边距，即单元格与单元格的间距
height	px | %	定义表格的高度，为百分数时是相对于容器窗口
width	px | %	定义表格的宽度，为百分数时是相对于容器窗口

注：在 HTML5 中，以上属性都已不再支持，建议大家使用 CSS 格式化表格。

在 HTML 页面中，背景颜色的颜色值的书写可以使用多种方式，常用的有：颜色的英文名称、使用#RRGGBB 表示的十六进制的颜色值和使用 rgb(R,G,B)及 rgb(R,G,B,A)表示的 RGB 颜色值（注：rgb(R,G,B,A)是 CSS3 新增的颜色表示法，其中的 A 表示 Alpha 透明度，取值为 0~1）。#RRGGBB、rgb(R,G,B,)和 rgb(R,G,B,A)中的 R、G、B 分别表示颜色中的红、绿、蓝三种基色，其中，#RRGGBB 中每种颜色用两位十六进制数表示，如#ffffff 表示白色；而 rgb(R,G,B)中的每种颜色的取值范围是 0~255，如 rgb(255,255,255)表示白色。

【示例 6-2】使用表格标签属性设置表格样式。

```
<!doctype html>
<html>
<head>
<meta charset="utf-8">
<title>使用表格标签属性设置表格样式</title>
</head>
<body>
   <table border="1">
     <tr>
        <td>第 1 行中的第 1 个单元格数据</td>
        <td>第 1 行中的第 2 个单元格数据</td>
     </tr>
     <tr>
        <td>第 2 行中的第 1 个单元格数据</td>
        <td>第 2 行中的第 2 个单元格数据</td>
     </tr>
   </table>
   <table border="3" bgcolor="#CCCCFF" align="center">
     <tr>
        <td>第 1 行中的第 1 个单元格数据</td>
        <td>第 1 行中的第 2 个单元格数据</td>
     </tr>
     <tr>
        <td>第 2 行中的第 1 个单元格数据</td>
        <td>第 2 行中的第 2 个单元格数据</td>
     </tr>
```

```
    </table>
    <table border="1" cellpadding="10" cellspacing="5">
      <tr>
         <td>第 1 行中的第 1 个单元格数据</td>
         <td>第 1 行中的第 2 个单元格数据</td>
      </tr>
      <tr>
         <td>第 2 行中的第 1 个单元格数据</td>
         <td>第 2 行中的第 2 个单元格数据</td>
      </tr>
    </table>
    <table border="1" width="500" height="100" cellspacing="0">
      <tr>
         <td>第 1 行中的第 1 个单元格数据</td>
         <td>第 1 行中的第 2 个单元格数据</td>
      </tr>
      <tr>
         <td>第 2 行中的第 1 个单元格数据</td>
         <td>第 2 行中的第 2 个单元格数据</td>
      </tr>
    </table>
  </body>
</html>
```

上述代码共创建了 4 个表格，其中，第一个表格只设置表格边框为 1px，其余样式使用默认效果；第二个表格设置了边框、背景颜色和水平居中对齐样式，其余样式使用默认效果；第三个表格设置了边框、单元格间距及单元格边距，其余样式使用默认效果；第四个表格设置了边框、宽度、高度和单元格间距（注：单元格间距默认为 2px），其余样式使用默认效果。在 IE11 浏览器中的运行结果如图 6-2 所示。

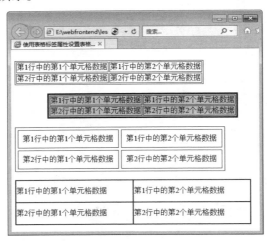

图 6-2　使用 table 标签属性设置表格样式

6.2.2　表格标题标签<caption>

创建表格时，为了概括表格内容或提供有关表格内容的有关信息，常常会设置表格的标题。表格的标题使用表格的子标签<caption>来设置。

基本语法：

```
<caption align="水平对齐方式" valign="垂直对齐方式">
     表格标题
</caption>
```

语法说明：<caption>和</caption>标签之间的内容就是表格的标题，表格标题在默认情况下是在表格上面居中显示，align 和 valign 属性的取值情况如表 6-2 所示。

表 6-2　　　　　　　　　　　　　　　align 和 valign 属性的取值

属性	属性值	描述
align	left | center | right	定义表格标题的水平对齐方式，默认为水平居中显示
valign	top | bottom	定义表格标题的垂直对齐方式，默认为顶部（top）对齐

注：在这里添加 align 和 valign 两个属性的浏览器兼容性不太好，在 IE8+以及标准的浏览器中，valign 没有效，而在 IE9+及标准的浏览器中，align 的水平对齐设置没有效，它只能设置顶部或底部对齐。

6.2.3　<tr>标签

<tr>标签是用来生成表格中的行标签，一个<tr></tr>标签对表示表格的一行，其中可以包含一个或多个<td>或<th>标签。<tr>标签常用的属性如表 6-3 所示。

表 6-3　　　　　　　　　　　　　　　<tr>标签常用属性

属性	属性值	描述
align	left | center | right	定义表格行中内容的水平对齐方式，对<td>标签中的数据默认为居左对齐，对<th>标签中的数据默认为居中对齐
bgcolor	#RRGGBB | rgb(R,G,B) | colorname	定义行的背景颜色
height	px	定义表格行高度
valign	baseline | top | middle | bottom	定义表格行中内容的垂直对齐方式，默认为垂直居中（middle）

注：在 HTML5 中，以上属性都已不再支持，建议使用 CSS 格式化表格行。

【示例 6-3】使用<tr>标签属性设置表格行样式。

```
<!doctype html>
<html>
<head>
<meta charset="utf-8">
<title>使用 tr 标签属性设置表格样式</title>
</head>
<body>
   <table border="1" width="500">
     <tr bgcolor="#6FC9D2" height="70">
        <td>第 1 行中的第 1 个单元格数据</td>
        <td>第 1 行中的第 2 个单元格数据</td>
     </tr>
     <tr align="center">
        <td>第 2 行中的第 1 个单元格数据</td>
        <td>第 2 行中的第 2 个单元格数据</td>
     </tr>
```

```
        <tr align="right">
            <td>第 3 行中的第 1 个单元格数据</td>
            <td>第 3 行中的第 2 个单元格数据</td>
        </tr>
    </table>
</body>
</html>
```

上述代码创建了一个三行的表格，其中，第一行设置了背景颜色及行高，其余样式使用默认效果；第二行设置了水平居中对齐样式，其余样式使用默认效果；第三行设置了水平居右对齐样式，其余样式使用默认效果。在 IE11 浏览器中的运行结果如图 6-3 所示。

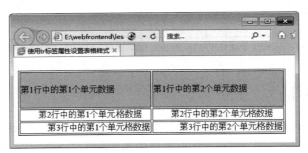

图 6-3　使用 tr 标签属性设置表格样式

6.2.4　<td>和<th>标签

表格中的内容必须放到单元格中。根据显示内容的格式，单元格可分为一般单元格和表头单元格，表头单元格属于特殊单元格，一般出现在第一行或第一列中，主要用于突出某些内容，这些内容称为表头。在 HTML 文档中，一般单元格使用<td></td>标签对标识，表头单元格使用<th></th>标签对标识。一般单元格的内容默认居左对齐并以普通格式显示，表头单元格的内容默认居中对齐并且加粗显示。另外，一般单元格中可以存放任何数据，包括文本、图片、列表、段落、表单、表格等内容。单元格提供了一些属性，以实现格式化单元格和单元格的跨行和跨列功能。单元格标签的常用属性见表 6-4。

表 6-4　　　　　　　　　　　　　　　　单元格标签常用属性

属性	属性值	描述
align	left,center,right	定义单元格中内容的水平对齐方式，对<td>标签中的数据默认为居左对齐，对<th>标签中的数据默认为居中对齐
bgcolor	#xxxxxx | rgb(R,G,B) | colorname	定义单元格的背景颜色
colspan	number	定义单元格可横跨的列数
rowspan	number	定义单元格可横跨的行数
height	px | %	定义单元格高度，取百分数时是相对于表格的高度
width	px | %	定义单元格宽度，取百分数时是相对于表格的宽度
valign	baseline | top | middle | bottom	定义单元格中内容的垂直对齐方式，默认为垂直居中（middle）

注：在 HTML5 中，除了 colspan 和 rowspan 外，以上其他属性都已不再支持，建议使用 CSS 格式化单元格。

【示例 6-4】使用单元格标签属性设置单元格样式。

```
<!doctype html>
<html>
<head>
<meta charset="utf-8">
<title>使用单元格标签属性设置单元格样式</title>
</head>
<body>
  <table width="80%" border="1" align="center" cellspacing="0">
    <caption>文具价格表</caption>
    <tr>
      <th>文 具</th>
      <th>数 量</th>
      <th>总价格</th>
    </tr>
    <tr>
      <td width="50%">钢 笔</td>
      <td align="center">3</td>
      <td align="right" bgcolor="#FFCCFF">7.5</td>
    </tr>
    <tr>
      <td valign="top">铅 笔</td>
      <td height="60">2</td>
      <td valign="bottom">1</td>
    </tr>
  </table>
</body>
</html>
```

上述代码创建了一个三行表格，该表格使用了<caption>标签来创建表格标题，第一行中的各个单元格使用<th>来创建表头，第二行和第三行的各个单元格都使用了单元格标签属性设置单元格样式。在 IE11 浏览器中的运行结果如图 6-4 所示。

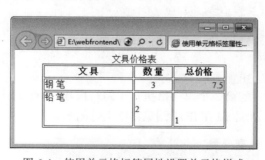

图 6-4　使用单元格标签属性设置单元格样式

6.2.5　单元格的跨行和跨列设置

默认情况下，表格每行的单元格都是一样的。但很多时候，由于制表的需要，表格每行的单元格数目有可能不一致，这时就需要对表格执行跨行或跨列操作。跨行和跨列功能可分别通过单元格的 rowspan 和 colspan 属性来实现。

基本语法：

```
<td rowspan="所跨行数">
```

```
<th rowspan="所跨行数">
<td colspan="所跨列数">
<th colspan="所跨列数">
```

语法说明：rowspan 和 colspan 的属性值是一个具体的数值。

【示例 6-5】单元格的跨行设置。

```
<!doctype html>
<html>
<head>
<meta charset="utf-8">
<title>单元格跨行设置</title>
</head>
<body>
  <table width="80%" border="1" cellpadding="8" cellspacing="0" align="center">
    <caption align="center">文具订单表</caption>
    <tr>
        <th>文 具</th>
        <th>价 格</th>
        <th>数 量</th>
        <th>合 计</th>
    </tr>
    <tr>
        <td>钢 笔</td>
        <td>￥2.50/支</td>
        <td>3</td>
        <td rowspan="2">￥12.5</td>    对单元格执行跨行操作
    </tr>
    <tr>
        <td>铅 笔</td>
        <td>￥0.50/支</td>
        <td>10</td>
    </tr>
  </table>
</body>
</html>
```

上述代码在表格第 2 行的第 3 个单元格执行了跨行操作，该单元格从第 2 行跨到了第 3 行，从而使第 3 行少了一个单元格。其在 IE11 浏览器中运行的结果如图 6-5 所示。

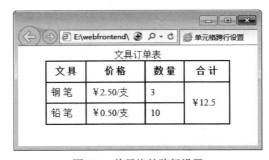

图 6-5　单元格的跨行设置

【示例 6-6】单元格的跨列设置。

```
<!doctype html>
<html>
<head>
<meta charset="utf-8">
<title>单元格跨列设置</title>
</head>
<body>
  <table width="80%" border="1" cellpadding="8" cellspacing="0" align="center">
    <caption align="center">文具订单表</caption>
    <tr>
        <th>文 具</th>
        <th>价 格</th>
        <th>数 量</th>
    </tr>
    <tr>
        <td>钢 笔</td>
        <td>￥2.50/支</td>
        <td>3</td>
    </tr>
    <tr>
        <td>铅 笔</td>
        <td>￥0.50/支</td>
        <td>10</td>
    </tr>
    <tr>                           对单元格执行跨列操作
        <td>合 计</td>
        <td colspan="2" align="right">￥12.5</td>
    </tr>
  </table>
</body>
</html>
```

上述代码在表格第 4 行的第 2 个单元格执行了跨列操作，该单元格从第 2 列跨到了第 3 列，从而使第 4 行少了一个单元格。其在 IE11 浏览器中运行的结果如图 6-6 所示。

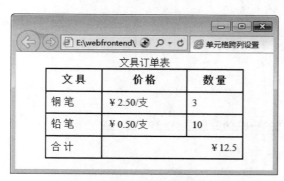

图 6-6　单元格的跨列设置

6.2.6　<thead><tbody>和<tfoot>标签

<thead><tbody>和<tfoot>标签用于对表格进行分区。其中，<thead> 标签用于对表格的表头

分组，组合 HTML 表格的表头内容。thead 元素应该与 tbody 和 tfoot 元素结合起来使用。<tbody> 标签用于对表格中的主体内容分组，组合表格中的数据。<tfoot> 标签用于对表格中的表注（页脚）分组，用于组合表格的表注。

　　上述三个标签按照内容，将表格划分为三个区域。这种划分使浏览器有能力支持独立于表格表头和页脚的表格正文滚动。打印长的表格时，表格的表头和页脚可被打印在包含表格数据的每张页面上，而且可以使用 CSS 分别设置这些区域的样式。这三个标签在实际应用中并不常用，但当我们需要按照内容对表格中的行分组，或者需要分别设置不同内容的样式时，将使用这些元素。需要注意的是，这三个元素中只有 <tbody> 可单独使用。

【示例 6-7】使用 thead、tbody 和 tfoot 元素对表格分区。

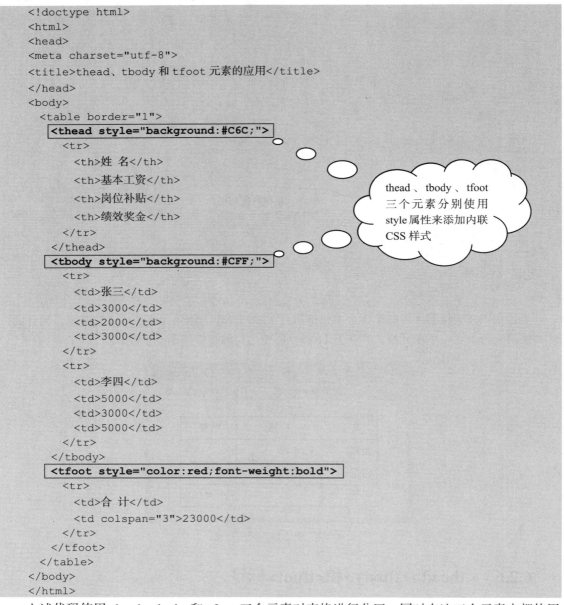

```html
<!doctype html>
<html>
<head>
<meta charset="utf-8">
<title>thead、tbody 和 tfoot 元素的应用</title>
</head>
<body>
  <table border="1">
    <thead style="background:#C6C;">
      <tr>
        <th>姓 名</th>
        <th>基本工资</th>
        <th>岗位补贴</th>
        <th>绩效奖金</th>
      </tr>
    </thead>
    <tbody style="background:#CFF;">
      <tr>
        <td>张三</td>
        <td>3000</td>
        <td>2000</td>
        <td>3000</td>
      </tr>
      <tr>
        <td>李四</td>
        <td>5000</td>
        <td>3000</td>
        <td>5000</td>
      </tr>
    </tbody>
    <tfoot style="color:red;font-weight:bold">
      <tr>
        <td>合 计</td>
        <td colspan="3">23000</td>
      </tr>
    </tfoot>
  </table>
</body>
</html>
```

thead、tbody、tfoot 三个元素分别使用 style 属性来添加内联 CSS 样式

上述代码使用 thead、tbody 和 tfoot 三个元素对表格进行分区，同时在这三个元素中都使用

style 属性来添加内联 CSS 样式（有关内联 CSS 样式的内容请参见 8.6.1 节）来分别设置各分区的样式。在 IE11 浏览器中运行的结果如图 6-7 所示。

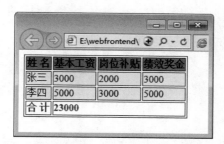

图 6-7　使用 thead、tbody 和 tfoot 对表格进行分区

6.3　表格的综合示例

本节将综合应用常用的表格标签以及设置标签的相关属性来创建如图 6-8 所示的教学计划表。

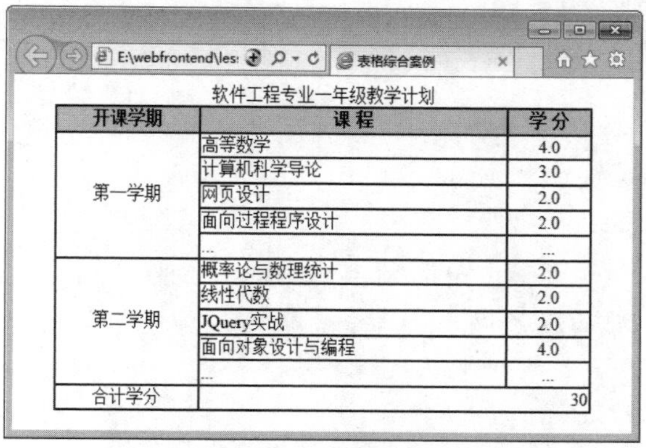

图 6-8　使用表格创建教学计划表

分析图 6-8 可知，表格水平居中显示，且设置了宽度、边框、单元格间距等样式；另外，表格包含了标题；第一行作为表头，并设置了该行的背景颜色；第二行和第六行的第一个单元格分别跨了 5 行，且两个单元格以及最后一行的第一个单元格都设置了水平居中对齐；表格第二行到倒数第二行之间的最后一个单元格设置了水平居中对齐；最后一行的第二个单元格跨了两列。

根据上述分析，可得到图 6-8 所示效果的表格代码如示例 6-8 所示。

【示例 6-8】使用表格创建教学计划表。

```
<!doctype html>
<html>
<head>
<meta charset="utf-8">
<title>表格综合案例</title>
</head>
<body>
  <table border="1" width="500" cellspacing="0" align="center">
```

```
<caption>软件工程专业一年级教学计划</caption>
<tr bgcolor="#CCC">
  <th>开课学期</th>
  <th>课 程</th>
  <th>学 分</th>
</tr>
<tr>
  <td rowspan="5" align="center">第一学期</td>
  <td>高等数学</td>
  <td align="center">4.0</td>
</tr>
<tr>
  <td>计算机科学导论</td>
  <td align="center">3.0</td>
</tr>
 <tr>
  <td>网页设计</td>
  <td align="center">2.0</td>
</tr>
 <tr>
  <td>面向过程程序设计</td>
  <td align="center">2.0</td>
</tr>
<tr>
  <td>…</td>
  <td align="center">…</td>
</tr>
<tr>
  <td rowspan="5" align="center">第二学期</td>
  <td>概率论与数理统计</td>
  <td align="center">2.0</td>
</tr>
<tr>
  <td>线性代数</td>
  <td align="center">2.0</td>
</tr>
 <tr>
  <td>jQuery 实战</td>
  <td align="center">2.0</td>
</tr>
 <tr>
  <td>面向对象设计与编程</td>
  <td align="center">4.0</td>
</tr>
<tr>
  <td>…</td>
  <td align="center">…</td>
</tr>
<tr>
  <td align="center">合计学分</td>
  <td colspan="3" align="right">30</td>
</tr>
```

```
    </tfoot>
  </table>
</body>
</html>
```

从示例代码中可以看到，同样的样式设置在表格的多个地方重复出现，这正是使用标签属性设置样式的一个很大的弊端，在后面学习 CSS 后，可以使用 CSS 来设置样式以减少重用样式代码，从而减小文件大小，提高代码的可维护性以及访问速度。

习 题 6

1．填空题

（1）表格的内容必须放置在_____标签对之间或_____标签对之间。

（2）每一行必须使用一个_____标签对。

（3）使用表格的_____、_____和_____3 个标签，可以将表格分为表头分组、主体内容分组以及表注分组 3 个区域。

（4）对单元格执行跨行操作时，需要使用_____属性，对单元格执行跨列操作时，需要使用_____属性。

2．上机题

使用记事本或 Dreamweaver 等工具创建 6.3 节中的表格综合示例。

第7章
在网页中创建表单

7.1　表单概述

　　表单在 Web 应用中是一个极其重要的对象，用户需要使用它来输入数据，并向服务器提交数据。用户在表单中输入的数据将作为请求参数发送给服务器，从而实现用户与 Web 应用的动态交互。我们现在大量使用的在线交易、论坛、网上搜索等功能之所以能够实现，正是因为有了表单。申请网上的一些服务，如网上订购，通常需要注册，即在网站提供的表单中填写用户的相关信息。图 7-1 所示为当当网上商城的收货人信息注册表单。

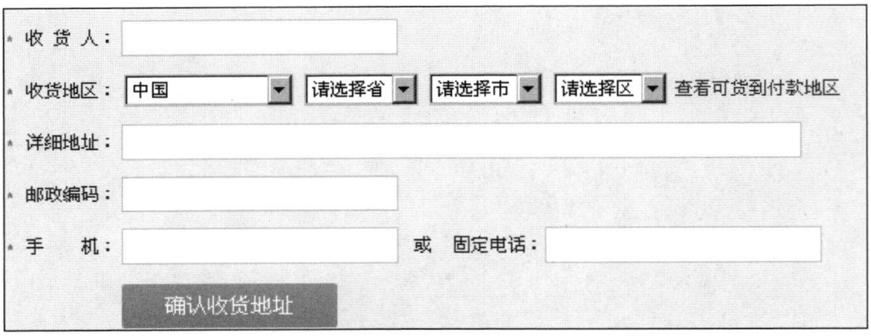

图 7-1　当当网上商城的收货人信息注册表单

　　表单信息的处理过程：单击表单中的提交按钮时，在表单中输入的信息被提交到服务器，服务器的有关应用程序将处理提交信息，处理结果或者是将用户提交的信息储存在服务器端的数据库中，或者是将有关信息返回到客户端的浏览器上。

　　完整地实现表单功能，需要涉及两个部分：一是用于描述表单对象的 HTML 源代码；二是客户端的脚本或者服务器端用于处理用户所填写信息的程序。本章只介绍描述表单对象的HTML 代码。

　　在 HTML 页面中创建表单对象需要用到多个相关的标签，这些标签按照功能可分为表单<form>标签和表单域标签两大类。<form>标签用于定义一个表单区域，表单域标签用于定义表单中的各个元素，所有表单元素必须放在<form>标签中。但在 HTML5 中，通过添加 form 属性也可以将表单域放在<form>标签外面。创建表单常用的标签如表 7-1 所示。

表 7-1 　　　　　　　　　　　　　　　创建表单常用的标签

标签	描述
<form>	定义一个表单区域以及携带表单的相关信息
<input>	设置输入表单元素
<select>	设置列表元素
<option>	设置列表元素中的项目
<textarea>	设置表单文本域元素

7.2　<form>标签

表单是网页上的一个特定区域，这个区域由一对<form>标签定义。<form>标签具体来说有两方面的作用：一方面，限定表单的范围，即定义一个区域，表单各元素都要设置在这个区域内，单击提交按钮时，提交的也是这个区域内的数据；另一方面，携带表单的相关信息，如处理表单的程序、提交表单的方法等。

基本语法：

```
<form name="表单名称" method="提交方法" action="处理程序">
    …
</form>
```

语法说明：<form>标签的常用属性除了 name、method 和 action 外，还有 onsubmit 和 enctype 等属性。<form>标签的常用属性如表 7-2 所示。

表 7-2 　　　　　　　　　　　　　　　<form>标签的常用属性

属性	描述
name	设置表单名称，用于脚本引用（可选属性）
method	定义表单数据从客户端传送到服务器的方法，包括两种方法：get 和 post，默认使用 get 方法
action	用于指定处理表单的服务端程序
onsubmit	用于指定处理表单的脚本函数
enctype	设置 MIME 类型，默认值为 application/x-www-form-urlencoded。需要上传文件到服务器时，应将该属性设置为 multipart/form-data

在表 7-2 中，提交表单数据既可以使用 get 方法，也可以使用 post 方法。这两种方法的区别如下。

因为 get 方法将表单内容附加到 URL 地址后面，所以对提交信息的长度进行了限制，最多不能超过 8KB 字符。如果信息太长，将被截去，从而导致意想不到的处理结果。同时 get 方法不具有保密性，不适于处理如银行卡卡号等要求保密的内容。post 方法将用户在表单中填写的数据包含在表单的主体中，一起传送给服务器上的处理程序，该方法没有字符数和字符类型的限制，它包含 ISO 10646 中的所有字符，所传送的数据不会显示在浏览器的地址栏中。默认情况下，表单使用 get 方法传送数据，当数据涉及保密要求时，必须使用 post 方法，而所传送的数据用于执行插入或更新数据库操作时，最好使用 post 方法，执行搜索操作时，可以使用 get 方法。

7.3　input 元素

表单 input 元素包括文本框、密码框、单选按钮、复选框、按钮等，这些表单元素需要使用 <input>标签来创建。

基本语法：

```
<input  type="元素类型" name="表单元素名称" />
```

语法说明：type 属性用于设置不同类型的输入元素，HTML5 以前可设置的 input 元素类型如表 7-3 所示。name 属性指定输入元素的名称，作为服务器程序访问表单元素的标识名称，名称必须唯一。对于表 7-3 中的各种按钮元素，必须设置的属性是 type；其余输入元素必须设置的属性是 type 和 name。

表 7-3　　　　　　　　　　　　　　　　　type 属性值

type 属性值	描述	type 属性值	描述
text	设置单行文本框元素	checkbox	设置复选框元素
password	设置密码元素	button	设置普通按钮元素
file	设置文件元素	submit	设置提交按钮元素
hidden	设置隐藏元素	reset	设置重置按钮元素
radio	设置单选框元素		

7.3.1　文本框

当 type 属性取值为"text"时，<input>标签将创建一个单行输入文本框，用于提供给访问者输入文本信息，输入的信息将以明文显示。

基本语法：

```
<input type="text" name="文本框名称" />
```

语法说明：type 属性值必须为"text"，name 属性为必设属性。除了 type 和 name 属性外，文本框还包括 maxlength、size 和 value 等可选属性。文本框的常用属性如表 7-4 所示。

表 7-4　　　　　　　　　　　　　　　　　文本框常用属性

属性	描述
name	设置文本框的名称，在脚本中作为文本框标识获取其数据
maxlength	设置在文本框中最多可输入的字符数
size	控制文本框的长度，单位是像素
value	设置文本框的默认值

【示例 7-1】创建文本框。

```
<!doctype html>
<html>
<head>
<meta charset="utf-8">
<title>创建文本框</title>
```

```
    </head>
    <body>
        <h4>请填写注册信息：</h4>
        <form action="" method="post">
        姓名：<input type="text" name="username" /><br>
        电话：<input type="text" name="tel" size="10" /><br>
        地址：<input type="text" name="address" size="30" maxlength="50" /><br>
        邮编：<input type="text" name="pc" size="6" maxlength="6" /><br>
        微博主页：<input type="text" name="url" value="http://" />
        </form>
    </body>
</html>
```

文本框的长度为 30 个像素，最多可输入 50 个字符

文本框默认值是"http://"

上述代码在 IE11 浏览器中的运行结果如图 7-2 所示。

示例 7-1 创建了 5 个文本框，第一个文本框使用了默认的 size 属性值，第二个文本框至第五个文本框分别设置 size 取不同的像素值，从图 7-2 中可以看出，5 个文本框的长度各异，这正是 size 属性的作用。另外，第一个、第二个和第五个文本框因为没有设置 maxlength，所以可以输入任意多个字符。

图 7-2　创建文本框

7.3.2　密码框

当 type 属性取值为"password"时，<input>标签将创建一个密码框，以"*"或"●"符号回显输入的字符，从而起到保密的作用。

基本语法：

```
<input type="password" name="密码框名称" />
```

语法说明：type 属性值必须为"password"，密码框具有和文本框一样的属性，作用也是一样的，具体介绍请参见表 7-4。

【示例 7-2】创建密码框。

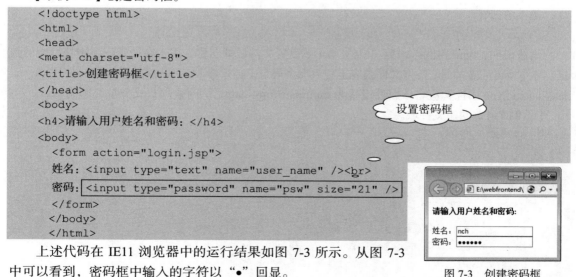

```
<!doctype html>
<html>
<head>
<meta charset="utf-8">
<title>创建密码框</title>
</head>
<body>
<h4>请输入用户姓名和密码：</h4>
<body>
    <form action="login.jsp">
    姓名：<input type="text" name="user_name" /><br>
    密码：<input type="password" name="psw" size="21" />
    </form>
    </body>
    </html>
```

设置密码框

图 7-3　创建密码框

上述代码在 IE11 浏览器中的运行结果如图 7-3 所示。从图 7-3 中可以看到，密码框中输入的字符以"●"回显。

7.3.3　隐藏域

当 type 属性取值为"hidden"时，<input>标签将创建隐藏域。隐藏域不会被访问者看到，它主要用于在不同页面中传递域中设定的值。

基本语法：

```
<input type="hidden" name="域名称" value="域值" />
```

语法说明：隐藏域的 type、name 和 value 属性都必须设置。type 属性必须为"hidden"，value 属性用于设置隐藏域需传递的值，name 设置隐藏域的名称，用于在处理程序中获取域的数据。

【示例 7-3】创建隐藏域。

```
<!doctype html>
<html>
<head>
<meta charset="utf-8">
<title>创建隐藏域</title>
</head>
<body>
<body>
    <form action="admin.jsp">
        <input type="hidden" name="username" value="nch" />
    </form>
</body>
</html>
```

创建隐藏域

文件执行后，将看不到任何表单元素，隐藏域在表单提交时，将传递其所设置的"nch"值给"admin.jsp"页面。

7.3.4　文件域

当 type 属性取值为"file"时，<input>标签将创建文件域。文件域可以将本地文件上传到服务器端。

基本语法：

```
<input type="file" name="域名称" />
```

语法说明：type 属性必须为"file"，name 设置文件域的名称，用于在处理程序中获取域的数据。另外需要注意的是，要将文件内容上传到服务器，还必须修改表单的编码，这需要使用<form>标签的 enctype 属性，应将该属性设置为 multipart/form-data，同时表单提交方法必须为 post。

【示例 7-4】创建文件域。

```
<!doctype html>
<html>
<head>
<meta charset="utf-8">
<title>创建文件域</title>
</head>
<body>
    <p> </p>
    <form action="regisert.jsp" enctype="multipart/form-data" method="post">
        请上传相片：<input type="file" name="photo" />
    </form>
</body>
</html>
```

必须将表单的默认编码修改为"multipart/form-data"，同时将方法设为 post

上述代码在 IE11 浏览器中的运行结果如图 7-4 所示。在图 7-4 中，用户可以直接将要上传给服务器的文件的路径填写在文本框中，也可以单击"浏览"按钮，在本地计算机中找到要上传的文件。

图 7-4　创建文件域

7.3.5　单选框和复选框

1．单选框

当 type 属性取值为"radio"时，<input>标签将创建单选框。单选框用于在一组选项中选择单项，每个单选框用一个圆框表示。

基本语法：

```
<input type="radio" name="域名称" value="域值" checked[="checked"] />
```

语法说明：type 属性必须设置为"radio"；name 设置单选框的名称，用于在处理程序中获取被选中的单选框的数据，属于同一组的单选框的 name 属性必须设置为相同的值；value 用于设置单选框选中后传到服务器端的值；checked 表示此项被默认选中，如果不设置默认选中状态，则不要使用 checked 属性，在 HTML5 中，默认选中时，可以不用设置 checked 属性值；在一组单选框中，最多只能有一个默认选中项。

2．复选框

当 type 属性取值为"checkbox"时，<input>标签将创建复选框。复选框用于在一组选项中选择多项，每个复选框用一个方框表示。

基本语法：

```
<input type="checkbox" name="域名称" value="域值" checked[="checked"] />
```

语法说明：type 属性必须为"checkbox"，name 设置复选框的名称，用于在处理程序中获取域的值，同一组复选框的 name 属性可以设置为相同值，也可以设置为不同的值；value 和 checked 属性的使用和单选框的这两个属性完全一样，但在一组复选框中，可以有多个默认选中项。

【示例 7-5】创建单选框和复选框。

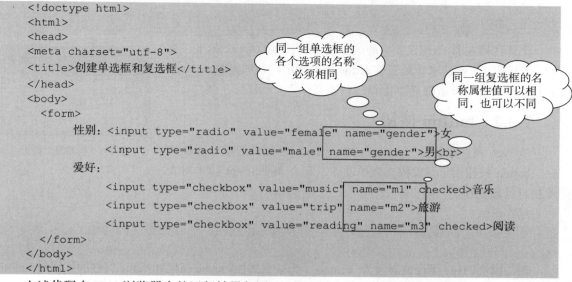

```
<!doctype html>
<html>
<head>
<meta charset="utf-8">
<title>创建单选框和复选框</title>
</head>
<body>
  <form>
      性别: <input type="radio" value="female" name="gender">女
            <input type="radio" value="male" name="gender">男<br>
      爱好:
            <input type="checkbox" value="music" name="m1" checked>音乐
            <input type="checkbox" value="trip" name="m2">旅游
            <input type="checkbox" value="reading" name="m3" checked>阅读
  </form>
</body>
</html>
```

上述代码在 IE11 浏览器中的运行结果如图 7-5 所示。从中可以看到单选框默认情况下没有选项被选中，而复选框默认选中了"音乐"和"阅读"两个选项。

图 7-5　创建单选框和复选框

7.3.6　提交按钮

当 type 属性取值为"submit"时，<input>标签将创建 submit 提交按钮。提交按钮用于将表单内容提交到指定服务器处理程序或指定客户端脚本进行处理。

基本语法：

```
<input type="submit" name="按钮名称" value="按钮显示文本" />
```

语法说明：type 属性值必须为"submit"，为必设属性；name 属性设置按钮的名称，如果处理程序不需要引用该按钮，则可以省略该属性；value 属性设置按钮上显示的文本，不设置该属性时，默认显示"提交查询内容"。

【示例 7-6】创建提交铵钮。

```
<!doctype html>
<html>
<head>
<meta charset="utf-8">
<title>创建提交按钮</title>
</head>
<body>
  <form action="add.jsp" method="post">
      <input type="submit" value="新增" />
  </form>
</body>
</html>
```

上述代码在 IE11 浏览器中的运行结果如图 7-6 所示，单击"新增"按钮后，页面请求转到表单 action 属性指定的处理程序 add.jsp，add.jsp 处理的结果由浏览器显示。

7.3.7　button 按钮

当 type 属性取值为"button"时，<input>标签将创建 button 按钮。button 按钮用于激发提交表单动作，配合 JavaScript 脚本对表单执行处理操作。

图 7-6　创建提交按钮

基本语法：

```
<input type="button" value="按钮显示文本" onclick="JavaScript 函数名" name="按钮名称" />
```

语法说明：type 属性值必须为"button"，为必设属性；name 属性和 value 属性的作用与 submit 按钮的这两个属性唯一不同的是，value 属性没有设置时，按钮上面将没有任何文字显示；onclick

属性指定处理表单内容的脚本，使用 onclick 属性指定脚本是一种绑定事件处理代码的方式。这种方式并不推荐使用，现在更常用的绑定事件处理代码的方式是在 JavsScript 代码中通过对象的 onclick 属性来绑定和使用 addEventListener()方法来绑定，有关这些绑定方式的介绍请参见第 15 章。

【示例 7-7】创建 button 按钮。

```
<!doctype html>
<html>
<head>
<meta charset="utf-8">
<title>创建 button 按钮</title>
<script type="text/javascript">
    function del(){
        if(confirm("确定要删除该信息吗？删除将不能恢复！"))
            window.location="delete.jsp";
    }
</script>
</head>
<body>
  <form>
      <input type="button" onclick="del()" value="删除" />
  </form>
</body>
</html>
```

onclick 属性为必设属性，值等于脚本函数

单击"删除"按钮后，页面请求转到表单 onclick 属性指定的脚本函数 del()，运行 del()后，弹出删除确认对话框，如图 7-7 所示。单击对话框中的"确定"按钮后，请求跳到 delete.jsp，delete.jsp 处理的结果由浏览器显示。

图 7-7　创建 button 按钮

7.3.8　重置按钮

当 type 属性取值为"reset"时，<input>标签将创建 reset 重置按钮。重置按钮用于清除表单中输入的内容，将表单内容恢复为默认状态。

基本语法：

```
<input type="reset" name="按钮名称" value="按钮显示文本" />
```

语法说明：type 属性必须为"reset"，是必设属性；name 属性和 value 属性的作用与 submit 按钮的这两个属性一样，value 属性如果不设置的话，按钮文字默认显示"重置"。

【示例 7-8】创建重置按钮。

```
<!doctype html>
```

```
<html>
<head>
<meta charset="utf-8">
<title>创建重置按钮</title>
</head>
<body>
  <form>
      <input type="text" name="username" />
      <input type="reset" value="取消" />
  </form>
</body>
</html>
```

上述代码在 IE11 浏览器中的运行结果如图 7-8 所示。在图 7-8 中的文本框中输入任意文本后，单击"取消"按钮，文本框将清空，回到最初的状态。

图 7-8 创建重置按钮

7.3.9 图像按钮

当 type 属性取值为"image"时，<input>标签将创建 image 图像按钮。图像按钮外形以图像表示，功能与提交按钮一样，具有提交表单内容的作用。

基本语法：

```
<input type="image" name="按钮名称" src="图像路径" width="宽度值" height="高度值" />
```

语法说明：type 属性值必须为"image"，为必设属性；name 属性的作用与 submit 按钮的一样；src 属性设置图像的路径，为必设属性；width 和 height 属性分别设置图像的宽度和高度，为可选属性。

【示例 7-9】创建图像按钮。

```
<!doctype html>
<html>
<head>
<meta charset="utf-8">
<title>创建图像按钮</title>
</head>
<body>
  <form>
    姓名: <input type="text" name="username" />
    <input type="image" src="images/imgBtn.png" width="120" height="30" />
  </form>
</body>
</html>
```

上述代码的运行结果如图 7-9 所示。图像按钮与提交按钮的作用完全相同，不同的是，图像按钮的外形是指定的图像，而且可以根据需要修改图像按钮的大小。

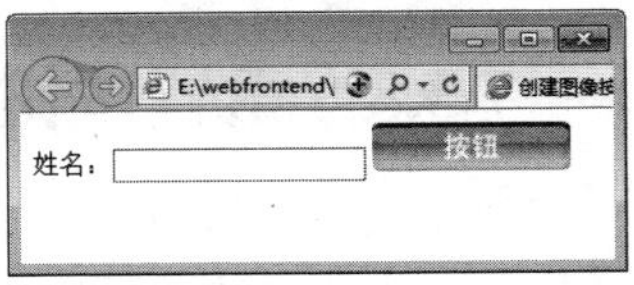

图 7-9 创建图像按钮

7.4 选择列表元素

选择列表允许访问者从选项列表中选择一项或几项。它的作用等效于单选框（单选时）或复选框（多选时）。在选项比较多的情况下，相对于单选框和复选框来说，选择列表可节省很多空间。

　　创建选择列表必须使用<select>和<option>这两个标签。<select>标签用于声明选择列表，需由它确定选择列表是否可多选，以及一次可显示的列表选项数；选择列表中的各选项需要由<option>标签设置，它可设置各选项的值以及是否为默认选项。

　　根据选项一次可被选择和显示的数量，选择列表可分为两种形式：多项选择列表和下拉列表（下拉菜单）。

1．多项选择列表

多项选择列表一次可以选择多个列表选项，且一次可以显示 1 个以上的列表选项。
基本语法：

```
<select name="列表名称" size="显示的选项数目" multiple[="multiple"]>
    <option value="选项值" selected=["selected"]>选项一</option>
    <option value="选项值">选项二</option>
    <option value="选项值" selected=["selected"]>选项三</option>
    ...
</select>
```

语法说明：<select>标签用于声明选择列表，<option>标签用于设置各个选项，select 标签的常用属性如表 7-5 所示。

表 7-5　　　　　　　　　　　　select 标签常用属性

属性	描述
name	设置列表的名称
size	设置能同时显示的列表选项个数（默认为 1），取值大于或等于 1
multiple	设置列表中的选项可多选
value	设置选项值
selected	设置默认选项，可对多个列表选项设置此属性

【示例 7-10】创建多项选择列表。

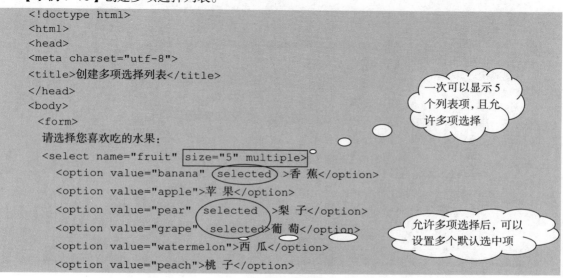

```
  </select>
  </form>
</body>
</html>
```

上述代码允许选择多项，并且一次显示 5 项，而列表中有 6 个选项，一次显示不完将会显示垂直滚动条。上述代码在 IE11 浏览器中的运行结果如图 7-10 所示。在图 7-10 中可以看到默认情况下已有三项被选中。

图 7-10　创建多项选择列表

2. 下拉列表

下拉列表是指一次只能选择一个列表选项，且一次只能显示一个列表选项的选择列表。

基本语法：

```
<select name="列表名称">
   <option value="选项值">选项一</option>
   <option value="选项值">选项二</option>
   <option value="选项值">选项三</option>
   ...
</select>
```

语法说明：因为<select>标签的 size 属性值默认为 1，所以对于下拉列表，可以不用设置 size 属性。另外，不能设置 multiple 属性，如果要设置默认选中项，则只能允许一个选项设置 selected 属性。

【示例 7-11】创建下拉列表。

```
<!doctype html>
<html>
<head>
<meta charset="utf-8">
<title>创建下拉列表</title>
</head>
<body>
   <form>
        您的最高学历/学位：
        <select name="degree">
         <option value="1">博士后</option>
         <option value="2" selected="selected">博士</option>
         <option value="3">硕士</option>
         <option value="4">学士</option>
         <option value="0">其他</option>
        </select>
   </form>
```

```
    </body>
    </html>
```

在上述代码中"博士"选项默认被选择，如图 7-11 所示，运行时将首先显示"博士"选项，其他选项被隐藏起来，要查看或选择其他选项需要单击下拉按钮，如图 7-12 所示。

图 7-11　下拉列表的默认效果

图 7-12　点击下拉按钮效果

7.5　文本域元素

在网页表单中，我们经常可以看到有一个给用户填写备注信息或评论信息的多行多列的文本区域，这个区域需要使用<textarea>标签创建。

基本语法：

```
<textarea name="文本区域名称" rows="行数" cols="字符数">
    …（默认文本）
</textarea>
```

语法说明：rows 属性设置可见行数，当文本内容超出这个值时将显示垂直滚动条，cols 属性设置一行可输入多少个字符。

【示例 7-12】创建文本域。

```
<!DOCTYPE html>
<html>
<head>
<meta charset="utf-8">
<title>创建文本域/title>
</head>
    <body>
        <form>
            备注信息：
            <textarea name="remark" rows="8" cols="30"></textarea>
        </form>
    </body>
</html>
```

设置了一个 8 行 30 列的文本域

上述代码创建了一个 8 行 30 列的文本域，在 IE11 浏览器中的运行结果如图 7-13 所示。

图 7-13　创建文本域

7.6　HTML5 表单新增属性

在 HTML5 表单中新增了大量的属性，如 required、autofocus、placeholder 等，提供非空校验、自动聚焦和显示提示信息等功能。这些属性实现了 HTML4 表单中需要使用 JavaScript 才能实现的效果，极大地增强了 HTML5 表单的功能。

7.6.1　form 属性

在 HTML5 以前，为表明表单元素和表单的隶属关系，表单的元素必须放在<form> </form>标签对之间。HTML5 为所有表单元素新增了 form 属性，使用 form 属性可以定义表单元素和某个表单之间的隶属关系，这时就不需要再遵循前面的规定了。定义表单元素和表单的隶属关系只要给表单元素的 form 属性赋予某个表单的 id 值即可。

基本语法：

```
<form id="form1">
    ...
</form>
<input type="text" form="form1" />
```

语法说明：input 元素在表单<form></form>标签对的外面，在 HTML4 中，该元素是不属于表单 form1 的，但在 HTML5 中，通过设置 input 元素的 form 属性值等于表单的 id 值 "form1"，建立了 input 元素和表单的隶属关系。在实际使用中，可以把 input 元素换成任何表单元素。

【示例 7-13】应用 form 属性。

```
<!doctype html>
<html>
<head>
<meta charset="utf-8">
<title>应用 form 属性</title>
</head>
<body>
    <form id="RegForm" action="">
        用户名：<input type="text" name="username" /><br>
        <input type="submit" value="注册" />
    </form>
    密　码：<input type="password" name="password" form="RegForm" />
</body>
</html>
```

在上述代码中，密码元素在<form>标签对的外面，由于它的 form 属性值等于 RegForm，所以它属于 RegForm 表单，提交该表单时，密码也将一并提交。

从上述示例可以看到，通过 form 属性，在页面上定义表单元素时，可以随意放置表单元素，从而可以更加灵活地布局页面。

7.6.2　formaction 属性

在实际应用中，经常需要在一个表单中包含两个或两个以上的提交按钮，例如，系统中的用户管理，通常会在一个表单中包含"增加""修改"和"删除"3 个按钮，单击不同的按钮提交给不同的程序处理。这个要求在 HTML5 之前，只能通过 JavaScript 动态地修改 form 元素的 action 属性来实现。

在 HTML5 中，这一要求将很容易实现，其不再需要脚本控制，只需在每个提交按钮中使用新增的 formaction 属性来指定处理程序即可。

基本语法：

```
<input type="submit" formaction="处理程序" />
```

语法说明：所有提交按钮都可以使用 formaction 属性。属于提交按钮的元素包括：<input type="submit">、<input type="image">和<button type="submit">。

【示例 7-14】应用 formaction 属性。

```
<!doctype html>
<html>
<head>
<meta charset="utf-8">
<title>应用 formaction 属性</title>
</head>
<body>
    <form method="post">
    用户名：<input type="text" name="username" /><br>
    密　码：<input type="password" name="password" /><br>
    <input type="submit" value="添加" formaction="add.jsp" />
    <input type="submit" value="修改" formaction="update.jsp" />
    <input type="submit" value="删除" formaction="delete.jsp" />
    </form>
</body>
</html>
```

> 每个提交按钮使用 formaction 属性将表单提交给不同的程序处理

7.6.3　autofocus 属性

HTML5 表单的<textarea>和所有<input>元素都具有 "autofocus" 属性，其值是一个布尔值，默认值是 false。一旦为某个元素设置了该属性，页面加载完成后，该元素将自动获得焦点。在 HTML5 之前，要实现该功能需要借助 JavaScript 来实现。

需要注意的是，一个页面如果有多个表单元素设置该属性，则只有第一个元素中的该属性有效，建议对第一个 input 元素设置 autofocus 属性。目前几大浏览器的最新版本都已很好地支持该属性了。

基本语法：

```
<input type="text" autofocus />
<textarea rows="…" cols="…" autofocus>…</textarea>
```

语法说明：指定某个表单元素自动获得焦点有两种方式：一种是直接指定 autofocus 属性；另一种是指定 autofocus 属性并设置其值为 "true"。

【示例 7-15】使用 autofocus 属性使文本框自动获得焦点。

```
<!doctype html>
<html>
<head>
<meta charset="utf-8">
<title>使用 autofocus 属性使文本框自动获得焦点</title>
</head>
```

```
<body>
    <form method="post" action="">
        用户名：<input type="text" name="username" autofocus /> <br>
        密  码：<input type="password" name="password" /><br>
        <input type="submit" value="提交" />
        <input type="reset" value="取消" />
    </form>
</body>
</html>
```

设置 autofocus 属性，使文本框自动获得焦点

上述代码在 Chrome 浏览器的运行效果如图 7-14 所示。从图 7-14 中可看到，页面加载完后，"用户名"文本框自动获得焦点，光标自动显示在该文本框中。

7.6.4 pattern 属性

pattern 属性是 input 元素的验证属性，该属性的值是一个正则表达式，通过这个表达式，可以验证输入内容的有效性。

图 7-14　文本框自动获得焦点

基本语法：

```
<input type="text" pattern="正则表达式" title="错误提示信息" />
```

语法说明：根据具体校验要求，设置对应的正则表达式。title 属性不是必须的，但为了提高用户体验，建议设置这个属性。

【示例 7-16】使用 pattern 属性校验用户名的有效性，要求在用户注册时，输入的用户名必须以字母开头，包含字符或数字，长度在 3~8 个字符，密码为 6 位数字。

```
<!doctype html>
<html>
<head>
<meta charset="utf-8">
<title>pattern 属性应用示例</title>
</head>
<body>
    <form method="post" action="register.action">
        用户名：<input type="text" name="username" pattern="^[a-zA-Z]\w{2,7}" title="
        必须以字母开头，包含 3~8 个字符或数字" /><br>
        密  码：<input type="password" name="password" pattern="\d{6}" title="必须
        输入 6 个数字" /><br>
        <input type="submit" value="注册" />
        <input type="reset" value="取消" />
    </form>
</body>
</html>
```

文本框和密码框分别使用了 pattern 属性设置校验规则

在 Chrome 浏览器中，输入不符合要求的用户名或密码后，浏览器将弹出错误提示，如图 7-15 和图 7-16 所示；用户名和密码全部输入有效时，页面将被提交给指定的程序处理。

7.6.5 placeholder 属性

placeholder 属性主要用于在文本框或文本域中提供输入提示信息，以增强用户界面的友好性。当表单元素获得焦点时，显示在文本框或文本域中的提示信息将自动消失，当元素内没有输入内

容且失去焦点时，提示信息又将自动显示。在 HTML5 以前，要实现这些效果必须借助 JavaScript，HTML5 通过 placeholder 属性简化了代码的编写。

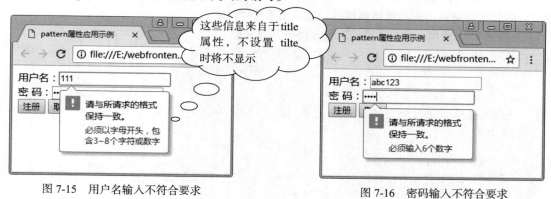

图 7-15　用户名输入不符合要求　　　　图 7-16　密码输入不符合要求

基本语法：

```
<input type="text" placeholder="提示信息" />
```

或

```
<textarea rows="…" cols="…" placeholder="提示信息" />
```

语法说明：placeholder 的属性值即"提示信息"将自动显示在对应的元素中。

【示例 7-17】使用 placeholder 属性设置输入提示信息。

```
<!doctype html>
<html>
<head>
<meta charset="utf-8">
<title>placeholder 属性应用示例</title>
</head>
<body>
<form method="post" action="">
    姓名：<input type="text" placeholder="请输入您的真实姓名" name="username" /><br>
    电话：<input type="text" placeholder="请输入您的手机号码" name="tel" /><br>
    备注：<textarea placeholder="输入内容不能超过 150 个字符"
        rows="5" cols="30"></textarea>
    <input type="submit" value="提交" />
</form>
</body>
</html>
```

表单中的 3 个元素都使用了 placeholder 属性来设置输入提示信息

上述代码在 Chrome 浏览器中的运行效果如图 7-17 所示。

7.6.6　required 属性

在 HTML5 以前，要验证某个表单元素的内容是否为空，需要利用 JavaScript 代码来判断元素的值是否为空或字符长度是否

图 7-17　设置输入提示信息

等于零。在 HTML5 中，可以通过 required 属性来取代 HTML4 中该功能的实现脚本，简化了页面的开发。目前，四大浏览器 IE、Firefox、Opera 和 Chrome 都支持该属性。

基本语法：

```
<input type="text" name="…" required />
```

语法说明：除了 input 元素可设置 required 属性外，其他需要提交内容的表单元素，如 textarea、select 等，也可以设置该属性。required 属性的设置方法与 autofocus 属性一样，有两种方式，即只添加属性，或添加该属性并设置其值等于"true"。

【示例 7-18】使用 required 属性对文本进行非空校验。

```
<!doctype html>
<html>
<head>
<meta charset="utf-8">
<title>required 属性应用示例</title>
</head>
<body>
<form method="post" action="">
    用户名: <input type="text" name="username" required />
    <input type="submit" value="提交" />
</form>
</body>
</html>
```

对文本框添加 required 属性

示例 7-18 对文本框添加了 required 属性，在提交表单时将对文本框进行非空校验。上述代码在 Chrome 浏览器中执行后，不输入用户名就提交时，将弹出错误提示信息，如图 7-18 所示。

为空时，提交表单弹出的错误提示信息

图 7-18　使用 required 属性进行非空校验

7.7　HTML5 表单新增的 input 元素类型

在 HTML5 中，input 元素在原有类型的基础上添加了许多新的类型，如表 7-6 所示。通过这些新增的类型，可以实现 HTML4 中需要由 JavaScript 代码才能实现的诸如特定类型、特定范围数值的有效性校验，获得日期对象等功能。

表 7-6　　　　　　　　　　　　　　　　　HTML5 新增 input 元素类型

类型	描述	类型	描述
tel	电话输入文本框	date	日期选择器
email	E-mail 输入文本框	time	时间选择器
url	URL 地址输入文本框	datetime	包含时区的日期和时间选择器
number	数值输入文本框，可设置输入值的范围	datetime-local	不包含时区的日期和时间选择器
range	以滑动条的形式表示特定范围内的数值	week	星期选择器
search	搜索关键字输入的文本框	month	月份选择器
color	颜色选择器，基于取色板进行选择		

目前，Opera 和 Chrome 可以很完美地支持表 7-6 中的绝大部分类型，IE10 及以上版本和 Firefox 较新版本支持表 7-6 中的许多类型。

7.7.1　tel 类型

通过 tel 类型使 input 元素生成一个只能输入电话号码的文本框，目前，用户在该文本框中输入任意的字符串，浏览器都不会执行校验操作。

基本语法：

```
<input type="tel" />
```

7.7.2　email 类型

通过 email 类型使 input 元素生成一个 E-mail 输入框。运行时，浏览器会按照 E-mail 的格式自动检查该文本框的值，如果用户在该文本框内输入的内容不符合 E-mail 格式，浏览器将会弹出错误提示信息，并阻止表单提交。此外，可以在文本框中添加 multiple 属性，以允许同时输入多个以逗号分隔的 E-mail。

基本语法：

```
<input type="email" name="…" multiple />
```

语法说明：multiple 属性的设置与 required 属性的设置完全相同，即可以只指定该属性，或指定该属性并同时设置其值等于 "true"。如果省略 multiple 属性，则文本框中只允许输入一个 E-mail 地址。

【示例 7-19】创建 email 类型输入元素。

```
<!doctype html>
<html>
<head>
<meta charset="utf-8">
<title>email 类型的输入元素应用示例</title>
</head>
<body>
    <form method="post" action="">
      Email: <input type="email" name="email" />
        <input type="submit" value="提交" />
    </form>
</body>
</html>
```

（设置文本框为 email 类型）

上述代码在 Chrome 浏览器中执行后，当输入不符合格式要求的 E-mail 时，弹出错误提示信息，如图 7-19 所示。

7.7.3　url 类型

通过 url 类型使 input 元素生成一个 URL 地址输入框，要求必须在其中输入一个包含访问协议的完整的 URL 路径。运行时，浏览器会按照完整 URL 的格式自动检查该文

图 7-19　使用 email 类型校验
E-mail 的输入

本框的值，如果用户在该文本框内输入的内容不符合 URL 格式要求，浏览器将会弹出错误提示信息，并阻止表单提交。

基本语法：

```
<input type="url" name="…" />
```

【示例 7-20】创建 url 类型的输入元素。

```
<!doctype html>
<html>
<head>
<meta charset="utf-8">
<title>url 类型的输入元素应用示例</title>
</head>
<body>
    <form method="post" action="">
        URL 网址: <input type="url" name="url" />
            <input type="submit" value="提交" />
    </form>
</body>
</html>
```

设置文本框为 URL 类型

上述代码在 Chrome 浏览器执行时，当输入不完整的 URL 时，弹出错误提示信息，如图 7-20 所示。

图 7-20　使用 url 类型校验 URL 的输入

7.7.4　number 类型

通过 number 类型使 input 元素生成一个只能输入特定取值范围内的数值的输入框。在 HTML 5 中，该文本框显示为一个微调控件，使用该输入框的 step 属性调节步长，输入数值的取值范围通过输入框的 min 和 max 两个属性来设置。这 3 个属性的描述如下。

- min 属性：用于指定可输入的最小数值，默认时将不限定最小输入值。
- max 属性：用于指定可输入的最大数值，默认时将不限定最大输入值。
- step 属性：指定输入框的值在单击微调上、下限按钮时，增加或减小的数值，默认步长是 1。

当用户在数值输入框中输入其他非数值型字符时，在 Chrome 浏览器中将无法输入，对于 Firefox 浏览器，则是在提交时，浏览器弹出错误提示信息；当输入不在指定范围的数值后提交，浏览器将弹出错误提示信息，并阻止表单提交。

目前，Firefox、Opera 和 Chrome 这几大浏览器都支持 number 类型，但 IE11 浏览器还不支持，在 IE11 浏览器中浏览时，将显示为普通的文本框。

基本语法：

```
<input type="number" min="最小值" max="最大值" step="改变数值的步长" />
```

【示例 7-21】创建 number 类型的输入元素。

```
<!doctype html>
<html>
<head>
<meta charset="utf-8">
<title>number 类型的输入元素应用示例</title>
```

```
    </head>
    <body>
        <form method="post" action="">
            数值输入：<input type="number" min="10" name="number" />
                <input type="submit" value="提交" />
        </form>
    </body>
    </html>
```

设置文本框为 number 类型，并指定最小输入值

上述代码在 Chrome 浏览器执行后，当输入非数值的值时无法输入，输入小于 10 的值时，弹出错误提示信息，如图 7-21 所示。

图 7-21　在数值输入框中输入小于指定值的数值

7.7.5　range 类型

通过 range 类型使 input 元素生成一个数字滑动条，使用滑动条可让用户输入特定范围的数值。该类型和 number 类型的功能相同，都具有相同作用的 min、max 和 step 属性，不过在这 3 个属性的规定上存在一些细微的不同，主要表现为 range 类型的 min 属性在默认时，最小输入值为 0；max 属性在默认时，最大输入值为 100。

目前，IE、Firefox、Opera 和 Chrome 这几大浏览器都支持 range 类型。

基本语法：

```
<input type="range" min="最小值" max="最大值" step="改变数值的步长" />
```

【示例 7-22】创建 range 类型的输入元素。

```
<!doctype html>
<html>
<head>
<meta charset="utf-8">
<title>range 类型的输入元素应用示例</title>
</head>
<body>
    <form method="post" action="">
        数值选择：<input type="range" min="0" max="200" step="5" name="range1" />
            <input type="submit" value="提交" />
    </form>
</body>
</html>
```

设置文本框为 range 类型，并指定取值范围和数值的变化步长

上述代码在 Chrome 浏览器的运行结果如图 7-22 所示。页面加载完后，滑块默认停在中间位置，这个位置可通过 value 属性来修改。滑动条的最小值是 0，最大值是 200，每向左或向右移动一次滑块，数值将减小或增加 5。

图 7-22　创建 range 类型的输入元素

7.7.6　search 类型

通过 search 类型使 input 元素生成一个专门用于输入搜索关键字的文本框，该类型的文本框与 text 类型的文本框并没有太大的区别，唯一不同的是，用户输入搜索关键字后，在 Chrome、Opera、IE11 等浏览器中，文本框右侧会出现一个"×"按钮，单击该按钮将清空文本框中输入的内容，使用非常方便。

目前，Firefox 浏览器不支持该特性，search 类型在 Firefox 浏览器中与普通的文本框完全一样。

基本语法：

```
<input type="search" name="…" />
```

【示例 7-23】创建 search 类型的输入元素。

```
<!doctype html>
<html>
<head>
<meta charset="utf-8">
<title>search 类型的输入元素应用示例</title>
</head>
<body>
    <form method="post" action="">
        输入搜索关键字：<input type="search" name="keyword" />
        <input type="submit" value="提交" />
    </form>
</body>
</html>
```

> 设置文本框为 search 类型

上述代码在 Chrome 浏览器的运行结果如图 7-23 所示。在图 7-23 的文本框中输入关键字后，文本框右侧出现一个"×"按钮，如图 7-24 所示。

图 7-23　没有输入内容的 search 类型输入元素

图 7-24　输入内容后的 search 类型输入元素

7.7.7　color 类型

通过 color 类型使 input 元素生成一个颜色选择器。当用户在颜色选择器中选中某种颜色后，color 文本框自动显示用户选中的颜色。该文本框提交的 value 等于所选中颜色的用形如"#RRGGBB"的十六进制表示的颜色值。

目前，Chrome、Opera 和 Firefox 浏览器对 color 类型有很好的支持，而 IE11 不支持 color 类型，在该浏览器中，color 类型文本框与 text 类型文本框完全一样。

基本语法：

```
<input type="color" name="…" />
```

【示例 7-24】创建 color 类型的输入元素。

```
<!doctype html>
```

```
<html>
<head>
<meta charset="utf-8">
<title>color 类型的输入元素应用示例</title>
</head>
<body>
    <form method="post" action="">
    颜色选择：<input type="color" name="color" />
      <input type="submit" value="提交" />
    </form>
</body>
</html>
```

设置文本框为 color 类型

上述代码在 Chrome 浏览器执行时，默认选中黑色，在文本框中显示黑色，单击文本框后，将弹出颜色选择器，如图 7-25 所示。在颜色选择器中选中某种颜色后，文本框中显示该颜色，如图 7-26 所示。

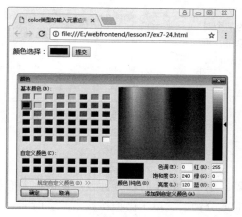

图 7-25 单击颜色文本框弹出颜色选择器

图 7-26 从颜色选择器选择颜色后的效果

7.7.8 date 类型

通过 date 类型使 input 元素生成一个日期选择器。用户单击该文本框时，将弹出一个日历选择器，从中可选择年、月、日，选择日期后，所选择的日期将显示在文本框中。

目前，Chrome 和 Opera 都支持 date 类型，在这些浏览器中，date 文本框最右边会显示一个下拉按钮，单击该按钮将弹出日历选择器，具体使用时，在这些浏览器中展现的 date 文本框外观会有所不同，在 Chrome、Opera 中会显示微控按钮，并不允许用户直接输入日期。另外，不同浏览器显示的日历选择器也有所不同。Firefox 和 IE11 完全不支持 date 类型，在这两个浏览器中，date 类型文本框与 text 文本框完全一样。

基本语法：

```
<input type="date" name="…" />
```

【示例 7-25】创建日期选择器。

```
<!doctype html>
<html>
<head>
<meta charset="utf-8">
```

```
<title>日期选择器创建示例</title>
</head>
<body>
    <form method="post" action="">
        日期选择：<input type="date" name="date" />
         <input type="submit" value="提交" />
    </form>
</body>
</html>
```

设置输入框为 date 类型

上述代码在 Chrome 浏览器中的运行结果如图 7-27 所示。在图 7-27 中单击文本框将弹出日期选择器，如图 7-28 所示，从中选择某个日期后，日期将显示在文本框中。

图 7-27　日期选择器在 Chrome 浏览器中的初始效果　　　　图 7-28　从日期选择器中选择日期

7.7.9　time 类型

通过 time 类型使 input 元素生成一个时间选择器，用于设置小时和分钟数。在该输入框右边会显示一个微控按钮，用户可以在文本框中选择小时或分钟后，单击微控按钮来改变时间。

目前，Chrome 和 Opera 都支持 time 类型，且都是 12 小时制。IE11 和 Firefox 不支持 time 类型，在这些浏览器中，time 类型文本框与 text 文本框完全一样。

基本语法：

```
<input type="time" name="…" />
```

【示例 7-26】创建时间选择器。

```
<!doctype html>
<html>
<head>
<meta charset="utf-8">
<title>时间选择器创建示例</title>
</head>
<body>
    <form method="post" action="">
        时间选择：<input type="time" name="time" />
         <input type="submit" value="提交" />
    </form>
</body>
</html>
```

设置输入框为 time 类型

上述代码在 Chrome 浏览器中的运行结果如图 7-29 所示。选择文本框中的小时或分钟后，单击微控按钮，可分别设置小时和分钟，如图 7-30 所示。

图 7-29　时间选择器在 Chrome 浏览器中的初始效果

图 7-30　从时间选择器中设置时间

7.7.10　datetime 类型

通过 datetime 类型使 input 元素生成一个 UTC 日期和时间选择器。

目前，Chrome、Opera、Firefox 和 IE11 都不支持 datetime 类型，在这些浏览器中，datetime 类型文本框与 text 文本框完全一样。

基本语法：

```
<input type="datetime" name="…" />
```

7.7.11　datetime–local 类型

通过 datetime-local 类型使 input 元素生成一个本地日期和时间选择器。这个选择器可以看成是 date 类型和 time 类型的结合，在该文本框中，会同时显示日期和时间，其中日期可以使用日历选择器来设置，而时间则通过微控按钮来设置。

目前，浏览器对 datetime-local 类型的支持情况与 time 类型的完全一样。

基本语法：

```
<input type="datetime-local" name="…" />
```

【示例 7-27】创建本地日期和时间选择器。

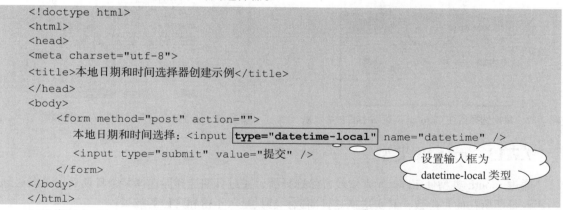

上述代码在 Chrome 浏览器中的运行结果如图 7-31 所示。

图 7-31　本地日期和时间选择器在 Chrome 浏览器中的初始效果

7.7.12　week 类型

通过 week 类型使 input 元素生成星期选择器，通过日历选择器选择某个日期后，可以得到当年该日期所在的星期数。

目前，Chrome 和 Opera 都支持 week 类型，而 IE11 和 Firefox 不支持 week 类型。

基本语法：

```
<input type="week" name="…" />
```

【示例 7-28】创建星期选择器。

```
<!doctype html>
<html>
<head>
<meta charset="utf-8">
<title>星期选择器创建示例</title>                设置输入框为
                                              week 类型
</head>
<body>
    <form method="post" action="">
        星期选择: <input type="week" name="week" />
        <input type="submit" value="提交" />
    </form>
</body>
</html>
```

上述代码在 Chrome 浏览器中的运行结果如图 7-32 所示。单击输入框的下拉按钮，从弹出的日期选择器选择某个日期后，在文本框中显示该日期在当年所在的星期数，如图 7-33 所示。

图 7-32　星期选择器在 Chrome 浏览器中的初始效果　　　图 7-33　选择某个日期后对应显示星期数

7.7.13　month 类型

通过 month 类型使 input 元素生成月份选择器，通过日期选择器选择某个日期后，可以得到当年该日期所在的月份数，其实这就是日期选择器只显示年份和月份的效果。

目前，浏览器对 month 类型的支持情况与 week 类型的完全一样。

基本语法：

```
<input type="month" name="…" />
```

【示例 7-29】创建月份选择器。

```
<!doctype html>
<html>
<head>
<meta charset="utf-8">
```

```
<title>月份选择器创建示例</title>
</head>
<body>
    <form method="post" action="">
    月份选择: <input type="month" name="month" />
        <input type="submit" value="提交" />
    </form>
</body>
</html>
```

设置输入框为month类型

上述代码在 Chrome 浏览器中的运行结果如图 7-34 所示。单击文本框的下拉按钮,从弹出的日期选择器选择某个日期后,在文本框中显示年份和月份,如图 7-35 所示。

图 7-34　星期选择器在 Chrome 浏览器中的初始效果

图 7-35　选择某个日期后显示所在月份

7.8　提交按钮新增取消验检属性

有时,我们可能需要把表单中填写好的数据暂存,以便将来调出来继续填写,此时可以不用关心数据是否有效,因而可以取消表单的有效性校验。

在 HTML5 中,取消表单校验的常用方法有两种:一种是为<form>元素设置 novalidate 属性;另一种是对提交按钮设置 formnovalidate 属性。第一种方式将关闭整个表单的校验,不管提交什么,按钮都将不进行校验。第二种方式由指定的提交按钮来关闭表单的输入校验,只有当用户通过指定了 formnovalidate 属性的按钮提交表单时,才会关闭表单的输入校验。

基本语法:

```
方式一: <form novalidate>
方式二: <input type="submit" formnovalidate />
```

【示例 7-30】取消校验示例。

```
<!doctype html>
<html>
<head>
<meta charset="utf-8">
<title>取消校验示例</title>
</head>
<body>
  <form>
```

```
    <h3>填写个人资料</h3>
    姓名: <input type="text" name="username" required /><br>
    年龄: <input type="number" name="age" min="1" max="150" step="1" /><br>
    E-mail:<input type="email" name="email" /><br>
    <input type="submit" value="保存" formaction="save.jsp" formnovalidate />
    <input type="submit" value="提交" formaction="register.jsp" />
</form>
</body>
</html>
```

> 保存信息时不进行有效性校验

上述代码的第一个提交按钮设置了 formnovalidate 属性，这样当提交该按钮时，不会校验表单中数据的有效性；第二个提交按钮提交时会一一校验姓名是否为空、年龄类型及取值范围和 E-mail 的格式。目前，Chrome、IE、Opera 和 Firefox 这几大浏览器都支持该功能。

7.9 表单综合示例

本节将综合应用前面介绍的各个表单元素来创建一个表单页面，其在 IE11 浏览器中的运行效果如图 7-36 所示。

【示例 7-31】表单综合应用示例。

```
<!doctype html>
<html>
<head>
<meta charset="utf-8">
<title>表单综合应用示例</title>
</head>
<body>
    <h1>用户调查</h1>
    <form method="post" enctype="multipart/form-data" action="">

    姓名: <input type="text" name="username" size="20" required autofocus /><br>
    密码: <input type="password" name="password" size="20" required /><br>
    年龄: <input type="number" name="age" size="20" max="100" /><br>
    微博主页: <input type="url" name="url" size="20" value="http://" /><br>
    邮箱: <input type="email" name="email" size="20" /><br>
    照片: <input type="file" name="photo" /><br>
    喜欢的音乐:
    <input type="checkbox" name="m1" value="rock" />摇滚乐
    <input type="checkbox" name="m1" value="jazz" />爵士
    <input type="checkbox" name="m1" value="pop" />流行乐<br>
    居住的城市:
    <input type="radio" name="city" value="beijing" />北京
    <input type="radio" name="city" value="shanghai" />上海
    <input type="radio" name="city" value="guangzhou" checked />广州<br>
    最喜欢的网站:
    <select name="website">
```

> 需要上传相片，应修改表单的编码，并设置提交方法为 post

```
        <option value="baidu">百度</option>
        <option value="tencent">腾讯</option>
        <option value="netease">网易</option>
        <option value="google">Google</option>
    </select>
    <br><br>
    爱好:
    <select name="hobbies"  size="3" multiple>
    <option value="travel">旅游</option>
    <option value="sports">运动</option>
    <option value="read">阅读</option>
    <option value="games">游戏</option>
    <option value="music">音乐</option>
    </select><br><br>
    留言:
    <textarea name="say" rows="10" cols="40" placeholder="其他未尽事宜，请留言">
    </textarea>
    <br><br>
    <input type="submit" value="提 交" />
    <input type="reset" value="重 置" />
    <input type="hidden" name="invest" value="invest" />
    </form>
</body>
</html>
```

隐藏域传递
invest 参数的值

上述代码综合使用了表单的 3 类元素，创建了文本框、密码框、单选框、复选框、列表、文本域、文件域等对象。由于需要上传文件，故要先将表单的编码和提交方法分别修改为 multipart/form-data 和 post。表单中还创建了 invest 隐藏域，表单提交时，将会提交 invest 参数的值。另外，表单使用了 HTML5 表单的新增属性以及新增的 input 类型来实现数据的有效性校验，例如，用户名和密码都使用了 required 属性，要求它们为必填项；网址通过使用 URL 输入类型，要求必须输入符合 URL 格式的值；年龄通过使用 number 输入类型，要求只能输入 1~100 的整数；邮箱地址通过使用 E-mail 输入类型，要求输入的 E-mail 必须符合格式要求。此外，"姓名"文本框还使用了 autofocus 属性，使光标一开始便定位在该文本框中，便于用户输入；"留言"文本域使用了 placeholder 属性给出提示信息，提高了界面的友好性。

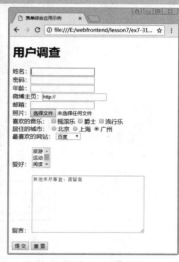

图 7-36　表单综合应用示例

习 题 7

1. 填空题

（1）表单的数据传送方式有_____和_____两种，其中_____方法传送数据时，没有字符数及字符类型的限制，相对也较安全；而_____方法最多只能传送 8KB 的字符。

（2）当使用提交按钮提交表单内容时，表单处理程序可由<form>标签中的_____属性或_____属性来指定。

（3）设置<input>标签的_____属性可获得不同类型的输入域。

（4）文本域需要通过_____和_____属性来设置可见区域的大小。

（5）列表显示的选项数由_____属性决定，列表是否允许选择多项由_____属性决定，列表默认选中项的设置需要使用_____属性。

（6）同一组单选按钮的_____属性必须一样，默认选中项需要设置_____属性。

（7）需要上传文件时，应设置 enctype 属性的值为_____，提交方法为_____。

（8）隐藏域中除了 type 属性必须设置外，还必须设置_____和_____属性。

（9）使用 HTML5 表单实现客户端非空校验，需要使用表单元素的_____属性，在文本框或文本域元素中显示提示信息需要设置_____属性，在页面加载完成后，自动在元素中获得焦点需要设置_____属性，使用_____属性可以使客户端使用正则表达式进行校验。

（10）在 HTML5 表单中，如果只允许用户在文本框中输入数值，那么需要设置文本框类型为_____，如果只允许输入 10～300 的数值，还需要同时设置_____和_____属性；只允许用户在文本框中输入 E-mail，则需要设置文本框类型为_____；只允许用户在文本框中输入 URL 网址，则需要设置文本框类型为_____。

2. 上机题

（1）使用表格和表单创建图 7-37 所示的表单页面。

图 7-37　上机题图

（2）演示 7.9 节中的表单综合示例。

第8章
CSS 基础

层叠样式表（Cascading Style Sheet，CSS）是一种格式化网页的标准方式，用于设置网页的样式，并允许样式信息与网页内容分离。

8.1　CSS 概述

CSS 是一种格式化网页的标准方式，样式定义了如何显示 HTML 元素。对一个 HTML 元素可以使用多种方式设置样式，一个元素的多重样式将按特定的规则层叠。在元素的多重样式中，如果存在对同一种表现形式的不同设置，将引起样式冲突，冲突的样式在层叠的过程中将按优先级确定有效的样式。CSS 样式的冲突与解决将在 8.6 节中具体介绍。

1. CSS 的来源

在最初的网页中并没有 CSS，只有一些 HTML 标签。这些 HTML 标签最初只包含很少的显示属性，主要被用于定义网页内容，对表现形式并没有给予特别的关注。随着 Web 技术的发展，Web 得到越来越广泛的应用，随之而来的就是 Web 用户对网页表现形式的抱怨越来越多。为了解决网页表现形式的问题，HTML 标签添加了越来越多的显示属性，同时，W3C 组织也将越来越多地用于表现网页的标签，如 font、b、u 等标签，加入 HTML 的规范中。打开一个没有使用 CSS 但界面美观的网页，我们会发现整个网页中的标签包含了大量用于显示设置的属性，并且充斥着大量的 font、b、u、table 等修饰标签和布局标签，这些属性和标签在整个网页中被不断地重复使用，使网页结构越来越复杂，而且网页的体积也急剧增大，极大地影响了网页的维护及浏览速度。试想一下，如果要修改网页某些文字的颜色，我们需要把网站所有网页中，修饰这些文字的<font>标签找出来一一修改，这对维护人员来说是一件困难的事情！为解决这些弊端，W3C 组织对 Web 标准引入了 CSS 规范。引入 CSS 规范的 Web 标准规定：（X）HTML 标签用于确定网页的结构内容，CSS 用于决定网页的表现形式。

2. CSS 的发展历程

CSS 最早被提议是在 1994 年，最早被浏览器支持是在 1995 年。

1996 年 12 月，W3C 发布了 CSS 1.0 规范。

1998 年 5 月，W3C 发布了 CSS 2.0 规范。

2004 年 2 月，W3C 发布了 CSS 2.1 规范。

2001 年 5 月，W3C 开始进行 CSS3 标准的制定。

CSS3 开发朝着模块化发展，以前的规范在 CSS3 中被分解为一些小的模块，同时 CSS3 中加入了许多新的模块。自 2001 年到现在，不断有 CSS3 模块的标准发布，但到目前为止，有关 CSS3 的标准还没有最终定稿。

3. CSS 的优点

使用 CSS 展现网页有许多优点，归纳起来主要有以下几点。

（1）将格式和结构分离

CSS 和 HTML 各司其职，分工合作，分别负责格式和结构。格式和结构的分离，有利于格式的重用及网页的修改维护。

（2）精确控制页面布局

CSS 扩展了 HTML 的功能，能够对网页的布局、字体、颜色、背景等图文效果实现更加精确的控制。

（3）制作体积更小、下载更快的网页

使用 CSS 后，不但可以在同一个网页中重用样式信息，将 CSS 样式信息制作为一个样式文件后，还可以在不同的网页中重用样式信息。此外，还可以极大地减少表格布局标签和表现标签以及其他许多用于设置格式的标签属性。这些变化极大地减小了网页的文件大小，从而使网页下载更快。

（4）可以实现许多网页同时更新

利用 CSS 样式表，可以将站点上的多个网页都指向同一个 CSS 文件，从而在更新这个 CSS 文件时，可实现多个网页同时更新。

CSS 代码属于文本格式，可以使用记事本、IntelliJ IDEA、EditPlus 和 Dreamweaver 等工具编辑。

8.2　定义 CSS 的基本语法

CSS 设置网页样式是通过一条条 CSS 规则来实现的，每条 CSS 规则都包括两个组成部分：选择器和一条或多条属性声明。一条以上的 CSS 规则就构成了一个样式表。

定义 CSS 的基本语法：

```
选择器{
        属性1：属性值1；
        属性2：属性值2；
        …
    }
```

语法说明：选择器指定了对哪些网页元素设置样式。所有可以标识一个或一类网页元素的内容都可以作为选择器使用，如 HTML 标签名、元素的类名、元素的 ID 名等。根据选择器的构成形式，可以将选择器分为基本选择器和复合选择器，这两类选择器将在接下来的两节内容中详细介绍。每条属性声明设置网页元素的某种特定格式，由一个属性和一个值组成，属性和值之间使用冒号连接，不同声明之间用分号分隔，所有属性声明放到一对花括号中。需要注意的是，CSS 中的属性必须符合 CSS 规范，不能随意创建属性名；属性的取值也必须符合合理的要求，比如 color 属性只能取表示颜色的英文单词，或使用十六进制、RGB 或 RGBA 等方式表示颜色的值，而不能自己想当然地给一个属性值。CSS 常用的属性名及其取值参见第 9 章。CSS 属性值一般不需要加引号，但属性值由若干个单词组成时，需要给值加上引号。另外，为了增强 CSS 样式的可读性和可维护性，一般每行只写一条属性声明，并且在每条声明后面使用分号结尾。

CSS 定义示例代码如下。

```
p{
    color: blue;
    border: 1px solid #f00;
    font-family: "Comic Sans MS", Arial, 宋体;
}
```

上述 CSS 代码使用了 p 元素作为选择器，包含了 3 条属性声明，分别设置段落的文字颜色、边框以及字体样式。

上述 CSS 要设置 HTML 页面中的 p 元素样式，还需要将该样式表应用到 HTML 页面中。将 CSS 应用到 HTML 页面主要有 3 种方式：内联式（也叫行内式）、内嵌式、链接式。这些应用方式将在 8.6 节详细介绍。在介绍这些方式之前，所有示例将使用内嵌式应用 CSS。使用内嵌方式应用 CSS 需要在 HTML 文件的头部区域添加<style></style>包含所有 CSS 样式表，格式如下。

```
<style type="text/css">
  选择器{
    属性 1: 属性值 1;
    属性 2: 属性值 2;
    …
  }
</style>
```

在 HTML 5 中，也可以省略 type 属性，直接写成<style>。

【示例 8-1】使用内嵌式将前面定义的 p 样式应用到 HTML 页面中。

```
<!doctype html>
<html>
<head>
<meta charset="utf-8">
<title>使用内嵌式应用样式</title>
<style>
p{/*定义 p 元素的样式*/            属性值由 3 个单词组成，要加引号
    color: blue;
    border: 1px solid #f00;
    font-family: "Comic Sans MS", Arial, 黑体;
}
</style>
</head>
<body>
    <p>使用内嵌方式应用 CSS</p>
</body>
</html>
```

上述代码中的/*　*/表示 CSS 注释。上述代码在 IE11 浏览器中的运行结果如图 8-1 所示。

图 8-1　元素应用 CSS 的效果

8.3　CSS 基本选择器

在 CSS 中的"选择器"用于指定需要设置样式的网页元素。根据选择器的构成形式，可以将选择器分为基本选择器和复合选择器。基本选择器的名称前面没有其他选择器，即在组成上，基本选择器是单一名称。基本选择器主要包括元素选择器、类选择器、ID 选择器、伪类和伪元素这几种。

8.3.1　元素选择器

元素选择器就是直接使用 HTML 标签作为选择器。元素选择器声明了网页中所有相同元素的显示效果。

基本语法：

```
HTML 元素名{
    属性 1：属性值 1；
    属性 2：属性值 2；
    …
}
```

语法说明：元素选择器重新定义了 HTML 标签的显示效果，网页中的任何一个 HTML 标签都可以作为相应的元素选择器的名称，设置的样式对整个网页的同一种元素有效。例如，div 选择器声明当前页面中所有 div 元素的显示效果。元素选择器样式的应用是通过匹配 HTML 文档元素来实现的。

【示例 8-2】使用元素选择器。

```
<!doctype html>
<html>
<head>
<meta charset="utf-8">
<title>使用元素选择器示例</title>
<style>
p{
    color:green;
}
h1{
    color:blue;
}
div{
    color:red;
}
```

定义了 p、h1 和 h2 三个元素选择器

```
</style>
</head>
<body>
    <h1>这是一级标题</h1>
    <div>这是一个 DIV</div>
    <p>这是一段普通的段落</p>
</body>
</html>
```

上述代码中的 CSS 使用了 3 个元素选择器分别设置网页 p、h1 和 div 元素的显示颜色，在 IE11 浏览器中的运行结果如图 8-2 所示。

图 8-2　使用元素选择器设置样式

8.3.2　类选择器

使用元素选择器可以设置页面中所有相同元素的统一格式，如果需要对相同元素中的某些元素设置特殊效果，使用元素选择器就无法实现了，此时需要引入其他的选择器，如类选择器、ID 选择器等。

类（class）选择器允许以一种独立于文档元素的方式来指定样式。类选择器的名称由用户自定义。类选择器可以定义所有元素通用的样式。需注意的是，类选择器以"."定义，即在类选择器名前加上一点。

基本语法：

```
.类选择器名{
        属性 1：属性值 1；
        属性 2：属性值 2；
        …
}
```

语法说明：类选择器名称的第一个字符不能使用数字；类选择器名前面的"."是类选择器的标识，不能省略；另外，类选择器名称区分大小写，应用时应正确书写。

从示例 8-2 中知道，HTML 页面的元素直接通过匹配的 HTML 标签名自动应用元素选择器中的 CSS 样式，类选择器样式又是通过何种方式来应用呢？答案是在需要应用类选择器样式的元素中添加 class 属性，且将其值设置为类选择器名，即假设类选择器名为 txt，现在某个页面中的<p>和<h1>两个元素都要使用 txt 选择器样式，则需要对<p>和<h1>做如此修改：<p class="txt">和<h1 class="txt">，这样设置后，只要将 CSS 应用到 HTML 页面，<p>和<h1>将自动使用 txt 选择器定义的样式显示效果。

【示例 8-3】应用类选择器样式。

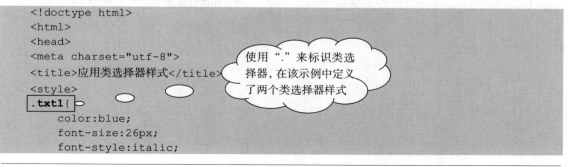

```
<!doctype html>
<html>
<head>
<meta charset="utf-8">
<title>应用类选择器样式</title>
<style>
.txt1{
        color:blue;
        font-size:26px;
        font-style:italic;
```

使用"."来标识类选择器，在该示例中定义了两个类选择器样式

```
}
.txt2{
    color:red;
    font-size:26px;
}
</style>
</head>
<body>
<h1>这是第一个一级标题，使用默认的显示效果</h1>
<h1 class="txt1">这是第二个一级标题，使用 txt1 类选择器样式显示效果</h1>
<h1 class="txt2">这是第三个 h1，使用 txt2 类选择器样式显示效果</h1>
<p>这是第一个普通的段落，使用默认的显示效果</p>
<p class="txt1">这是第二个普通的段落，使用 txt1 类选择器来设置显示效果</p>
</body>
</html>
```

通过在元素中添加 class 属性来应用类选择器样式

上述代码中的 CSS 定义了类名分别为 txt1 和 txt2 的两个类选择器，它们应用到 HTML 页面后，分别修改页面中的第二个\<h1\>、第三个\<h1\>和第二个\<p\>元素的样式，将这 3 个元素的颜色、字号等样式分别做了修改，而不再显示默认的效果，在 IE11 浏览器中的运行结果如图 8-3 所示。

图 8-3　类选择器样式应用结果

从图 8-3 中可以看到，页面中存在 3 个 h1 元素，但它们的样式却不是完全一样的，同样，页面中的两个段落，样式也存在很大的区别，原因就是通过类选择器样式选择性地对某些元素设置样式，而且同一个类选择器样式，可以应用到不同的元素上，同一种元素也可以使用不同的类选择器样式。

需要注意的是，因为类选择器的优先级高于元素选择器，所以相同属性的样式，类选择器的样式会覆盖元素选择器的样式。如果需要网页中某一元素在某些地方显示特殊效果，可以将元素选择器和类选择器结合使用。

【示例 8-4】类选择器和元素选择器配合使用。

```
<!doctype html>
<html>
<head>
<meta charset="utf-8">
<title>类选择器和元素选择器配合使用</title>
<style type="text/css">
p{
    color:blue;
    font-size:26px;
    font-weight:bold;
}
.txt{
    color:red;
    font-size:16px;
    text-decoration:underline;
}
</style>
</head>
<body>
```

同时定义了元素选择器和类选择器

```
<p>这是第一段普通的段落，使用了 p 元素选择器样式</p>
<p class="txt">这是第二段普通的段落，同时使用了 p 元素选择器和类选择器样式</p>
<p>这是第三段普通的段落，使用了 p 元素选择器样式</p>
</body>
</html>
```

上述代码的主体包含了 3 个段落，其中第二个段落的样式不同于其他两个，对此可以结合使用元素选择器和类选择器来实现。在实际应用中，某个元素在页面中的绝大多数地方需要的公共样式使用元素选择器设置，只在某些地方需要的特殊样式使用类选择器或 8.3.3 节介绍的 ID 选择器设置。上述代码在 IE11 浏览器中的运行结果如图 8-4 所示。

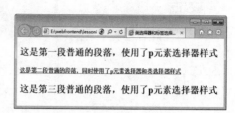

该段落同时应用 p 元素选择器和 txt 类选择器样式

图 8-4　类选择器和元素选择器配合使用结果

从图 8-4 可以看出，虽然第二个段落使用了 p 元素选择器样式，但也同时应用了类选择器样式。根据选择器优先级的规定，类选择器样式将覆盖元素选择器样式，因而第二个段落的文本颜色和字号使用 txt 类选择器样式来显示效果。

使用类选择器的最大优点是可以在页面的任何元素中重用其定义的样式，任何元素需要使用类选择器样式，只需要在该元素中添加 class 属性，并将 class 属性设置为类选择器名即可。

8.3.3　ID 选择器

ID 选择器与类选择器一样，可以定义一个通用的样式，应用到任何需要的地方，但两者在定义和应用时存在比较大的差别。在定义时，选择器使用的前缀符号不同，类选择器使用的是 ".", ID 选择器使用的是 "#"；在应用样式时，类选择器需要通过 class 属性来应用，ID 选择器需要通过 id 属性来应用；同时，类在 HTML 页面中可以重名，ID 名称在 HTML 页面中必须唯一，这是由 ID 属性用来唯一标识一个元素决定的。

基本语法：

```
#ID 选择器名{
        属性 1: 属性值 1;
        属性 2: 属性值 2;
        …
}
```

语法说明：ID 选择器名称的第一个字符不能使用数字；ID 选择器名不允许有空格，选择器名前的 "#" 是 ID 选择器的标识，不能省略；另外，ID 选择器名区分大小写，应用时应正确书写。

ID 选择器样式的应用和类选择器样式的应用很类似，只是需要在应用 ID 选择器样式的元素中添加 "id" 属性，并将其设置为 ID 选择器名。假如有 ID 选择器名为 txt，某个页面中的 p 元素要使用 ID 选择器 txt 的样式，则需要对<p>做如此修改：<p id="txt">，这样设置后，将 CSS 应用到 HTML 页面，<p>将自动使用 txt 选择器样式显示。在应用 ID 选择器样式时，须注意整个页面中各个元素的 id 属性值必须唯一。

【示例 8-5】应用 ID 选择器样式。

```
<!doctype html>
<html>
<head>
<meta charset="utf-8">
```

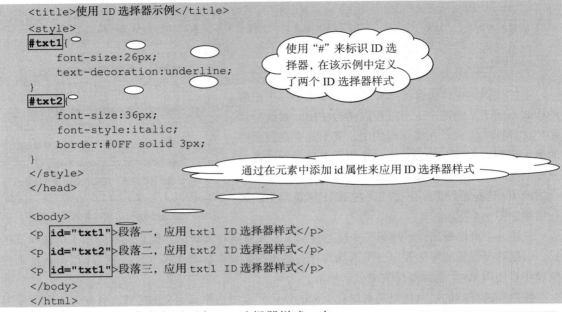

```
<title>使用 ID 选择器示例</title>
<style>
#txt1{
    font-size:26px;
    text-decoration:underline;
}
#txt2{
    font-size:36px;
    font-style:italic;
    border:#0FF solid 3px;
}
</style>
</head>

<body>
<p id="txt1">段落一，应用 txt1 ID 选择器样式</p>
<p id="txt2">段落二，应用 txt2 ID 选择器样式</p>
<p id="txt1">段落三，应用 txt1 ID 选择器样式</p>
</body>
</html>
```

使用"#"来标识 ID 选择器，在该示例中定义了两个 ID 选择器样式

通过在元素中添加 id 属性来应用 ID 选择器样式

上述代码的 CSS 中定义了两个 ID 选择器样式，在 HTML 代码中通过 id 属性应用 ID 选择器样式。上述代码在 IE11 浏览器中的运行结果如图 8-5 所示。

图 8-5　应用 ID 选择器样式效果

在示例 8-5 中，ID 选择器 txt1 被用于多个元素，对于 CSS 样式设置来说，虽然没问题，但这样的用法是不对的，因为每个标签定义的 id 不只用在 CSS 中，JavaScript 等其他页面脚本语言都可能调用，当一个页面中出现多个相同 id 时，这些 id 将同时被 JavaScript 调用，从而导致调用出错。所以，在设计网页时，应该考虑 id 选择器被调用的特点，把一个 id 只赋予一个 HTML 元素。

与类选择器一样，ID 选择器的优先级高于元素选择器。相同属性的样式，ID 选择器样式会覆盖元素选择器样式。如果需要网页中某一元素在某个地方显示特殊效果，则可以将元素选择器和 ID 选择器结合使用。

【示例 8-6】ID 选择器和元素选择器配合使用。

```
<!doctype html>
<html>
<head>
<meta charset="utf-8">
<title>ID 选择器和元素选择器配合使用</title>
<style type="text/css">
P{
    color:blue;
    font-size:26px;
    font-weight:bold;
}
#txt{
    color:red;
    font-size:16px;
    text-decoration:underline;
}
```

同时定义了元素选择器和 ID 选择器

```
</style>
</head>
<body>
    <p>段落一，使用了p元素选择器样式</p>
    <p id="txt">段落二，同时使用了p元素选择器和ID选择器样式</p>
    <p>这段落三，使用了p元素选择器样式</p>
</body>
</html>
```

> 该段落同时应用 p 元素选择器和 ID 选择器样式

上述代码的主体包含了 3 个段落，其中第二个段落的样式不同于其他两个，对此可以结合使用 HTML 元素和 ID 选择器来实现。上述代码在 IE11 浏览器中的运行结果如图 8-6 所示。

从图 8-6 可以看出，虽然第二个段落使用了 p 元素选择器样式，但与其同时应用的 ID 选择器存在相同的文本颜色和字号属性的不同样式设置。根据选择器优先级的规定，ID 选择器样式将覆盖元素选择器样式，因而第二个段落的文本颜色和字号使用 ID 选择器 txt 设置的样式来显示。

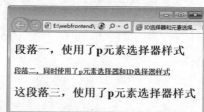

图 8-6　ID 选择器和元素选择器配合使用

8.3.4　伪类选择器

CSS 伪类用于向某些选择器添加特殊的效果。伪类一开始只是用来表示一些元素的动态状态，典型的就是链接的各个状态（未访问/访问过后/悬停/活动 4 种状态）。随后 CSS2 标准扩展了其概念范围，使其成为了所有逻辑上存在，但在文档树中无须标识的"幽灵"分类。

基本语法：

```
选择器名:伪类{
        属性 1：属性值 1；
        属性 2：属性值 2；
        …
}
```

语法说明：选择器可以是任意类型的选择器，当选择器是类选择器时，为了限定某类元素，也可以在类选择器名前加上元素名，即将选择器名写成：元素名.类选择器名，如 a.second:link。另外，伪类前的"："是伪类选择器的标识，不能省略。当选择器是 a 元素选择器时，也可以省略选择器名，如写成:link。

目前，W3C 规定了表 8-1 所示类型的伪类。

表 8-1　　　　　　　　　　　　　　　　　伪类类型

伪类类型	描述
:active	将样式添加到被激活的元素
:hover	当鼠标光标悬浮在元素上方时，向元素添加样式
:link	将样式添加到未被访问过的链接
:visited	将样式添加到已被访问过的链接
:focus	将样式添加到被选中的元素
:first-child	将样式添加到元素的第一个子元素
:lang	向带有指定 lang 属性的元素添加样式

下面通过示例演示上述各个伪类的使用。

【示例 8-7】使用伪类设置超链接不同状态的样式。

```
<!doctype html>
<html>
<head>
<meta charset="utf-8">
<title>使用伪类设置超链接不同状态的样式</title>
<style>
a:link{
    color:blue;
}
a:visited{
    color:red;
}
a:hover{
    color:green;
}
a:active{
    color:orange;
}
a.second:link{
    color:#00F;
    font-size:26px;
    text-decoration:none;
}
a.second:visited{
    color:#F00;
    text-decoration:none;
}
a.second:hover{
    color:#0F0;
    text-decoration:underline;
}
a.second:active{
    color:#F90;
    text-decoration:none;
}
</style>
</head>
<body>
    <a href="https://www.sise.com.cn/">超链接一</a>
    <br><br>
    <a href="index.html" class="second">超链接二</a>
</body>
</html>
```

设置所有链接的 4 种状态样式

上述代码的 CSS 分别定义了两个超链接的 4 种状态（即未访问状态、已访问状态、鼠标光标悬停状态以及活动状态）的样式，其中，前面 4 个伪类设置两个超链接的 4 种状态都显示下划线，但不同状态显示不同的颜色，后 4 个伪类同样设置第二个超链接的 4 种状态分别显示不同颜色，但只有在鼠标光标悬停状态显示下划线。后 4 个伪类样式覆盖了前面 4 个伪类样式。需要注意的是，使用伪类设置超链接不同状态样式时，要按一定的顺序设置：a:hover 必须位于 a:link 和 a:visited 之后，a:active 必须位于 a:hover 之后，这样鼠标光标悬停状态以及活动状态的样式才能生效。上述代码在 IE11 浏览器中的运行结果如图 8-7 所示。

图 8-7　使用伪类设置超链接不同状态的样式

【示例 8-8】使用伪类设置被选中元素的样式。

```
<!doctype html>
<html>
<head>
<meta charset="utf-8">
<title>使用伪类设置被选中元素的样式</title>
<style>
input:focus{          使用focus伪类设置选中的input元素样式
    background-color:yellow;
}
</style>
</head>
<body>
<form action="#" method="post">
  用户名: <input type="text" name="username"><br>
  密　码: <input type="password" name="psw"><br>
  <input type="submit" value="登录">
 </form>
</body>
</html>
```

上述代码的 CSS 使用伪类 focus 设置了光标所在的表单 input 元素的背景颜色，在 IE11 浏览器中的运行结果如图 8-8 所示。

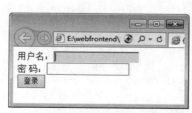

图 8-8　使用伪类设置选中元素的样式

【示例 8-9】使用伪类设置元素的第一个子元素的样式。

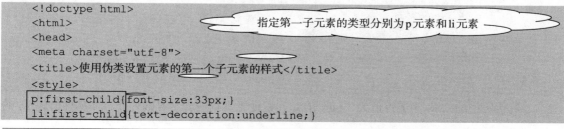

```
<!doctype html>
<html>                              指定第一子元素的类型分别为p元素和li元素
<head>
<meta charset="utf-8">
<title>使用伪类设置元素的第一个子元素的样式</title>
<style>
p:first-child{font-size:33px;}
li:first-child{text-decoration:underline;}
```

```
</style>
</head>
<body>
  <p>段落一，其顶层元素是body</p>
  <p>段落二，其顶层元素是body</p>
  <div>
    <p>段落三，其顶层元素是div</p>
    <p>段落四，其顶层元素是div</p>
  </div>
  <p>段落五，其顶层元素是body</p>
  <p>段落六，其顶层元素是body</p>
  <ol>
    <li>有序列表项一，其顶层元素是ol</li>
    <li>有序列表项二，其顶层元素是ol</li>
  </ol>
  <ul>
    <li>无序列表项一，其顶层元素是ul</li>
    <li>无序列表项二，其顶层元素是ul</li>
  </ul>
</body>
</html>
```

:first-child 伪类用于设置所有 HTML 文件对应的 DOM 树中每一层的第一个子元素的样式。上述代码的 CSS 设置所有 DOM 树中每一层中第一个类型为 p 的子元素或第一个类型为 li 的子元素的样式。作为各层的第一个子元素的有：段落一、段落三、有序列表项一、无序列表项一，这些元素将按 CSS 指定的样式来显示效果。上述代码在 IE11 浏览器中的运行结果如图 8-9 所示。

图 8-9　使用伪类设置元素的第一个子元素的样式

【示例 8-10】使用伪类设置带有指定 lang 属性的元素的样式。

```
<!doctype html>
<html>
<head>
<meta charset="utf-8">
<title>使用伪类设置带有指定 lang 属性的元素的样式</title>
<style>
q:lang(no) {                        必须指定参数值
    text-decoration:underline;
    font-size:33px;
}
</style>
</head>
<body>
  <p>使用伪类设置<q lang="no">带有指定 lang 属性</q>的元素的样式</p>
  <p>没有使用伪类设置<q lang="zh">带有指定 lang 属性</q>的元素的样式</p>
</body>
</html>
```

上述代码中的 CSS 为属性值为 "no" 的 q 元素设置下划线和字号的样式，而属性值为 zh 的

q 元素则没有设置样式。上述代码在 IE11 浏览器中的运行结果如图 8-10 所示。

图 8-10　使用伪类设置带有指定 lang 属性的元素的样式

其实，伪类的效果可以通过添加一个实际的类来实现，例如为了实现示例 8-9 的效果，可以将代码修改如下：

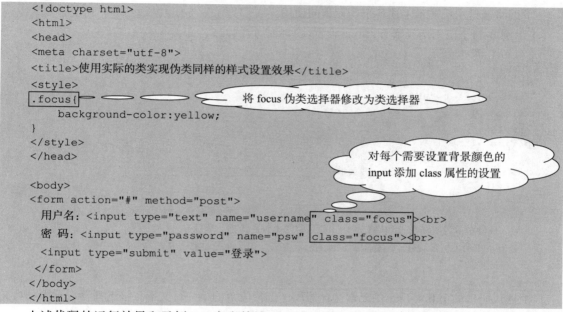

上述代码的运行效果和示例 8-8 完全等效。可见，伪类选择器和类选择器的效果是完全一样的。示例 8-8 从逻辑上看文档中存在类型对应伪类的类，但在代码中并不存在这样一个类，这正是"伪类"名称的由来。

8.3.5　伪元素选择器

CSS 伪元素用于将特殊的效果添加到某些选择器中。

基本语法：

```
选择器名:伪元素{
        属性1：属性值1；
        属性2：属性值2；
        …
}
```

语法说明：选择器可以是任意类型的选择器。当选择器是类选择器时，为了限定某类元素，也可以在类选择器名前加上元素名，即将选择器名写成"元素名.类选择器名"，比如 p.second:first-line。另外，伪元素前的":"是伪元素选择器的标识，不能省略。从上述语法来看，伪类和伪元素的写法很类似，在 CSS3 中，为了区分两者，规定伪类用一个冒号来表示，伪元素用两个冒号来表示。

目前，W3C 规定了表 8-2 所示的一些伪元素类型。

表 8-2   伪元素类型

伪元素类型	描述
:first-letter	向文本的第一个字符添加特殊样式
:first-line	向文本的首行添加特殊样式
:before	在元素之前添加内容
:after	在元素之后添加内容

下面将通过示例演示上述各个伪元素的使用。

【示例 8-11】使用伪元素 first-line 设置文本的首行的样式。

```
<!doctype html>
<html>
<head>
<meta charset="utf-8">
<title>伪元素 first-line 的使用</title>
<style>
p:first-line {
    background: #0F0;
}
</style>
</head>
<body>
  <p>成功根本没有秘诀，如果有的话，就只有两个词：谦虚、坚持。
  越有本事的人越没脾气，因为素质、修为、涵养、学识、能力财力会综合一个人的品格。</p>
</body>
</html>
```

上述代码中的 p:first-line 伪元素选择器用于选择段落的第一行文本，该选择器设置第一行文本的背景颜色，在 IE11 浏览器中的运行结果如图 8-11 所示。

图 8-11   使用伪元素 first-line 设置文本的首行的样式

【示例 8-12】使用伪元素 first-letter 设置文本第一个字符的样式。

```
<!doctype html>
<html>
<head>
<meta charset="utf-8">
<title>伪元素 first-letter 的使用</title>
<style>
p:first-letter{
    font-size:39px;
```

```
        }
    </style>
</head>
<body>
    <p>成功根本没有秘决，如果有的话，就只有两个词：谦虚、坚持。
        越有本事的人越没脾气，因为素质、修为、涵养、学识、能力财力会综合一个人的品格。
    </p>
</body>
</html>
```

上述代码中的 CSS 对段落中的第一个字符"成"设置显示的字号为 39px，在 IE11 浏览器中的运行结果如图 8-12 所示。

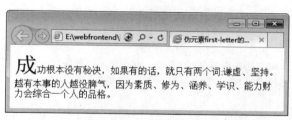

图 8-12　使用伪元素 first-letter 设置文本第一个字符的样式

【示例 8-13】使用伪元素 before 在元素前面添加内容并设置该内容的样式。

```
<!doctype html>
<html>
<head>
<meta charset="utf-8">
<title>before 伪元素的使用</title>
<style>
/*在 p 前面添加内容并设置该内容的背景颜色*/
p:before {
    content: "这是使用 before 伪元素添加的内容。"; /*设置添加的内容*/
    background: #80C6BE;
}
</style>
</head>
<body>
    <p>成功根本没有秘决，如果有的话，就只有两个词：谦虚、坚持。
        越有本事的人越没脾气，因为素质、修为、涵养、学识、能力财力会综合一个人的品格。</p>
</body>
</html>
```

上述代码中的 CSS 在文本的前面添加了一串文本，在 IE11 浏览器中的运行结果如图 8-13 所示。

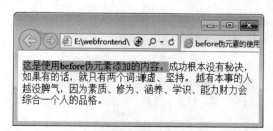

图 8-13　使用伪元素 before 添加内容并设置该内容的样式

【示例 8-14】使用伪元素 after 在元素后面添加内容并设置该内容的样式。

```
<!doctype html>
<html>
<head>
<meta charset="utf-8">
<title>伪元素 after 的使用</title>
<style>
/*在 p 后面添加内容并设置该内容的背景颜色*/
p:after{
    content: "这是使用 after 伪元素添加的内容";  /*设置添加的内容*/
    background: #99F;
}
</style>
</head>
<body>
  <p>北京大学创办于 1898 年，初名京师大学堂，是中国第一所国立综合性大学，也是当时中国最高教育
    行政机关。辛亥革命后，于 1912 年改为现名。</p>
</body>
</html>
```

上述代码中的 CSS 在文本后面添加了一串文本，在 IE11 浏览器中的运行结果如图 8-14 所示。

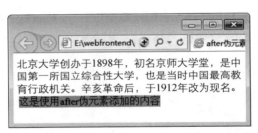

图 8-14   使用伪元素 after 添加内容并设置该内容的样式

跟伪类一样，伪元素的效果也可以通过其他方式实现。不同于伪类通过添加类属性来实现同样的效果，伪元素是通过添加元素来实现同等效果的。例如，为了实现示例 8-12 的效果，可以将代码进行如下修改：

```
<!doctype html>
<html>
<head>
<meta charset="utf-8">
<title>伪元素 first-letter 的使用</title>
<style>
span {                          伪元素选择器修改为元素选择器
    font-size:39px;
}
</style>
</head>                                   新增<span>元素
<body>
  <p><span>成</span>功根本没有秘诀，如果有的话，就只有两个词：谦虚、坚持。
    越有本事的人越没脾气，因为素质、修为、涵养、学识、能力财力会综合一个人的品格。</p>
</body>
</html>
```

上述代码的运行效果和示例 8-12 完全相同。可见，伪元素选择器和元素选择器的效果完全一

样的。示例 8-12 从逻辑上看，文档树中存在对应伪元素的元素，但在代码中并不存在这样的元素，这正是"伪元素"名称的由来。

8.3.6　通用选择器

通用选择器用通配符"*"表示，它可以选择文档中的所有元素。通用选择器主要用于重置文档各元素的默认样式，一般用来重置文档元素的内、外边距。

基本语法：

```
*{
    属性 1：属性值 1；
    属性 2：属性值 2；
    …
}
```

使用示例：

```
*{/*重置文档所有元素的内、外边距为 0px*/
    margin: 0px;
    padding:0px;
}
```

8.4　CSS 复合选择器

复合选择器是由基本选择器组合构成的，常用的复合选择器有交集选择器、并集选择器、后代选择器、子元素选择器和相邻元素选择器等。

8.4.1　交集选择器

交集选择器是由两个选择器直接连接构成的，其中第一个选择器必须是元素选择器，第二个选择器必须是类选择器或者 ID 选择器，如 p.special、p#name。两个选择器之间必须连续写，不能有空格。交集选择器的作用范围是同时满足前后两个选择器定义的元素，也就是要求前者定义的元素同时必须是指定了后者的类别或 id，该元素的样式是 3 个选择器样式，即第一个选择器、第二个选择器和交集选择器 3 个选择器样式的层叠效果。

基本语法：

```
元素选择器.类选择器 | #ID 选择器{
    属性 1：属性值 1；
    属性 2：属性值 2；
    …
}
```

语法说明："·类选择器 |#ID 选择器"表示使用类选择器或者 ID 选择器。

【示例 8-15】交集选择器应用示例。

```
<!doctype html>
<html>
<head>
<meta charset="utf-8">
<title>交集选择器应用示例</title>
```

```
<style>
div{
  border:3px solid red;
  margin: 20px;
}
div.txt{
  background:#999999;
}
.txt{
  font-style:italic;
}
</style>
</head>
<body>
  <div>元素选择器效果</div>
  <div class="txt">交集选择器效果</div>
  <p class="txt">类选择器效果</p>
</body>
</html>
```

应用交集选择器

上述代码中的 CSS 定义了 div 元素、类选择器 txt 和它们的交集选择器 div.txt 样式。交集选择器定义的样式只作用于 <div class="txt">元素，最终交集选择器指定对象的效果就是 CSS 中定义的 3 个选择器样式的层叠。上述代码在 IE11 浏览器中的运行结果如图 8-15 所示。

图 8-15　交集选择器运行结果

8.4.2　并集选择器

并集选择器也叫分组选择器，由两个或两个以上的任意选择器组成，不同选择器之间用 "," 隔开，实现 "集体声明" 多个选择器。它的特点是所设置的样式对并集选择器中的各个选择器都有效。并集选择器的作用是把不同选择器的相同样式定义抽取出来放到一个地方一次定义，从而极大地减少 CSS 代码量。

基本语法：

```
选择器 1，选择器 2，选择器 3，…{
属性 1：属性值 1；
属性 2：属性值 2；
…
}
```

语法说明：选择器的类型任意，既可以是基本选择器，也可以是复合选择器。

【示例 8-16】并集选择器应用示例。

```
<!doctype html>
<html>
<head>
<meta charset="utf-8">
<title>并集选择器应用示例</title>
<style>
div{
    border: 5px solid blue;
    margin: 20px;
```

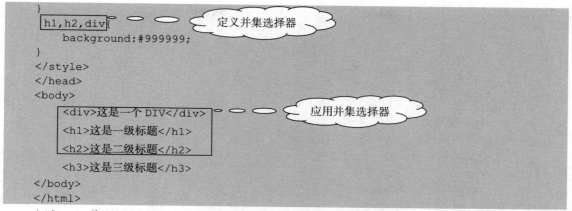

```
    }
    h1,h2,div{                                    定义并集选择器
        background:#999999;
    }
    </style>
    </head>
    <body>
        <div>这是一个 DIV</div>                          应用并集选择器
        <h1>这是一级标题</h1>
        <h2>这是二级标题</h2>
        <h3>这是三级标题</h3>
    </body>
    </html>
```

上述 CSS 代码设置了由 h1、h2 和 div 三个元素形成的并集选择器样式，分别将 h1、h2 和 div 3 个元素的背景颜色设为灰色。上述代码在 IE11 浏览器中的运行结果如图 8-16 所示。从图 8-16 可看出，div、h1 和 h2 这 3 个元素都应用了并集选择器设置的样式。

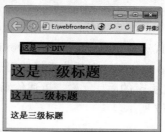

图 8-16　并集选择器应用页面效果

8.4.3　后代选择器

后代选择器，又称包含选择器，用于选择指定元素的所有后代元素。

基本语法：

```
选择器 1 选择器 2 选择器 3 …{
        属性 1：属性值 1；
        属性 2：属性值 2；
        …
    }
```

语法说明：左边的选择器可以包含两个或多个使用空格隔开的选择器，这些选择器既可以是基本选择器，也可以是一个复合选择器。选择器之间的空格是一种结合符，按从右到左的顺序读选择器，每个空格结合符可以解释为 "……作为……的后代"，例如，div h2 表示 h2 作为 div 的后代。需注意的是，因为后代选择器选择的后代元素包括任意嵌套层次的后代，所以 div h2 又可解释为作为 div 的任意后代元素的 h2 元素。

【示例 8-17】使用后代选择器设置样式。

```
<!doctype html>
<html>
<head>
<meta charset="utf-8">
<title>使用后代选择器设置样式</title>
<style>
#box1 .p1{ /*后代选择器*/
    background: #CCC;
}
#box2 p{ /*后代选择器*/
    background: #CFC;
}
```

```
</style>
</head>
<body>
    <div id="box1">
        <p class="p1">段落一</p>
        <p class="p2">段落二</p>
    </div>
    <div id="box2">
        <p class="p1">段落三</p>
        <p>段落四</p>
    </div>
    <p class="p1">段落五</p>
</body>
</html>
```

上述 CSS 代码定义了两个后代选择器样式，其中"#box1 .p1"
后代选择器用于选择 ID 为 box1 的元素中类名为 p1 的所有后代元
素；"#box2 p"后代选择器用于选择 ID 为 box2 的元素中所有类
型为 p 的后代元素。上述代码在 IE11 浏览器中的运行结果如图
8-17 所示。

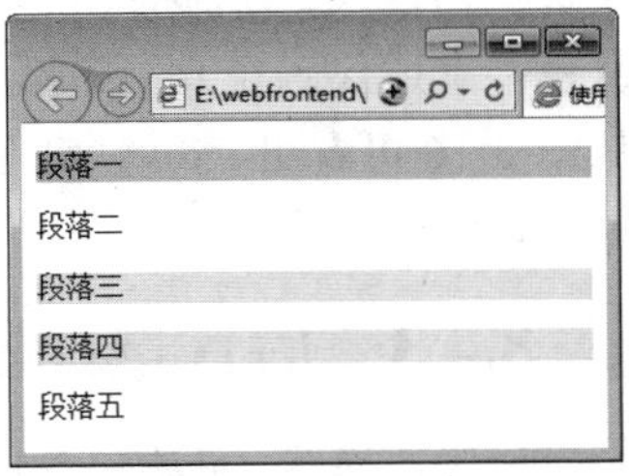

图 8-17　使用后代选择器设置样式

8.4.4　子元素选择器

后代选择器可以选择某个元素指定类型的所有后代元素，如
果只想选择某个元素的所有子元素，则需要使用子元素选择器。

基本语法：

```
选择器 1>选择器 2{
        属性 1：属性值 1；
        属性 2：属性值 2；
        …
}
```

语法说明："＞"称为左结合符，在其左右两边是否有空格都正确，"选择器 1>选择器 2"的
含义为"选择选择器 1 指定元素的子元素的所有选择器 2 指定的元素"，例如，"div>span"表示
选择 div 元素子元素的所有 span 元素。子元素选择器中的两个选择器既可以是基本选择器，也可
以是交集选择器，另外选择器 1 还可以是后代选择器。

【示例 8-18】子元素选择器应用示例。

```
<!doctype html>
<html>
<head>
<meta charset="utf-8">
<title>子元素选择器应用示例</title>
<style>
 p>span {/*子元素选择器*/
    color: red;
}
</style>
</head>
<body>
```

```
<p>这是非常非常<span>重要</span>且<span>关键</span>的一步。</p>
<p>这是真的非常<em><span>重要</span>且<span>关键</span></em>的一步。</p>
</body>
</html>
```

上述 CSS 代码中的 p>span 选择了 p 元素的所有 span 子元素。第一个 p 元素中的两个 span 为 p 的子元素，而因为第二个 p 中的两个 span 是 p 元素的子元素的子元素，所以没有被选中，CSS 样式只对第一个 p 元素的两个 span 元素有效，即只有第一行中的"重要"和"关键"这两个词显示为红色，第二行的这两个词颜色没变。上述代码在 IE11 浏览器中的运行结果如图 8-18 所示。

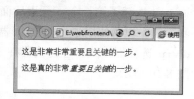

图 8-18　子元素选择器应用效果

8.4.5　相邻兄弟选择器

如果需要选择紧接在另一个元素后的元素，而且二者有相同的父元素，那么可以使用相邻兄弟选择器。相邻兄弟选择器的使用语法如下。

```
选择器 1+选择器 2{
        属性 1：属性值 1;
        属性 2：属性值 2;
        …
}
```

语法说明："+"称为相邻兄弟结合符，在其左右两边是否有空格都正确，"选择器 1+选择器 2"的含义为"选择紧接在选择器 1 指定元素后出现的选择器 2 指定的元素"，且这两个元素拥有共同的父元素。例如，"div+span"表示选择紧接在 div 元素后出现的 span 元素，其中 div 和 span 两个元素拥有共同的父元素。

【示例 8-19】使用相邻兄弟选择器设置样式。

```
<!doctype html>
<html>
<head>
<meta charset="utf-8">
<title>使用相邻兄弟选择器设置样式</title>
<style>
div + p{
    color:red;
    font-weight:bold;
    margin-top:50px;
}
p+p{
    color:blue;
    text-decoration:underline;
}
</style>
</head>
<body>
  <div>这是一个 DIV</div>
  <p>这是段落 1</p>
  <p>这是段落 2</p>
```

相邻兄弟选择器，结合符前后可含有空格

相邻兄弟选择器，从第二个段落开始选择

```
   <p>这是段落 3</p>
  </body>
</html>
```

图 8-19　使用相邻兄弟选择器设置样式

上述 CSS 代码中的 div+p 选择了 div 元素后面的第一个 p，而 p+p 选择了第一个 p 元素后面的各个 p 元素，因而第二个和第三个段落使用了 p+p 选择器样式，而第一个段落使用了 div+p 选择器样式。上述代码在 IE11 浏览器中的运行结果如图 8-19 所示。

8.5　在 HTML 文档中应用 CSS 的常用方式

CSS 是用来格式化 HTML 页面元素的，但这一目的只有在 CSS 和 HTML 页面存在关联关系时才能实现。CSS 和 HTML 页面关联的方式常用的有行内式（也叫内联式）、内嵌式、链接式 3 种。根据应用 CSS 的方式，样式表又分别称为行内式样式表、内嵌式样式表和外部样式表。

8.5.1　行内式

行内式是一种最简单的应用样式方式，它通过对 HTML 标签使用 style 属性，将 CSS 代码直接写在标签里，使用语法如下。

基本语法：

```
<标签名 style="属性1：属性值1；属性2：属性值2；…" >
```

语法说明：标签名可以是任何可见元素的标签名称，对该元素的所有样式设置使用分号连接在一行作为 style 的属性值。

【示例 8-20】在 HTML 文档中使用行内式应用 CSS。

```
<!doctype html>
<html>
<head>
<meta charset="utf-8">
<title>行内式应用 CSS 示例</title>
</head>
<body>
  <p style="color:#F00;text-decoration:underline;">行内式应用 CSS 示例 1</p>
  <p style="color:#03F;font-size:26px;font-style:italic;">行内式应用 CSS 示例 2</p>
  <p style="color:#93C;font-size:33px;font-weight:bolder;">行内式应用 CSS 示例
3</p>
  <p style="color:#F00;text-decoration:underline;">行内式应用 CSS 示例 4</p>
</body>
</html>
```

上述代码分别在 4 个 p 标签中使用 style 属性添加 CSS 代码，从而对每个 p 标签设置样式。上述代码在 IE11 浏览器中的运行结果如图 8-20 所示。

从图 8-20 可以看出 4 个段落的样式彼此独立，互不影响，这正是行内式应用 CSS 的一个优点，即可以单独设置某个标签的样式。然而从另一方面来说，这个优点也是它的缺点，即样式代码不能复

图 8-20　在 HTML 文档中使用行内式应用 CSS

用。在图 8-20 中，第一个段落和第四个段落的样式完全一样，但样式代码需要在两个 p 标签中重复设置。在实际应用中，一个页面或不同的页面中，同样的样式可能会出现在许多地方，使用行内式需要在不同的标签里重复设置相同的样式，这给开发人员和维护人员都带来很多问题，解决这个问题可以使用其他几种应用 CSS 的方式。

8.5.2　内嵌式

内嵌式应用 CSS 可以在同一页面中重用样式，这种方式在头部区域内使用 style 标签将 CSS 样式嵌入 HTML 文档，使用格式如下。

基本语法：

```
<style type="text/css">
    CSS 样式定义
</style>
```

语法说明：所有页面需要使用的 CSS 样式代码都放在<style>标签对之间，type="text/css"用于定义文件的类型是样式表文本文件。在 HTML5 中，可以省略 type 属性。

【示例 8-21】在 HTML 文档中使用内嵌方式应用 CSS。

```
<!doctype html>
<html>
<head>
<meta charset="utf-8">
<title>内嵌式应用 CSS 示例</title>
<style type="text/css">
 p{
     color:#03F;
     font-size:26px;
     font-style:italic;
 }
</style>
</head>
<body>
    <p>内嵌式应用 CSS 示例 1</p>
    <p>内嵌式应用 CSS 示例 2</p>
    <p>内嵌式应用 CSS 示例 3</p>
</body>
</html>
```

使用<style>标签嵌入 CSS 样式代码

在上述代码的头部区域中使用 style 标签嵌入了一个段落元素的 CSS 样式代码，这些代码对整个 HTML 页面都有效，因而对页面中的 3 个段落元素统一设置样式。上述代码在 IE11 浏览器中的运行结果如图 8-21 所示。

图 8-21　在 HTML 文档中使用内嵌式应用 CSS

图 8-21 中的 3 个段落元素具有相同的样式，使用内嵌式应用 CSS 样式时，只需在头部区域定义一次就可以了。可见，使用内嵌式应用 CSS 可以在同一个页面中重用 CSS，统一设置单个网页的样式。内嵌式应用 CSS 的缺点是不便于统一设置多个网页的样式，需要统一设置多个网页的样式时，需要使用下面将介绍的链接式来应用 CSS。

8.5.3 链接式

如果希望在多个页面重用 CSS，则需要使用链接或导入的方式应用 CSS。链接式应用 CSS 是在页面的头部区域使用<link>标签链接一个外部 CSS 文件，链接格式如下。

基本语法：

```
<link rel="stylesheet" type="text/css" href=".css 文件"/>
```

语法说明：rel="stylesheet"用于定义链接的文件和 HTML 文档之间的关系，属性 href 用于指定所链接的 CSS 文件，CSS 文件的扩展名为 css。

【示例 8-22】在 HTML 文档中使用链接方式应用 CSS。

在 ex8-22.html 文件中链接外部 CSS 文件：ex8-1.css。

（1）ex8-22.html 文件源代码

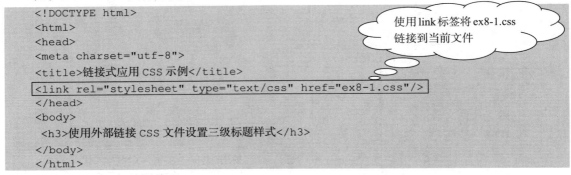

```
<!DOCTYPE html>
<html>
<head>
<meta charset="utf-8">
<title>链接式应用 CSS 示例</title>
<link rel="stylesheet" type="text/css" href="ex8-1.css"/>
</head>
<body>
 <h3>使用外部链接 CSS 文件设置三级标题样式</h3>
</body>
</html>
```

> 使用 link 标签将 ex8-1.css 链接到当前文件

（2）ex8-1.css 文件源代码

```
h3{
    color: #F00;
    background: #9CF;
}
```

ex8-1.css 代码为 h3 元素设置样式，这些样式设置通过 ex8-22.html 文件中的<link>标签被应用到 HTML 文件中的 h3 元素上。上述代码在 IE11 浏览器中的运行结果如图 8-22 所示。

图 8-22　在 HTML 文档中使用链接式应用 CSS

使用链接式应用 CSS 的最大特点是将 CSS 代码和 HTML 代码分离，这样就可以将一个 CSS 文件链接到不同的 HTML 网页中，比如其他 HTML 文件也需要设置 ex8-1.css 文件的样式，此时只需在每个 HTML 文件中使用 link 标签链接 ex8-1.css 文件即可。可见，使用链接方式应用 CSS

可以最大限度地重用 CSS 代码。可以在制作网站时，将多个页面都会用到的 CSS 样式定义在一个或多个.css 文件中，然后在需要用到这些样式的 HTML 网页中通过 link 标签链接这些.css 文件，这样可以极大地降低整个网站的页面代码冗余并提高网站的可维护性。

8.6　CSS 的冲突与解决

当多个 CSS 样式应用到同一个元素时，这些样式之间可能存在对同一个属性的不同格式设置。例如，对一个 div 元素同时定义了两个样式：div{color:red;}和#div{color:blue;}，此时，div 元素是显示红色还是蓝色呢？很显然，div 元素的这两个不同的颜色样式的定义发生了冲突。在显示时，浏览器如何解决 CSS 冲突呢？浏览器按以下原则来解决 CSS 冲突。

（1）优先级原则。

（2）最近原则。

（3）同一属性的样式定义，后面定义的样式会覆盖前面定义的样式。

* "优先级原则"是优先级最高的样式有效。样式的优先级由样式类型和选择器决定。CSS 规范对不同类型样式的优先级的规定为：行内式样式>内嵌式样式 | 链接外部样式，即行内式样式的优先级最高，而内嵌式样式和链接外部样式的优先级由它们出现的位置决定，谁出现在后面，谁的优先级就高。在同样类型的样式中，选择器之间也存在不同的优先级。选择器的优先级规定为：ID 选择器>class 选择器 | 伪类选择器 | 属性选择器>元素选择器 | 伪元素选择器>通配符选择器 | 子元素选择器 | 相邻兄弟选择器，即 ID 选择器的优先级最高。

* "最近原则"主要是针对继承样式，越靠近格式化元素的父类样式，优先级越高。例如，<div><p>…</p></div>，p 元素的样式优于 div 元素的样式。

此外，把!important 加在样式的后面，可以提升样式的优先级为最高级（高于内联样式）。

【示例 8-23】CSS 冲突及解决示例。

```
<!doctype html>
<html>
<head>
<meta charset="utf-8">
<title>CSS 冲突及解决示例</title>
<style>
p{
    color:#F00;
}
.a1{
    color:#ccc;
}
.a2{
    color:#F0F;
}
#txt{
    color:#00F;
}
</style>
</head>
<body>
```

```
    <p>示例内容 1</p>
    <p class="a1" id="txt">示例内容 2</p>
    <p class="a2" style="color:#0F0">示例内容 3</p>
    <p class="a1">示例<span class="a2">内容 4</span></p>
</body>
</html>
```

在上述 CSS 代码中，"示例内容 2"的样式发生类样式、元素样式和 ID 样式冲突，按优先级规则，ID 样式有效，所以文本显示为蓝色；"示例内容 3"的样式发生行内样式和内嵌样式冲突，因为按优先级规则，行内式样式有效，所以文本显示为绿色；"示例内容 4"的样式发生类样式和元素样式冲突，按优先级规则，类样式有效；另外其中的"内容 4"的样式同时存在两个类样式，因为按最近原则，a2 类样式有效，所以前两个文字显示为灰色，后面 3 个文字显示为粉色。上述代码在 IE11 浏览器中的运行结果如图 8-23 所示。

图 8-23　CSS 冲突与解决

习 题 8

1. 填空题

（1）CSS 的全称是_____，中文意思是_____，它是一种_____的标准方式，可实现_____和网页内容的分离。

（2）定义 CSS 的基本语法是_____。

2. 简述题

（1）CSS 基本选择器包括哪些？分别写出这些选择器的表示形式。

（2）CSS 复合选择器主要包括哪些？分别写出各类复合选择器的表示形式。

（3）在 HTML 文档中应用 CSS 的常用方式有哪些？它们分别有何优缺点？举例说明它们是如何应用样式的。

（4）简述解决 CSS 冲突的规则。

第 9 章
CSS 常用属性

CSS 设置网页中各个元素的样式需要通过 CSS 属性来实现，常用的 CSS 属性有文本属性、字体属性、背景属性、列表属性、表格属性、display 显示属性、盒子模型属性、浮动属性和定位属性等。本章将介绍前 6 种属性，盒子模型属性和定位属性将分别在第 10 章和第 11 章介绍。

9.1 文本属性

CSS 文本属性可以定义文本的外观。通过文本属性，可以修改文本的颜色、行高、对齐方式、字符间距、段首缩进位置等属性以及修饰文本等。

9.1.1 color 颜色属性

在 CSS 代码中，使用 color 属性设置文本颜色，设置语法如下。

```
color: 颜色英文单词 | 颜色的十六进制数 | 颜色的 RGB 值 | inherit;
```

说明：color 属性值如表 9-1 所示。

表 9-1   color 属性值

属性值	描述
颜色英文单词	使用表示颜色的英文单词，如 red（红色）、blue（蓝色）等
颜色的十六进制数	使用"#"加一个十六进制数表示颜色值，例如，红色的十六进制数为#ff0000
颜色的 RGB 值	RGB 代码的颜色值，例如，红色的 RGB 值为 rgb(255,0,0)
Inherit	继承父级元素的颜色

在实际应用中，只有那些常见的颜色，如红色、蓝色、绿色、黄色、黑色、银色等会使用英文单词来表示，其他颜色更多是使用十六进制数或 RGB 值来表示。

1. rgb()颜色表示法

使用 rgb()设置颜色的语法如下。

```
rgb(num,num,num);
```

语法说明：每种颜色都是由红色、蓝色和绿色 3 种基色的不同纯度混合而成的。给定 3 种基色的不同纯度将得到对应的一种颜色。表示这 3 种基色的纯度的其中一种方法就是使用 rgb(num,num,num)方法，其中 r 代表红色，g 代表绿色，b 代表蓝色，小括号中的 3 个 num 分别代表红色、绿色和蓝色的纯度，每个 num 的取值范围都是 0～255，如纯红色对应的值为 255，取 0

则表示一点红色都没有，各个 num 之间用 "," 隔开。例如，蓝色表示为 rgb(0,0,255)。

2. 十六进制数颜色表示法

十六进制数颜色表示法其实是 rgb() 颜色表示法的一种变形。在该方法中，分别使用两位十六进制数来表示 R、G 和 B 这 3 种颜色，因而 3 种颜色共使用 6 位十六进制数来表示。为了和一般的十六进制数相区别，特别添加了 "#" 作为标识符，因而用十六进制数表示颜色的格式是 "#" +6 位数字或字母，其中，数字取值范围是 0～9，字母取值范围是 a～f（表示 10～15 的值），例如，#ff0000 表示红色，#ffffff 表示白色。颜色的十六进制数表示法因为写法简单，所以是开发人员最常用的颜色表示法。

十六进制数颜色表示法的标准写法是 "#" +6 位十六进制数。有时，也可以将其简写为 3 位十六进制数。但简写是有条件的，这个条件就是表示每种基色的两个数字或字母相同，此时可以使用一位数或字母来表示每种基色。例如，"#ff4400" 可简写为 "#f40"；"#ff0000" 可简写为 "#f00"；"#ffffff" 可简写为 "#fff"。需要注意的是，3 种基色的两个十六进制数必须两两相等，任何一个基色对应的两个数字不相同时，都不能使用简写方式，比如 "#ff4467"，"ff" "44" 和 "67" 这 3 组数分别代表红色、蓝色和绿色三基色的纯度，代表绿色的 "67" 这两个数字不相同，导致该组无法使用一位数来表示，因而整个颜色值无法使用简写方式。

【示例 9-1】使用 color 属性设置文本颜色。

```html
<!doctype html>
<html>
<head>
<meta charset="utf-8">
<title>使用 color 属性设置文本颜色</title>
<style>
#box1 {
    color: red; /*使用英文单词表示颜色*/
}
#box2 {
    color: #F0F; /*使用简写的十六进制数表示颜色*/
}
#box3 {
    color: #2D35DD; /*使用 6 位十六进制数表示颜色*/
}
</style>
</head>
<body>
    <p id="box1">使用 color 属性设置文本颜色</p>
    <p id="box2">使用 color 属性设置文本颜色</p>
    <p id="box3">使用 color 属性设置文本颜色</p>
</body>
</html>
```

上述代码使用了 CSS 的 color 属性来设置主体内容中 3 段文本的颜色，在 IE11 浏览器中运行结果如图 9-1 所示。

思考：如果 #box1 的文本颜色需要使用 rgb() 方式来表示，应如何修改代码？

图 9-1　使用 color 属性设置文本颜色

9.1.2 text-align 水平对齐属性

文本除了可以设置颜色样式外，还可以设置水平对齐样式。在 CSS 代码中，使用 text-align 属性来设置文本水平对齐，设置语法如下。

```
text-align: left | right | center | inherit;
```

说明：text-align 的常用属性值如表 9-2 所示。

表 9-2   text-align 属性值

属性值	描述
left	左对齐，默认对齐方式
right	右对齐
center	居中对齐
inherit	继承父级的 text-align 属性值

默认情况下，文本水平左对齐，可以通过 text-align 属性修改元素的默认对齐方式。

【示例 9-2】使用 text-align 属性设置文本的水平对齐方式。

```html
<!doctype html>
<html>
<head>
<meta charset="utf-8">
<title>使用 text-align 属性设置文本的水平对齐方式</title>
<style>
#box2 {
    text-align: left;   /*设置文本居左对齐*/
}
#box3 {
    text-align: center; /*设置文本居中对齐*/
}
#box4 {
    text-align: right; /*设置文本右对齐*/
}
</style>
</head>
<body>
    <p id="box1">文本默认水平左对齐</p>
    <p id="box2">设置文本水平左对齐</p>
    <p id="box3">设置文本水平居中对齐</p>
    <p id="box4">设置文本水平右对齐</p>
</body>
</html>
```

上述代码分别使用默认和显式设置两种方法设置 4 段文本的水平对齐方式。在 IE11 浏览器中的运行结果如图 9-2 所示。

从图 9-2 中可以看到，使用默认对齐方式的#box1 文本和使用居左对齐的#box2 文本的对齐方式完全一样。可见，如果对齐方式是居左时，可以不设置 text-align 属性。

图 9-2　使用 text-align 属性设置文本的水平对齐方式

9.1.3　text-indent 首行缩进属性

在 CSS 中使用 text-indent 属性可以设置每段文本首行字符的缩进距离，设置语法如下。

```
text-indent: length | 百分数 | inherit;
```

说明：首行缩进距离由 text-indent 属性值决定。text-indent 的属性值如表 9-3 所示。

表 9-3　　　　　　　　　　　　　　　　　text-indent 属性值

属性值	描述
length	某个具体的数值，单位为 px｜pt｜em，默认为 0 值
百分数（%）	相对于父级元素宽度的百分比
inherit	继承父级的 text-indent 属性值

注：最常用的属性值是 length（固定大小，单位是 px、em 或 pt），length 数值越大，缩进距离就越大。

属性值单位可以用 px、pt、em，对这些单位的说明如下。

（1）px（像素）：主要用于计算机屏幕媒体。1px 等于计算机屏幕上的一个点。因为像素是固定大小的单元，不具有可伸缩性，所以不太适用于移动设备。目前，仍然有许多网页使用 px 单位。

（2）pt（点）：主要用于印刷媒体。1pt 等于 1 英寸的 1/72。因为点也是固定大小的单位，不具有可伸缩性，所以不太适用于移动设备。

（3）em：主要用于 Web 媒体。em 是相对长度单位，相对于当前文本的字体大小，1em 等于当前文字大小。如果父元素文本以及当前文本字体大小都没有设置，则浏览器的默认字体大小为 16px（12pt）。此时，1em=12pt=16px，当使用 CSS 修改当前元素或父元素的字号为 15px 时，1em=15px。可见，em 会根据当前元素或父元素的字号自动重新计算值，因而具有可伸缩性，适用于移动设备。em 现在越来越受欢迎。

text-indent 可用来划分段落，段首缩进可以更清楚地看到哪些文字属于同一个段落。需要注意的是，text-indent 允许属性值为负数，如果缩进值为负数，那么文字会向左缩进，从而有可能和左边的文本重叠。

【示例 9-3】使用 text-indent 属性设置文本首行字符的缩进距离。

```
<!doctype html>
<html>
<head>
<meta charset="utf-8">
<title>使用 text-indent 属性设置文本首行字符缩进距离</title>
<style>
#box1 {
    text-indent: 32px;   /*设置文本首行字符缩进 32px*/
```

```
    }
    #box2 {
        color: #63C;
        text-indent: 2em;   /*设置文本首行字符缩进2em*/
    }
    </style>
    </head>
    <body>
      <body>
        <p id="box1">text-indent 可用来划分段落，段首缩进可以更清楚地看到哪些文字属于同一个
    段落。需要注意的是：text-indent 允许属性值为负数。</p>
        <p id="box2">text-indent 可用来划分段落，段首缩进可以更清楚地看到哪些文字属于同一个
    段落。需要注意的是：text-indent 允许属性值为负数。</p>
    </body>
    </body>
    </html>
```

　　一个文字的字号默认为 16px，即 1em，上述 CSS 代码设置两个段首字符分别缩进 32px 和 2em，即都缩进两个字符。上述代码在浏览器中的运行结果如图 9-3 所示。

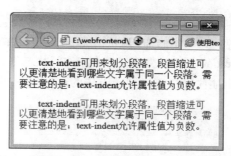

图 9-3　使用 text-indent 属性设置文本首行字符缩进

9.1.4　text–decoration 文本修饰属性

　　使用 text-decoration 属性可以设置文本是否显示下划线、上划线或删除线等修饰样式，设置语法如下。

```
text-decoration: none | underline | overline | line-through | inherit;
```

说明：text-decoration 常用属性值见表 9-4。

表 9-4　　　　　　　　　　　　　　　　text-decoration 属性值

属性值	描述
none	无任何修饰，默认值
underline	显示下划线
overline	显示上划线
line-through	显示删除线
inherit	继承父元素的 text-decoration 属性

【示例 9-4】使用 text-decoration 属性修饰文本。

```
<!doctype html>
```

```
<html>
<head>
<meta charset="utf-8">
<title>使用 text-decoration 属性设置链接样式</title>
<style>
a:link{
    text-decoration:none;
}
a:hover{
    color:#F3C;
    text-decoration:underline;
}
</style>
</head>
<body>
    <p><a href="#">普京：坐火车有种浪漫的感觉 亲手试做狗不理包子</a></p>
    <p><a href="#">两天三地 看峰会召开前习近平的密集日程</a></p>
    <p><a href="#">习近平同普京共同观看中俄青少年冰球友谊赛</a></p>
    <p><a href="#">上合青岛峰会让世界倾听时代强音</a></p>
</body>
</html>
```

超链接显示下划线是最常见的文本修饰，默认情况下，超链接在 4 种状态下都会显示下划线。上述 CSS 代码使用 text-decoration 属性设置超链接在未访问状态时不显示下划线，当鼠标指针移到超链接上时显示下划线。上述代码在 IE11 浏览器中的运行结果如图 9-4 所示。

图 9-4　使用 text-decoration 属性设置超链接样式

9.1.5　letter–spacing 字符间距属性

使用 letter-spacing 属性可以增加或减小字符间距，设置语法如下。

```
letter-spacing: normal | length | inherit;
```

说明：letter-spacing 的属性值如表 9-5 所示。

表 9-5　　　　　　　　　　　　　　　　　letter-spacing 属性值

属性值	描述
normal	默认值，字符间距为 0
length	以 px | em | pt 为单位的某个固定数值，可以为负值
inherit	继承父元素的 letter-spacing 属性

length 值为正数时，值越大，字符间距越大；length 值为负数时，绝对值越大，字符间距越小，当绝对值为一个字符大小时，字符重叠在一起，当绝对值为两个及两个以上字符大小时，字

符将以逆序显示。

【示例 9-5】使用 letter-spacing 属性设置字符间距。

```
<!doctype html>
<html>
<head>
<meta charset="utf-8">
<title>使用 letter-spacing 属性设置字符间距</title>
<style>
.pos {
    letter-spacing: 18px;   /*使用正数设置字符间距*/
}
.neg {
    letter-spacing: -0.5em;  /*使用负数设置字符间距*/
}
</style>
</head>
<body>
    <div class="pos">字符间距</div>
    <div class="pos">letter spacing</div>
    <div class="neg">字符间距</div>
</body>
</html>
```

上述 CSS 代码的 pos 类选择器将字符间距设置为正值，因而字符间隔比较大；而 neg 类选择器将字符间距设置为-0.5em，因而字符之间有一部分内容重叠在一起，运行结果如图 9-5 所示。

图 9-5　使用 letter-spacing 设置字符间距

9.1.6　word-spacing 字间距属性

使用 word-spacing 属性可以增加或减小词间距，设置语法如下。

word-spacing: normal | length | inherit;

说明：word-spacing 的属性值见表 9-6。

表 9-6　　　　　　　　　　　　　　　　word-spacing 属性值

属性值	描述
normal	默认值，字间距为 0
length	以 px	em	pt 为单位的某个固定数值，可以为负值
inherit	继承父元素的 word-spacing 属性

注意

使用 word-spacing 属性时，设置的文本中必须最少有两个词，word-spacing 的作用才会体现出来。word-spacing 在设置样式时如何分辨不同的词呢？CSS 把"字（word）"定义为由任何非空白字符组成的串，并由某种空白字符包围。由此可知，两个词之间可以通过空格来分隔的。英文单词默认就是使用空格分隔，而汉语，如果没有特别的要求，一般两个词之间是没有空格的。所以一般情况下，word-spacing 对包含两个以上单词的英文文本起作用，而对一段不包含空格的汉语文本是不起作用的。

当 length 为正值时，值越大，字之间的间距越大。当 length 为负值时，不同浏览器的处理情况不同，例如，对 IE11，length 为任意负值时，只是把字之间的空格删掉；而对于 Chrome 浏览器，length 为负值时，右边的字向左移动，所以当值大到一定时，可能会使右边的字和左边的字重叠，甚至使右边的字移到左边字的前面。

【示例 9-6】使用 word-spacing 属性设置字间距。

```html
<!doctype html>
<html>
<head>
<meta charset="utf-8">
<title>使用 word-spacing 属性设置字间距</title>
<style>
div {
    word-spacing: 30px; /*使用正值设置字间距*/
}
</style>
</head>
<body>
    <div>字间距设置</div>
    <div>字 间 距 设 置</div>
    <div>word spacing 设置</div>
    <div>wordspacing 设置</div>
</body>
</html>
```

被空格隔开的文本，浏览器会解析成两个词，没有空格的文本，浏览器会认为是一个词。上述代码中，第二个和第三个 div 的内容中包含了空格，因而它们分别包含 5 个字和 2 个字，word- spacing 对它们起作用；而第一个和第四个 div 的内容不包含空格，因而它们都只包含一个词，word-spacing 对它们不起作用。运行结果如图 9-6 所示。

图 9-6　使用 word-spacing 设置字间距

9.1.7　line-height 文本行高属性

line-height（行高）是指上下文本行的基线间的垂直距离。基线是指大部分字母所"坐落"其上的一条看不见的线，例如，图 9-7 中两条红线就是文本基线，它们之间的垂直距离就是行高。

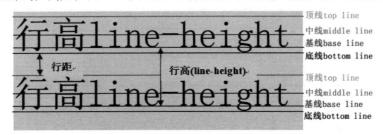

图 9-7　文本行高图示

在我们阅读文章时，大片密密麻麻的文字往往会让人觉得乏味，并造成极大的阅读困难，过松散的文本又会影响美观。适当地调整行高可以降低阅读的困难与枯燥度，并且使页面显得美观。图 9-8 显示了 3 段具有不同行高的文本。

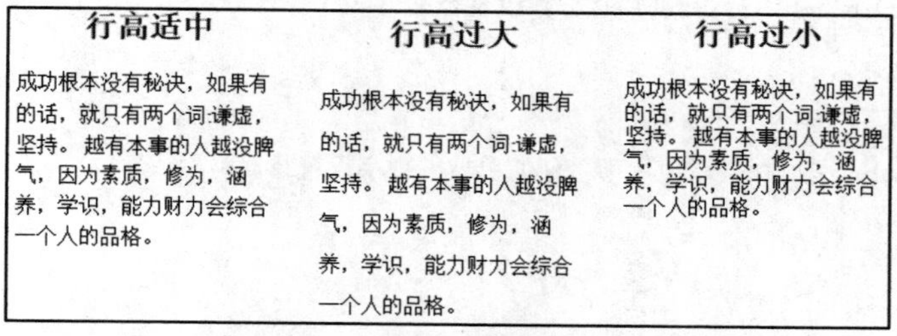

图 9-8　不同行高的视觉对比

图 9-8 中不同的行高带给人不同的视觉感受：行高适中的第一段文本阅读起来不仅舒服，而且美观；行高较大的第二段文本虽然阅读方便，但欠美观；行高过小的第三段文本阅读不但困难，而且不美观。可见，一个合适的行高对一个网页来说是很重要的。

大多数浏览器的默认行高大约是当前字体大小的 110%～120%，这个行高有时不一定符合界面设计要求。使用 CSS 属性中的 line-height 可以修改默认的行高，设置语法如下。

```
line-height: normal | number | length | 百分数 | inherit
```

说明：line-height 属性值不能为负数。上述各个属性值的描述见表 9-7。

表 9-7　　　　　　　　　　　　　line-height 属性值

属性值	描述
normal	默认值，行距为当前字体大小的 110%～120%
number	不带任何单位的某个数字。行距等于此数字与当前的字体尺寸相乘的结果。效果等效于 em 单位
length	以 px | em | pt 为单位的某个固定数值
百分数（%）	相对于当前字体大小的行距。100%的行距等于当前字体大小
inherit	继承父元素的 line-height 属性

文本行之间的间距，即行距，指的是上面文本的底线和下面文本的顶线之间的距离，如图 9-7 所示。行距由行高和字体大小决定，其值等于行高-字体大小。现在许多中文网站，为了能让行间距保持动态不变，并能获取满意的行间距，一般会设置行高为 1.4～1.5em，即当前字体大小的 1.4～1.5 倍。

【示例 9-7】使用 line-height 属性设置行高。

```
<!doctype html>
<html>
<head>
<meta charset="utf-8">
<title>使用 line-height 设置行高</title>
<style>
p{ /*使用元素选择器设置三个 div 的公共样式*/
    text-indent: 2em;
}
#box1 {
```

```
        color: #00F;
        line-height: 24px;  /*使用 px 为单位设置行高*/
    }
    #box2 {
        line-height: 80%;   /*使用百分数设置行高*/
    }
    #box3 {
        color: #90F;
        line-height: 1.5;  /*使用不带任何单位的数字设置行高*/
    }
    </style>
    </head>
    <body>
      <p id="box1">成功根本没有秘诀，如果有的话，就只有两个词：谦虚、坚持。
      越有本事的人越没脾气，因为素质、修为、涵养、学识，能力财力会综合一个人的品格。</p>
      <p id="box2">成功根本没有秘诀，如果有的话，就只有两个词：谦虚、坚持。
      越有本事的人越没脾气，因为素质、修为、涵养、学识、能力财力会综合一个人的品格。</p>
      <p id="box3">成功根本没有秘诀，如果有的话，就只有两个词：谦虚、坚持。
      越有本事的人越没脾气，因为素质、修为、涵养、学识、能力财力会综合一个人的品格。</p>
    </body>
    </html>
```

默认情况下，当前字体大小为 16px，所以第一段文本和第三段文本内容的行高都为 1.5 个字体大小；而第二段文本的行高为 80%，小于一个字体大小，显示时上下行之间的文本将会有部分内容重叠。在 IE11 浏览器中的运行结果如图 9-9 所示。

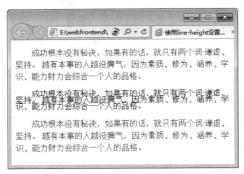

图 9-9　使用 line-height 属性设置行高

对一个单行文本所在的区域设置高度后，如果想使该单行文本在给定区域中垂直居中，其中一种最简单的方法就是使用 line-height 属性，此时只需将行高设置为区域高度值即可。

9.2　字体属性

网页中出现最多的内容是文字，很多时候，为了突出某些文字内容，需要加大并加粗这些文字。例如，图 9-10 中的标题，相比于其他文字，标题的字号变大了，字体方面则变得更粗。这样，当我们浏览网页时，我们的眼球会很容易被这个标题抓住。这样的文字效果，应如何实现呢？答案是使用 CSS 字体属性。

· 李克强澳洲行：促成中企拿大单 专题
促进经济全球化 新华时评 东北"牵手"东部

图 9-10 对突出的文字内容加大和加粗显示

使用 CSS 字体属性，可定义字体族、字号、字体粗细及字体风格等内容。这些设置内容需要使用到字体的相应属性，常用的字体属性有 font、font-family、font-size、font-weight 和 font-style。下面将一一详细介绍它们。

9.2.1 font-weight 字体粗细属性

使用 font-weight 属性可以设置字体的粗细，设置语法如下：

```
font-weight: normal | bold |bolder | number | inherit;
```

说明：上述所列的各个属性值的描述见表 9-8。

表 9-8　　　　　　　　　　font-weight 属性值

属性值	描述
normal	默认值，定义正常粗细的字体
bold	粗体字
bolder	更粗的字体
lighter	更细的字体
number（100 | 200 | 300 | … | 900）	由细到粗的字体。注：400 相当于 normal，700 相当于 bold
inherit	继承父级字体粗细

文字不设置 font-weight 属性时，默认是常规字体。如果想让文字加粗以突出显示，可以通过给 font-weight 添加"bold"或"bolder"的属性值或 600 以上的数值来实现。想让文字比常规文字细的话则可以通过给 font-weight 添加"lighter"属性值或 400 以下的数值来实现。

有些标签默认是字体加粗的，例如 h1～h6 标题标签，如果不想让标题标签中的文本加粗显示，可以使用 font-weight:normal 来消除加粗样式。

【示例 9-8】使用 font-weight 属性设置字体粗细。

```
<!doctype html>
<html>
<head>
<meta charset="utf-8">
<title>使用 font-weight 属性设置字体粗细</title>
<style>
#box1 {
    font-weight: bold; /*使用英文关键字加粗字体*/
}
#box2 {
    font-weight: 900; /*使用数值加粗字体*/
}
#box3 {
    font-weight: normal;　/*使用英文关键字设置字体为标准粗细*/
}
#box4 {
    font-weight: lighter; /*使用英文关键字加细字体*/
}
</style>
```

```
</head>
<body>
    <p id="box1">字体粗细（font-weight:bold）</p>
    <p id="box2">字体粗细（font-weight:900）</p>
    <p id="box3">字体粗细（font-weight:normal）</p>
    <p id="box4">字体粗细（font-weight:lighter）</p>
</body>
</html>
```

上述 CSS 代码使用 font-weight 属性对 4 段文本分别设置了字体粗细，在 IE11 浏览器中的运行结果如图 9-11 所示。

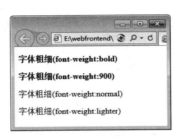

图 9-11   使用 font-weight 属性设置字体粗细

从图 9-11 中可以看到，属性值为 900 和 bold 的效果几乎相同，normal 和 lighter 的效果也几乎相同。

9.2.2   font-style 字体风格属性

使用 font-style 属性可以设置字体为斜体、倾斜或正常，设置语法如下。

```
font-style: normal | italic | oblique | inherit;
```

说明：font-style 属性值见表 9-9。

表 9-9   font-style 属性值

属性值	描述
normal	默认值，标准字体风格
italic	斜体字体
oblique	倾斜的字体
inherit	继承父级字体风格

注：italic 斜体字体和 oblique 倾斜的字体，两者在较新版的浏览器中显示时看不出有什么区别，但在一些较低版的 Chrome 浏览器中，两者显示的颜色会有所不同。在实际应用中，用得最多的是 italic 斜体字体。

【示例 9-9】使用 font-style 属性设置字体风格。

```
<!doctype html>
<html>
<head>
<meta charset="utf-8">
<title>使用 font-style 属性设置字体风格</title>
<style>
#box1 {
    font-style: italic;  /*设置斜体字体*/
}
```

```
#box2 {
    font-style: oblique; /*设置斜体字体*/
}
</style>
</head>
<body>
    <p id="box1">字体风格(font-style:italic)</p>
    <p id="box2">字体风格(font-style:oblique)</p>
</body>
</html>
```

上述 CSS 代码中分别使用了两种方式设置倾斜效果，在 IE11 中的运行结果如图 9-12。

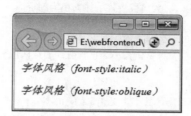

图 9-12　使用 font-style 设置字体倾斜效果

在网页中设置倾斜效果的字体，除了可以使用 font-style 属性外，还可以使用一些标签，例如 <em></em> 等。这些标签设置的文字默认是倾斜效果，如果不想使这些标签设置的文字倾斜，可以给标签设置 font-style:normal 样式来清除。

9.2.3　font-size 字体大小属性

使用 font-size 属性可以设置字体的大小，即字号，设置语法如下：

```
font-size: medium | length | 百分数 | inherit;
```

说明：上面列出了 font-size 属性的常用的几个属性值，如表 9-10 所示。

表 9-10 　　　　　　　　　　　　font-size 属性值

属性值	描述
medium	浏览器的默认值，大小为 16px。如果不设置，同时父元素也没有设置字体大小，则字体大小使用该值
length	某个固定值，常用单位为 px、em 和 pt
百分数（%）	相对值，基于父元素或默认值的一个百分比值
inherit	继承父元素的字体大小

最常用的属性值是 length（固定大小，单位是 px、em 或 pt），length 数值越大，字体就越大。还有一个比较常用的属性值是百分比（比例大小，单位是%），此时子级元素的大小需要根据父级的大小来计算，如果父级没有设置字体大小，就基于浏览器默认大小（即 16px）来计算。%和 em 一样，属于相对长度单位，相对于父元素或默认值。当父元素设置了字体大小时，子元素的字体大小基于父元素，否则基于浏览器默认的字体大小（16px）。不管该百分比相对于什么，都有 100%=1em。%和 em 同样具有可伸缩性，也适用于移动设备。如果当前文本没有设置字体大小，但设置了父元素的文本大小，那么，当前文本字体大小自动继承父元素的字体大小。

【示例 9-10】使用 font-size 属性设置字体大小。

```html
<!doctype html>
<html>
<head>
<meta charset="utf-8">
<title>使用 font-size 属性设置字体大小</title>
<style>
#box {
    font-size: 30px; /*设置父元素的字体大小*/
}
#box1 {
    font-size: 16px; /*以 px 为单位设置字体大小为固定值*/
}
#box2 {
    font-size: medium; /*设置字体大小为正常值，即默认值*/
}
#box4 {
    font-size: 80%; /*设置字体大小为父元素的 80%*/
}
</style>
</head>
<body>
  <div id="box">
    <p id="box1">字体大小（font-size:16px）</p>
    <p id="box2">字体大小（font-size:medium）</p>
    <p id="box3">字体大小（没有设置字体大小）</p>
    <p id="box4">字体大小（font-size:80%）</p>
  </div>
</body>
</html>
```

上述 CSS 代码使用 font-size 属性设置了几种字体大小，在 IE11 浏览器中的运行结果如图 9-13 所示。

从图 9-13 中可以看到，大小为 16px 和 medium 值的字体大小是完全一样的，可见，medium 的值等于 16px；而没有设置字体大小的文本却是最大的，原因是其自动继承了父元素的字体大小 30px；最后一个文本由于父元素设置了字体大小，它的百分数是相对于父元素的，所以值为 24px（30px×80%）。

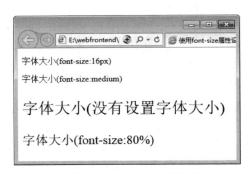

图 9-13　使用 font-size 属性设置字体大小

9.2.4　font-family 字体族属性

使用 font-family 属性可以设置字体族，设置语法如下：

```
font-family: 字体族1，字体族2，…，通用字体族 | inherit;
```

说明：font-family 属性的常用属性值如表 9-11 所示。

表 9-11　　　　　　　　　　　　　　　font-family 属性值

属性值	描述
字体族名称1，字体族名称2，…，通用字体族名称	值为 1 个或 1 个以上的字体系列。默认字体由浏览器决定
inherit	继承父级字体系列

注：font-family 属性值为两个或者两个以上字体族名称时，必须用英文半角逗号分隔这些名称。另外，对于含有空格的字体，如 Times New Roman，必须使用双引号或单引号将这些字体名称引起来。为了保证兼容性，建议所有中文字体使用双引号引起来。

浏览器显示文本内容时，将按字体系列指定的字体先后顺序选择其中一个字体，即首先检查浏览器是否支持第一个字体，如果支持，则选择该字体，否则按书写顺序检查第二个字体，以此类推。如果所有指定的具体字体都不支持，则使用通用字体族中的字体。

通用字体族表示相似的一类字体，分为 serif、sans-serif、monospace、cursive、fantasy 这 5 种类型。通常浏览器至少会支持每种通用字体中的一种字体。因此，W3C 的 CSS 规则规定，在 font（或者 font-family）的最后要求指定一个通用字体族，使客户端在没有安装指定的字体时，能使用本机上的通用字体族中的字体。

西方国家的罗马字母字体分为 sans-serif（无衬线字体）和 serif（衬线字体）两类，它们是 Web 设计时最常使用的两种通用字体族类型。serif 在字的笔画开始及结束的地方有额外的装饰，笔画的粗细会因直横的不同而不同，而 sans-serif 则没有这些额外的装饰，笔画粗细大致差不多。常见的衬线字体有 Georgia、Times New Roman 等，常见的无衬线字体有 Tahoma、Verdana、Arial、Helvetica 等。在实际应用中，中文的宋体和西文的衬线体，中文的黑体、幼圆、隶书等和西文的无衬线体，在风格和应用场景上相似，所以通常将宋体看成是衬线字体，而将黑体、幼圆、隶书等字体看成是无衬线字体。

当字体大小为 11px 以上时，无衬线字体在显示器中的显示效果会比较好，因此设置 font 或 font-family 时，一般会在最后添加 sans-serif。例如：

```
font-family: Tahoma, "Times New Roman", "微软雅黑", "宋体", "黑体", sans-serif;
```

上述示例代码中指定了 4 个具体的字体和一个通用字体族。其中英文使用前两个字体，并且 "Tahoma" 字体为英文的首选字体；中文使用后两个字体，并且 "微软雅黑" 为首选字体，当这些首选字体在本地计算机中没有安装时，在中、英文相应的字体中选择第二个字体，依此类推，如果所有指定的具体字体都没安装，最后将使用 "sans-serif" 通用字体族中的字体。

font 或 font-family 中的中文字体，使用中文名称时一般情况下没什么问题，但有一些用户的特殊设置会导致中文声明无效，所以经常会使用这些字体的英文名称，例如微软雅黑的英文名称为 "Microsoft Yahei"，宋体的英文名称为 "SimSun"，黑体的英文名称为 "SimHei"。上面的示例使用字体的英文名称修改如下：

```
font-family: Tahoma,"Times New Roman","Microsoft Yahei","SimSun","SimHei",
         sans-serif;
```

由于在 Firefox 的某些版本和 Opera 中不支持"SimSun"的写法，所以为了保证兼容性，通常会将宋体改成 Unicode 编码，如下所示：

```
font-family: Tahoma,"Times New Roman","Microsoft Yahei","\5b8b\4f53","SimHei",
             sans-serif;
```

【示例 9-11】使用 font-family 属性设置字体。

```
<!doctype html>
<html>
<head>
<meta charset="utf-8">
<title>使用 font-family 属性设置字体</title>
<style>
#box1 {
    font-size: 30px;
    /*设置中、英文使用不同的字体*/
    font-family: Tahoma, Arial, "Times New Roman", 微软雅黑, "黑体", "SimSun",
        sans-serif;
}
#box2 {
    font-size: 30px;
    font-family: "微软雅黑"; /*设置中、英文使用同一字体*/
        }
#box3 {
    font-size: 30px;
    font-family: Tahoma; /*中文使用默认字体，英文使用 Tahoma 字体*/
}
#box4 { /*中、英文使用默认字体*/
    font-size: 30px;
}
</style>
</head>
<body>
  <p id="box1">华软软件学院 www.sise.com.cn/?search=0（中文：微软雅黑，英文：Tahoma）
</p>
  <p id="box2">华软软件学院 www.sise.com.cn/?search=1（中、英文：微软雅黑）</p>
  <p id="box3">华软软件学院 www.sise.com.cn/?search=2（中文：默认字体，英文：Tahoma）
</p>
  <p id="box4">华软软件学院 www.sise.com.cn/?search=3（中、英文：默认字体）</p>
</body>
</html>
```

上述代码使用 font-family 属性设置了 4 段文本的字体。在笔者的计算机上，上述代码设置的每个字体族都安装了，因而当同时设置了西文字体和中文字体时，中、英文文本将分别使用中文字体和西文字体显示，并且中、英文字体中的第一个字体为首选字体。当设置了西文字体时，数字和英文使用同一个西文字体。在上述 4 段文本中，#box1 的英文使用 font-family 中指定的西文字体中的 Tahoma、Times New Roman 和 Arial，中文则使用中文字体微软雅黑、SimSun（宋体）和黑体；#box2 只设置了微软雅黑一个字体，因而其中的中、英文以及数字全部使用微软雅黑字体；#box3 只设置了 Tahoma 一个西文字体，因而英文和数字使用 Tahoma，中文则使用浏览器的默认中文字体，即宋体；#box4 没有设置任何字体，因而所有文本都使用浏览器的默认字体（对于简体中文系统，IE11 浏览器的默认中文字体是宋体，其他字符默认使用 Times New Roman 字体）。上述代码在浏览器中的运行结果如图 9-14 所示。

图 9-14　使用 font-family 属性设置字体

9.2.5　font 字体属性

前面介绍的各个字体属性都是分别针对字体某方面的属性进行设置的，如果需要设置字体的所有属性，使用上述属性则至少需要使用 4 个字体属性，代码比较烦琐。在实际应用中，需要同时设置多个字体样式时，常常会使用字体设置的简写形式，即将所有字体样式放在一个属性中设置，这个属性就是简写属性 font。

font 属性的设置语法如下：

```
font: [font-style] [font-weight] font-size/line-height font-family;
```

说明：font 的各个属性值见前面各个属性的介绍。定义样式时，各个属性值之间使用空格分隔，同时必须按照如上的排列顺序出现。需要注意的是，要使简写属性设置有效，必须至少提供font-size 和 font-family 这两个属性值，其他忽略的属性值将使用它们的默认值。另外，font-size 和 line-height 必须通过斜杠（/）组成一个值，不能分开写。

下面是淘宝网上的一个 font 属性设置示例。该示例显式设置了字号和字体族两个属性，其他属性使用默认值。

```
font: 12px/1.5 Tahoma, Arial, 'Hiragino Sans GB', '\5b8b\4f53', sans-serif;
```

【示例 9-12】使用 font 属性设置字体样式。

```
<!doctype html>
<html>
<head>
<meta charset="utf-8">
<title>使用 font 属性设置字体样式</title>
<style>
#box1 {  /*使用 font 属性设置字体倾斜、加粗、字号/1.5 倍行距、字体族*/
    font: italic bold 16px/1.5 Tahoma, "微软雅黑", "黑体", sans-serif;
}
#box2 {  /*使用 font 属性显式设置字号和字体族*/
    font: 20px/30px Arial, "黑体", "\5b8b\4f53", sans-serif;
}
#box3 {  /*没有设置字体族*/
    font: italic bold 22px;
}
</style>
</head>
<body>
    <p id="box1">使用 font 属性设置字体样式</p>
    <p id="box2">使用 font 属性设置字体样式</p>
```

```
        <p id="box3">使用 font 属性设置字体样式</p>
</body>
</html>
```

上述代码中#box1 使用 font 属性显式设置了所有字体样式，#box2 只显式设置了字号和字体族样式，#box3 只显式设置了字号样式。上述代码的运行结果如图 9-15 所示。

图 9-15　font 属性设置字体样式

从图 9-15 中我们可以看到，#box3 设置的字体样式没有效。为什么会这样呢？回顾前面 font 的介绍，我们知道，要使 font 属性的简写定义有效，属性值中必须至少包含字号和字体族的显式设置，而#box3 的字样样式中没有显式设置字体族，这正是失效的原因。

9.3　背景属性

在 CSS 中，背景属性可以给网页或网页元素设置背景颜色、背景图片和背景图片的拉伸方向及其位置等样式。下面对相关的属性进行一一介绍。

9.3.1　background-color 背景颜色属性

使用 background-color 属性可以设置网页或网页元素的背景颜色，设置语法如下：

```
background-color: 颜色英文单词 | 颜色的十六进制数 | 颜色的 RGB 值 | transparent| inherit;
```

说明：属性 transparent 用于设置透明背景。其他 4 个属性值如表 9-1 所示。

【示例 9-13】使用 background-color 属性设置背景颜色。

```
<!doctype html>
<html>
<head>
<meta charset="utf-8">
<title>使用 background-color 属性设置背景颜色</title>
<style>
p{ /*使用元素选择器设置公共样式*/
    height: 50px;
}
body { /*设置网页的背景颜色*/
    background-color: #BCE9E2;
}
#box1 { /*使用十六进制数设置背景颜色*/
    background-color: #FCF;
}
```

```
#box2 {  /*使用 rgb 值设置背景颜色*/
    background-color: rgb(143,169,228);
}
#box3 {  /*使用颜色英文单词*/
    background-color: olive;
}
</style>
</head>
<body>
    <p id="box1">背景颜色</p>
    <p id="box2">背景颜色</p>
    <p id="box3">背景颜色</p>
</body>
</html>
```

上述 CSS 代码共设置了 4 种背景颜色，其中 body 元素选择器设置整个网页的背景颜色，ID 选择器#box1、#box2 和#box3 分别设置了三个段落的背景颜色。上述代码在 IE11 浏览器中的运行结果如图 9-16 所示。

图 9-16　使用 background-color 属性设置网页及元素的背景颜色

9.3.2　background-image 背景图片属性

很多时候，我们希望网页更加生动、眩目，此时，可以对网页或元素添加背景图片来提高这种生动效果。在 CSS 中，对网页或元素添加背景图片需要使用背景图片属性，设置语法如下：

```
background-image: url(image_file_path) | inherit;
```

说明：background-image 属性值如表 9-12 所示。

表 9-12　　　　　　　　　　　　　　background-image 属性值

属性值	描述
url(image_file_path)	参数 "image_file_path" 用于指定背景图片的路径
inherit	继承父元素的 background-image 属性

【示例 9-14】使用 background-image 属性设置背景图片。

```
<!doctype html>
<html>
<head>
```

```
<meta charset="utf-8">
<title>使用 background-image 属性设置背景图片</title>
<style>
div {
    width: 500px;  /*div 宽度*/
    height: 500px; /*div 高度*/
    /*使用 01.jpg（宽:452px, 高:374px）设置 div 的背景图片*/
    background-image: url(images/01.jpg);
}
</style>
</head>
<body>
    <div id="box1">设置 DIV 背景图片。</div>
</body>
</html>
```

上述 CSS 代码设置 div 区块的宽、高都是 500 像素，而背景图片的宽、高分别 398 和 450 像素，比 div 小，因而背景图片会在页面上重复显示。以上代码运行结果如图 9-17 所示。

图 9-17　使用 background-color 属性设置网页及元素的背景颜色

从图 9-17 中可以看到，当背景图片比元素小时，背景图片会在水平和垂直两个方向重复铺满整个元素。如果希望背景图片不重复显示，该怎么做呢？下面将揭晓答案。

9.3.3　background-repeat 背景图片重复属性

不希望背景图片重复显示可以通过 CSS 的 backbround-repeat 属性来实现。background-repeat 属性可以对背景图片实现水平、垂直两个方面同时重复或单方面重复以及不重复等方面的设置，设置语法如下。

```
background-repeat: repeat | repeat-x | repeat-y | no-repeat | inherit;
```

说明：background-repeat 属性值设置了背景图片是否重复以及在哪个方向重复，具体描述如表 9-13 所示。

表 9-13　　　　　　　　　　　　　　　　background-repeat 属性值

属性值	描述
repeat	默认值，背景图片在水平和垂直方向都重复
repeat-x	背景图片只在水平方向重复
repeat-y	背景图片只在垂直方向重复
no-repeat	背景图片只显示一次
inherit	继承父级的 background-repeat 属性值

【示例 9-15】使用 background-repeat 属性重复设置背景图片。

```
<!doctype html>
<html>
<head>
<meta charset="utf-8">
<title>使用 background-repeat 属性重复设置背景图片</title>
<style>
p{
    width: 400px;
    height: 200px;
    border: 1px solid red;
    /*背景图片的宽和高都是100px*/
    background-image: url(images/apple.JPG);
}
#box2{
    background-repeat: repeat-x;
}
#box3{
    background-repeat: no-repeat;
}
</style>
</head>
<body>
    <p id="box1">没有设置背景图片重复显示(默认效果)</p>
    <p id="box2">背景图片只在水平方向重复</p>
    <p id="box3">背景图片不重复显示</p>
</body>
</html>
```

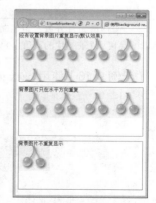

图 9-18　重复设置背景图片的效果

上述 CSS 代码使用 p 元素选择器设置了三个段落使用相同的背景图片。该背景图片的宽、高皆为 100 像素，而三个段落的宽为 400 像素，高为 160 像素，因而默认情况下，背景图片会在水平和垂直两个方向重复显示。在 CSS 代码中，#box2 选择器设置了背景图片只在水平方面重复，#box3 选择器设置背景图片不重复，而 box1 段落没有设置背景图片重复属性，因而使用了它的默认值，即背景图片同时在水平和垂直方向重复。上述代码在 IE11 浏览器中的运行结果如图 9-18 所示。

9.3.4　background–position 背景图片位置属性

观察背景图片设置的运行结果，我们可以发现，元素的背景图片都是从左上角开始显示的，如果希望背景图片从特定的位置开始显示应该怎么做呢？——使用 background-position 属性可实现背景图片从特定位置开始显示。设置语法如下。

```
background-position: 表示位置的关键字 | x% y% | xpos ypos;
```

说明：每个位置使用两个值来表示，这两个值之间使用空格分隔。可以使用表示上、下、左、中、右方向的关键字来表示背景图片的位置或用相对于 0 0 或 0% 0% 顶点的水平和垂直两个方向上的偏移量来表示背景图片的位置。background-position 属性值如表 9-14 所示。

表 9-14   background-position 属性值

属性值		描述
位置关键字	left top（左上角，默认值） top center（靠上居中） right top（右上角） center left（居中靠左） center center(水平垂直居中) center right（居中靠右） left bottom（左下角） bottom center（靠下居中） right bottom（右下角）	用表示方向的关键字规定背景图片的位置。第一个值是水平方向的位置，第二个值是垂直方向的位置。默认是 left top 使用关键字设置方向时，如果只写一个关键字，则另一个值默认为 center
偏移量	x% y%	第一个值是水平方向的位置，第二个值是垂直方向的位置 x%偏移量为相对于元素的宽度和背景图片宽度之差的百分数 y%偏移量为相对于元素的高度和背景图片高度之差的百分数 默认值为 0% 0%（表示元素边框内的左上角），右下角是 100% 100% 如果只规定了一个值，则另一个值是 50%
	xpos ypos	第一个值是水平方向的位置，第二个值是垂直方向的位置 默认值为 0 0（表示元素边框内的左上角）。偏移量为相对于左上角的一个数值，单位为 px 或 em。水平偏移量为正值时，表示从左向右移动，反之表示从右向左移动；垂直偏移量为正值时，表示从上向下移动，反之表示从下向上移动 如果只规定了一个值，则另一个值将是 50%

注：偏移量为百分数，定位时折合为 xpos ypos，其中 xpos 为（元素的宽度-背景图片的宽度）×x%，ypos 为（元素的高度-背景图片的高度）×y%。

【示例 9-16】使用 background-position 属性设置背景图片平铺开始位置。

```
<!doctype html>
<html>
<head>
<meta charset="utf-8">
<title>使用 background-position 属性设置背景图片平铺开始位置</title>
<style>
p{
    width: 300px;
    height: 120px;
    border: 1px solid red;
    background-repeat: no-repeat; /*背景图片不重复*/
    background-image: url(images/apple.JPG);
}
#box1 { /*背景图片从右下角开始显示*/
```

```
    background-position: right bottom;
}
#box2 { /*背景图片水平垂直居中*/
    background-position: center center;
}
#box3 { /*背景图片水平方向向右偏移 30px，垂直方向向下偏移 20px*/
    background-position: 30px 20px;
}
#box4 { /*背景图片水平方向向右偏移 30%，垂直方向向下偏移 36%*/
    background-position: 30% 36%;
}
</style>
</head>
<body>
    <p id="box1">背景图片平铺开始位置</p>
    <p id="box2">背景图片平铺开始位置</p>
    <p id="box3">背景图片平铺开始位置</p>
    <p id="box4">背景图片平铺开始位置</p>
</body>
</html>
```

上述 CSS 代码对 4 个段落的背景图片分别使用了 background-position 属性进行定位，其中，box1 段落背景图片的平铺开始位置为右下角；box2 段落背景图片的平铺开始位置为水平垂直居中位置；box3 段落背景图片的平铺开始位置为相对左边框向右偏移 30px，相对于上边框向下偏移 20px 处；box4 段落背景图片的平铺开始位置为相对左边框向右偏移（300-100）×0.3=60px，相对于上边框向下偏移（120-100）×0.36=7.2px 处。在 IE11 浏览器中的运行结果如图 9-19 所示。

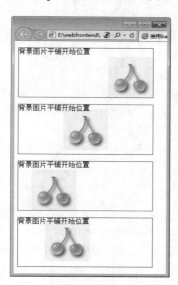

图 9-19　设置背景图片的平铺开始位置

9.3.5　background-attachment 背景图片滚动属性

默认情况下，背景图片会随页面的滚动条滚动而滚动。在实际应用中，有时希望移动滚动条时，背景图片能保持固定不动。使用 background-attachment 属性可实现这个需求。设置语法如下。

```
background-attachment: scroll | fixed | inherit;
```

说明：background-position 属性值如表 9-15 所示。

表 9-15　　　　　　　　　　　　　　background-position 属性值

属性值	描述
scroll	默认值，背景图片会随着页面滚动条的滚动而移动
fixed	页面滚动条滚动时，背景图片不会移动
inherit	继承父元素的 background-attachment

【示例 9-17】使用 background-attachment 属性固定背景图片。

```
<!doctype html>
<html>
<head>
<meta charset="utf-8">
<title>使用 background-attachment 属性固定背景图片</title>
<style>
body {
    line-height: 1.5em;
    background-image: url(images/bg.jpg);
    background-attachment: fixed; /*设置背景图片固定*/
}
</style>
</head>
<body>
  <h2>李开复给大学生的第三封信</h2>
  <div>大学四年每个人都只有一次，大学四年应这样度过……<br>
  自修之道：从举一反三到无师自通<br>
  记得我在哥伦比亚大学任助教时，曾有位中国学生的家长向我抱怨说：
  "你们大学里到底在教些什么？我孩子读完了大二计算机系，
  居然连 VisiCalc[1] 都不会用。"
  我当时回答道：电脑的发展日新月异。我们不能保证大学里所教的任何一项
  技术在五年以后仍然管用，我们也不能保证学生可以学会每一种技术和工具。我们能保证的是，
   你的孩子 将学会 思考，并掌握学习的方法，这样，
   无论五年以后出现什么样的新技术或新工具，你的孩子都能游刃有余。"<br>
  ……
  <div>
</body>
</html>
```

上述 CSS 代码设置了 background-attachment:fixed 样式，该样式使背景图片不会随滚动条的滚动而滚动。上述代码在 IE11 浏览器中的运行结果如图 9-20 和图 9-21 所示。

对比图 9-20 和图 9-21，我们发现，背景图片的位置保持不变，并没有随着滚动条的滚动而滚动。当我们把示例中的 background-attachment:fixed 代码注释掉，则将滚动条移到最下面时的效果如图 9-22 所示。

对比图 9-21 和图 9-22，可以看到，背景图片的位置发生了变化。可见，默认情况下，背景图片会随滚动条的滚动而滚动。

图 9-20　滚动条在最上面时背景图片位置　　图 9-21　滚动条在最下面时背景图片位置

　设置 background-attachment:fixed 时，background-position 定位图片时将针对可视区进行计算。

至此，我们学习了所有设置背景和相关属性，下面通过一个示例综合应用前面各个背景属性实现图 9-23 所示的效果。

图 9-22　背景图片随滚动条的滚动而滚动　　图 9-23　综合应用背景属性设置页面背景样式

　要求背景颜色为##bdd8cf，背景图片不重复，显示位置为水平和垂直都居中，且不随滚动条的滚动而滚动。

【示例 9-18】综合应用背景属性设置页面背景样式。

```
<!doctype html>
<html>
<head>
<meta charset="utf-8">
<title>综合应用背景属性设置页面背景样式</title>
<style>
body{
    background-color: #bdd8cf; /*设置背景颜色*/
    background-image:url(images/cup.gif);/*设置背景图片*/
    background-repeat: no-repeat;/*设置背景图不重复*/
    background-position: center center;/*设置背景图片开始显示位置*/
```

```
        background-attachment: fixed;/*设置背景图片固定*/
}
</style>
</head>
<body>
</body>
</html>
```

上述 CSS 代码共使用 5 个背景属性来设置页面的背景样式。虽然达到了设置效果，但需要写多个样式，代码冗长烦琐。为了简化样式代码，背景样式也可以和字体样式一样，使用简写属性一次性设置背景的所有样式，这个简写属性就是 background。

9.3.6　background 背景属性

使用背景属性 background 可以一次性设置背景的所有样式。设置语法如下。

```
background: background-color background-image [background-position
            background-repeat background-attachment];
```

说明：各个属性值之间使用空格分隔，background 必须至少有背景颜色或者背景图片参数，其余参数是可选的，有需要就使用。各个属性值的具体描述见前面相应属性的介绍。

使用 background 修改示例 9-18 中的样式代码如下。

```
<style>
body {
    background: #bdd8cf url(images/cup.gif) no-repeat center center fixed;
}
</style>
```

由上可见，使用 background 修改后的 CSS 样式代码得到了极大的简化。

9.4　display 属性

display CSS 属性规定元素应该生成的类型，通过 display 属性可以实现 block 块级元素、inline 行内元素以及 inline-block 行内块元素之间的相互转换，改变元素类型。使用 display 属性修改元素类型的语法如下。

```
display: none | block | inline | inline-block | inherit;
```

说明：常用的 display 属性值如表 9-16 所示。

表 9-16　　　　　　　　　　　　常用 display 属性值

属性值	描述
none	元素不被显示（隐藏）
block	元素显示为块级元素
inline	元素显示为行内元素
inline-block	元素显示为行内块元素
inherit	继承父级元素的 display 属性

注意　　　display 属性经常用到的是 block inline inline-block 和 none 这几个属性值，此外还有其他一些属性值，例如，针对表格的一些显示值，如 table 等属性值，可以将元素的类型转换为表格系列形式。

下面分别通过示例演示上述块级元素、行内元素以及行内块元素之间的相互转换。

1. 使用 display:block 将行内元素转换为块级元素

【示例 9-19】使用 display:block 将行内元素转换为块级元素。

```
<!doctype html>
<html>
<head>
<meta charset="utf-8">
<title>使用 display:block 将行内元素转换为块级元素</title>
<style>
body{
    margin:0;
    padding:0;
}
.sp1, .sp2{/*设置两个行内元素的宽、高以及 4 个方向的外边距等样式*/
    width: 300px;
    height: 100px;
    margin: 10px;
    background: #F9F;
}
.sp2 {
    display: block;/*将行内元素转换类块级元素*/
}
</style>
</head>
<body>
  <span class="sp1">行内元素 span1</span>
  <div>DIV</div>
  <span class="sp2">行内元素 span2 设置 display:block 后的结果</span>
</body>
</html>
```

从第 4 章的有关元素类型的介绍中我们知道，宽、高以及上、下外边距的设置对行内元素无效，但对块级元素都有效。

上述代码创建了两个 span（默认为行内元素）和一个 div。CSS 代码中对两个 span 分别设置了宽、高以及 4 个方向的外边距，同时对第二个行内元素设置了 display:block，使它转换为一个块级元素。上述代码在 IE11 浏览器中的运行结果如图 9-24 所示。

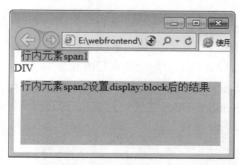

图 9-24　使用 display:block 将行内元素转换为块级元素

从图 9-24 中可以看到，第一个行内元素的宽、高只由其内容撑开，设置的宽、高以及上、下外边距无效，而第二个行内元素因为已转换为块级元素，所以设置的宽、高和 4 个方向的外边距的样式都有效。对比图 9-24 中的两个元素，可以看出，元素类型的不同，导致相应元素的表现形式也明显不同。

2. 使用 display:inline 将块级元素转换为行内元素

【示例 9-20】使用 display:inline 将块级元素转换为行内元素。

```
<!doctype html>
<html>
<head>
<meta charset="utf-8">
<title>使用 display:inline 将块级元素转换为行内元素</title>
<style>
.div1, .div2{
    width: 150px;
    height: 100px;
    font-size: 24px;
    background: #F9F;
    display: inline;/*将块级元素转换为行内元素*/
}
</style>
</head>
<body>
  <div class="div1">DIV 元素 1</div>
  <div class="div2">DIV 元素 2</div>
</body>
</html>
```

上述代码创建了两个 div，并分别对它们设置了宽、高等样式，同时设置了 display:inline，使它们转换为行内元素。上述代码在 IE11 浏览器中的运行结果如图 9-25 所示。

图 9-25　使用 display:inline 将块级元素转换为行内元素

从图 9-25 中我们可以看到，两个 div 并没有各自独占一行显示，而是在同一行内显示，同时它们的宽、高也没有按设置的值显示，而是由内容决定其大小，原因是这两个 div 已经不再是块级元素，而是行内元素了，所以在显示上完全具有行内元素的特征。

3. 使用 display:inline-block 将块级元素和行内元素转换为行内块元素

【示例 9-21】使用 display:inline-block 将块级元素和行内元素转换为行内块元素。

```
<!doctype html>
<html>
<head>
<meta charset="utf-8">
<title>使用 display:inline-block 将块级元素和行内元素转换为行内块元素</title>
<style>
.div1 {
```

```
        width: 430px;
        height: 30px;
        border: 3px solid #000;
}
.div2,
.span1 {/*设置元素的宽、高以及内、外边距等样式*/
        width: 150px;
        height: 100px;
        padding: 10px;
        margin: 20px;
        font-size: 24px;
        background: red;
        display: inline-block; /*将块级元素和行内元素转换为行内块元素*/
}
</style>
</head>
<body>
    <div class="div1">DIV 元素 1</div>
    <div class="div2">DIV 元素 2</div>
    <span class="span1">span 元素</span>
</body>
</html>
```

行内块级元素同时具有块级元素和行内元素的一些特点，具体表现是：除不独占一行外，具有块级元素的所有特点。

上述代码创建了两个 div 和一个 span，并分别对它们设置了宽、高等样式，同时对第二个 div 和 span 设置了 display:inline-block，使它们转换为行内块元素。上述代码在 IE11 浏览器中的运行结果如图 9-26 所示。

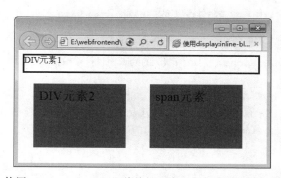

图 9-26　使用 display:inline-block 将块级元素和行内元素转换为行内块元素

从图 9-26 中我们可以看到，第一个 div 仍然独占一行显示，并且宽、高样式都有效，因为其是一个块级元素；第二个 div 和 span 显示在同一行，并且宽、高以及内、外边距设置都有效，在显示上同时具有块级元素和行内元素的特点，原因是这两个元素现在已经变为行内块元素了。

9.5　列表属性

CSS 列表属性主要用于设置、取消或修改列表项目符号类型，常用的列表属性如表 9-17 所示。

表 9-17　　　　　　　　　　　　　　常用 CSS 列表属性

属性	属性值	描述
list-style	其他任意的列表属性值	用于把所有用于列表的属性设置于一个声明中
list-style-image	image_url	将图片设置为列表项前导符
list-style-type（设置列表项目类型）	disc	默认值，在列表项前添加实心圆点"●"
	circle	在列表项前添加空心圆点"○"
	square	在列表项前添加实心方块"■"
	decimal	在列表项前添加普通的阿拉伯数字
	lower-roman	在列表项前添加小写的罗马数字
	upper-roman	在列表项前添加大写的罗马数字
	lower-alpha	在列表项前添加小写的英文字母
	upper-alpha	在列表项前添加大写的英文字母
	none	在列表项前不添加任何项目符号或编号

注：上述列表中的 list-style 和 list-style-type 两个属性在实际应用中，主要用来取消列表的默认样式。列表项目符号因为存在浏览器兼容问题，所以一般不使用标签或 CSS 列表属性来设置项目符号，而是设置背景作为列表项目符号，示例如下。

【示例 9-22】使用 CSS 列表属性和背景属性设置列表项目符号。

```
<!doctype html>
<html>
<head>
<meta charset="utf-8">
<title>使用 CSS 列表属性和背景属性设置列表项目符号</title>
<style type="text/css">
ol, ul{
    list-style-type: none; /*取消默认的列表项目符号*/
}
li{ /*使用背景图片作为列表项目符号*/
    padding-left: 15px;/*设置列表项内边距*/
    background: url(images/arrow.gif) no-repeat 0 50%;
}
</style>
</head>
<body>
    <ol>
    <u>时令水果</u>
    <li>西瓜</li>
    <li>菠萝</li>
    <li>葡萄</li>
    </ol>
    <ul>
     <u>早餐供应</u>
    <li>豆浆</li>
    <li>牛奶</li>
```

```
        <li>稀饭</li>
        <li>馒头、包子</li>
      </ul>
    </body>
  </html>
```

上述 CSS 代码分别取消无序列表和有序列表的列表项目符号，同时设置了列表的背景图片，通过设置内边距（注：padding-left 为盒子属性，内体介绍请参见第 10 章），使背景图片刚好达到一个列表项目符号的显示效果。上述代码在 IE11 浏览器中的运行结果如图 9-27 所示。

图 9-27　使用 CSS 列表属性和背景属性设置列表项目符号

在实际应用中，常常使用列表元素和 CSS 属性（列表及 display 等 CSS 属性）来创建横向、纵向菜单效果。使用列表元素及 CSS 属性创建横向和纵向菜单的分析及代码请参见笔者主编的《Web 前端开发技术——HTML、CSS、JavaScript 实训教程》中的"使用列表、超链接及 CSS 创建横向及纵向菜单"实验。

9.6　表格属性

CSS 表格属性主要用于设置表格边框是否显示单一边框、单元格的间距及表格标题位置等样式，常用的表格属性如表 9-18 所示。

表 9-18　　　　　　　　　　　　　　常用 CSS 表格属性

属性	属性值	描述
border-collase	separate	默认值，表格边框和单元格边框会分开
	collapse	表格边框和单元格边框会合并为一个单一的边框
border-spacing	length [length]	规定相邻单元格的边框间距，单位可取 px、cm 等；如果定义一个 length 参数，则该值同时定义了相邻单元格的水平和垂直间距；如果定义两个 length 参数，那么第一个参数设置相邻单元格的水平间距，第二个参数设置相邻单元格的垂直间距
caption-side	top	默认值，表格标题设置在表格上面
	bottom	表格标题设置在表格下面
table-layout	automatic	默认值，单元格宽度由单元格内容设定
	fixed	单元格宽度由表格宽度和单元格宽度设定

【示例9-23】CSS 表格属性应用示例。

```html
<!doctype html>
<html>
<head>
<meta charset="utf-8">
<title>CSS 表格属性应用示例</title>
<style>
#tbl1{
    border-collapse: collapse;
}
#tbl2{
    border-spacing:0;
}
#tbl3{
    border-spacing: 10px 3px;
}
table,th,td{
    border: 1px solid black;
}
</style>
</head>
<body>
  <table id="tbl1">
    <caption>边框合并</caption>
    <tr><th>姓名</th><th>性别</th></tr>
    <tr><td>Bill</td><td>男</td></tr>
    <tr><td>lisa</td><td>女</td></tr>
  </table>
  <br>
  <table id="tbl2">
    <caption>边框分开</caption>
    <tr><th>姓名</th><th>性别</th></tr>
    <tr><td>Bill</td><td>男</td></tr>
    <tr><td>lisa</td><td>女</td></tr>
  </table>
  <br>
  <table id="tbl3">
    <caption>边框分开</caption>
    <tr><th>姓名</th><th>性别</th></tr>
    <tr><td>Bill</td><td>男</td></tr>
    <tr><td>lisa</td><td>女</td></tr>
  </table>
</body>
</html>
```

> 合并表格边框和单元格边框为单一边框

> 边框保持默认分开，设置各个边框线的水平间距和垂直间距分别为 10px 和 3px

> 设置边框为实线，宽度为 1px，颜色为黑色，有关边框的具体设置将在第 10 章介绍

上述 CSS 代码中的#tbl1 选择器将表格边框和单元格边框合并为单一边框，因而得到了 1px 的细边框。#tbl2 和#tbl3 选择器没有设置边框合并，因而#tbl2 和#tbl3 两个表格的边框保持默认的分开效果。#tab2 设置边框间距为 0，因而表格边框和单元格边框合并在一起得到 2px 的边框宽度，即边框变成了粗边框；#tbl3 表格边框和单元格边框保持默认分开，且各个边框线的水平间距和垂直间距分别设置为 10px 和 3px。上述代码在 IE11 浏览器中的运行结果如图 9-28 所示。

图 9-28　CSS 表格属性应用效果

习 题 9

1. 填空题

元素类型主要分为块级元素、行内元素和行内块级元素，使用_____CSS 属性可以实现元素类型之间的相互转换。把一个块级元素转换为行内元素，可设置样式代码：_____；把一个行内元素转换为块级元素，可设置样式代码_____；把一个块级元素设置为行内块级元素，可设置样式代码_____。

2. 简述题

CSS 常用属性有哪些？简述各类属性的作用。

3. 上机题

使用列表、超链接元素及相关 CSS 属性创建纵向和横向菜单，要求将所有 CSS 代码放到一个外部 CSS 文件中，然后使用链接方式将 CSS 文件链接到 HTML 文件中。

第10章
盒子模型

　　所谓盒子模型，其实就是在网页设计中设置 CSS 样式时使用的一种思维模型。使用盒子模型主要是为了便于控制网页中的元素。在盒子模型中，一个页面是由大大小小许多盒子通过不同的排列方式堆积而成的，这些盒子相互影响。因此，我们既需要理解每个盒子内部的结构，也需要理解盒子之间的关系以及互相的影响。盒子模型是 CSS 布局页面元素的一个重要概念，只有掌握了盒子模型，才能让 CSS 很好地控制页面上的每个元素，达到想要的页面效果。

10.1　盒子模型的组成

　　在盒子模型中，页面上的每个元素都被浏览器看成是一个盒子，例如，前面所学过的 html、body、div 等元素都是盒子，其中 div 元素是布局网页时最常用的盒子。在进一步学习盒子相关内容之前，我们首先来看看这个盒子长什么样。通过 IE11 浏览器提供的开发者工具可以查看 HTML 页面中的每个盒子。以下面的 HTML 文件中的几个元素为例，查看它们对应的盒子所具有的共同特点。

```
<html>
<head>
<meta charset="UTF-8">
<title>盒子模型组成示例</title>
<style>
div {
    border: 1px solid red; /*边框样式*/
    margin: 10px; /*外边距*/
    padding: 16px; /*内边距*/
    width: 300px; /*宽度*/
    height: 200px; /*高度*/
}
</style>
</head>
<body>
    <div>盒子模型的组成</div>
</body>
</html>
```

上述代码在页面中设置了一个宽、高分别为 300 像素和 200 像素，内、外边距分别为 10 像素和 16 像素，宽为 1 像素的红色边框的 div 区块。

　　打开 IE11 浏览器运行上述 HTML 文件，然后依次单击浏览器菜单中的"工具"→"F12 开发者工具"命令，打开图 10-1 所示的窗口。图 10-1 的下半部分就是开发者工具界面。该界面的左侧窗口显示 HTML 代码结构，右侧窗口可切换选项卡分别查看所选元素的 CSS 代码、布局（盒子模型）、事件等内容，图 10-2 所示的就是选择的 div 的盒子。可以在 DOM 资源管理器中选择不同的元素，图 10-3 和图 10-4 分别为 html、body 元素对应的盒子。

图 10-1　开发者工具界面

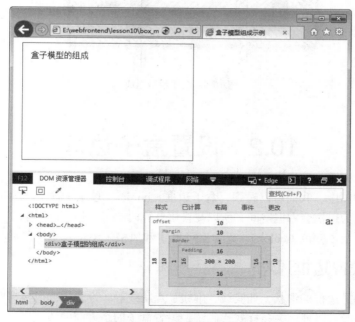

图 10-2　div 元素的盒子模型

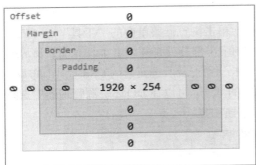

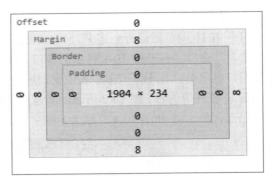

图 10-3　html 元素的盒子模型　　　　　　　　图 10-4　body 元素的盒子模型

从图 10-2～图 10-4 中，我们可以看到，每个盒子都呈矩形，每个盒子都具有 margin（外边距）、border（边框）、padding（内边距）以及一个具有特定宽度和高度的内容区域。在这些组成部分中，margin 表示盒子的上、下、左、右四个方向的外边距，在盒子模型图中用橙色区域表示；padding 表示盒子的上、下、左、右四个方向的内边距，在盒子模型图中用粉色区域表示； border 表示盒子的上、下、左、右四个方向的边框，在盒子模型图中用绿色区域表示；宽度和高度表示盒子的内容大小，在盒子模型图中用蓝色区域表示。由此可得到如图 10-5 所示的盒子模型。

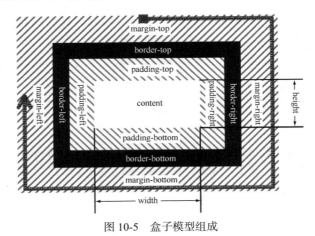

图 10-5　盒子模型组成

10.2　设置盒子边框

从前面的模型图中，我们可以看到，盒子边框（border）包围了盒子的内边距和内容，形成了盒子的边界。因为边框会占据空间，所以在排版计算时要考虑边框的影响。

边框的样式涉及了颜色（color）、宽度（width）和风格（style）三方面的内容。

10.2.1　设置边框风格

边框风格指的是边框的形状，如实线、虚线、点状线等。设置边框风格需要使用边框风格属性。设置边框风格既可以使用一条样式代码统一设置盒子四个方向的边框风格，也可以针对每个方向分别使用一条样式代码进行设置。因而存在两类边框风格属性：border-style 和 border-方向

-style，"方向"可取的值有：top（上）、right（右）、bottom（下）和 left（左）。边框风格属性描述见表 10-1。

表 10-1　　　　　　　　　　　　　　　　　　边框风格属性

属性	描述
border-style	简写属性，同时设置边框四个方向的边框风格
border-top-style	设置上边框的风格
border-left-style	设置左边框的风格
border-right-style	设置右边框的风格
border-bottom-style	设置下边框的风格

边框风格设置的语法如下。

```
border-style: style [style] [style] [style];
border-方向-style: style;
```

说明：style 参数用于设置边框形状，可取的值如表 10-2 所示。border-style 参数可取 1～4 个，各个参数之间使用空格分隔。

表 10-2　　　　　　　　　　　　　　　　　style 参数值

参数值	描述
none	无边框，默认值
dotted	边框为点状
dashed	边框为虚线
solid	边框为实线
double	边框为双实线
groove	边框为 3D 凹槽
ridge	边框为 3D 垄状
inset	边框内嵌一个立体边框
outset	边框外嵌一个立体边框
inherit	指定从父元素继承边框样式

由边框风格设置的语法可知，边框风格属性值可以取 1～4 个，取值个数不一样，属性值的含义也不一样，如下所述。

（1）边框风格属性取 1 个值时，表示四个方向的风格一样，例如：

```
border-style: dashed; /*设置四个方向的边框都为虚线*/
```

（2）边框风格属性取 2 个值时，第一个参数设置上、下边框的风格，第二个参数设置左、右边框的风格，例如：

```
border-style: dashed solid; /*上、下边框为虚线，左、右边框为实线*/
```

（3）边框风格属性取 3 个值时，第一个参数设置上边框的风格，第二个参数设置左、右边框的风格，第三个参数设置下边框的风格，例如：

```
border-style: dashed solid dotted; /*上边框为虚线，左、右边框为实线，下边框为点线*/
```

（4）边框风格属性取 4 个值时，按顺时针方向依次设置上、右、下、左边框的风格，例如：

```
/*上边框为虚线;右边框为实线;下边框为实线;左边框为点线*/
```

```
border-style: dashed solid double dotted;
```

【示例 10-1】使用边框风格属性设置边框风格。

```
<!doctype html>
<html>
<head>
<meta charset="utf-8">
<title>使用边框风格属性设置边框风格</title>
<style>
div {/*设置 div 元素的公共样式*/
    font-size: 26px;
    margin: 10px;
}
#box1 {
    border-style: solid;   /*1 个参数值，同时设置四个方向的边框为实线*/
}
#box2 {   /*2 个参数值，设置上、下边框为实线，左、右边框为虚线*/
    border-style: solid dashed;
}
#box3 {   /*3 个参数值，设置上边框为实线，左、右边框为虚线，下边框为点线*/
    border-style: solid dashed dotted;
}
/*按顺时针方向依次设置上、右、下、左方向的边框分别为实线、虚线、点线和双实线*/
#box4 {
    border-style: solid dashed dotted double;
}
#box5 {   /*使用对应方向的边框风格属性设置各个边框的风格*/
    border-top-style: solid;   /*上边框为实线*/
    border-right-style: dashed;   /*右边框为虚线*/
    border-bottom-style: dotted;   /*下边框为点线*/
    border-left-style: double;   /*左边框为双实线*/
}
</style>
</head>
<body>
  <div id="box1">边框风格设置示例(border-style,1 个参数值)</div>
  <div id="box2">边框风格设置示例(border-style,2 个参数值)</div>
  <div id="box3">边框风格设置示例(border-style,3 个参数值)</div>
  <div id="box4">边框风格设置示例(border-style,4 个参数值)</div>
  <div id="box5">边框风格设置示例(border-方向-style 属性)</div>
</body>
</html>
```

上述代码在 IE11 浏览器中的运行结果如图 10-6 所示。

从图 10-6 中我们可以看到，#box4 和#box5 两个 div 的边框风格完全相同，但#box4 只使用了一条样式代码，而#box5 使用了 4 条样式代码。很显然，#box5 针对每个方向来设置边框风格的代码比较烦琐，在实际应用中一般不会这么用。实际应用中，当盒子某个方向的边框和其他三个方向的边框只是风格不同，其他样式大部分相同时，一般会将 border-方向-style 属性和 border 属性结合起来使用。border-方向-style 属性结合 border 属性使用的方法是：通过 border 属性统一设置四个边框的样式，然后使用 border-方向-style 属性设置指定方向的边框风格，从而覆盖 border 属性设置的该边框风格。应用示例请参见示例 10-5。

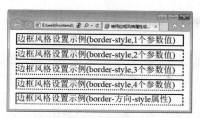

图 10-6　使用边框风格属性设置边框风格

10.2.2　设置边框宽度

设置边框宽度需要使用边框宽度属性。和边框风格设置情况一样，既可以使用一条样式代码统一设置盒子四个方向的边框宽度，也可以针对每个方向分别使用一条样式代码设置。因而也存在两类边框宽度属性：border-width 和 border-方向-width，"方向"可取的值与边框风格的完全相同。边框宽度属性如表 10-3 所示。

表 10-3　　　　　　　　　　　　　　　　边框宽度属性

属性	描述
border-width	简写属性，同时设置边框四个方向的宽度
border-top-width	设置上边框的宽度
border-left-width	设置左边框的宽度
border-right-width	设置右边框的宽度
border-bottom-width	设置下边框的宽度

设置边框宽度的语法如下：

```
border-width:width_value [width_value] [width_value] [width_value]|inherit;
border-方向-width:width_value|inherit;
```

说明："width_value"参数用于设置边框宽度，可取两类值，如表 10-4 所示。border-width 参数可取 1～4 个，各参数之间使用空格分隔。

表 10-4　　　　　　　　　　　　　　　　宽度值

取值		描述
length		具体某个数值，单位可以是 px 或 em
关键字	thin	细边框
	medium	中等边框，默认值
	thick	粗边框
inherit		指定从父元素继承边框宽度

注：关键字代表的值由浏览器决定，不同浏览器的取值可能不一样，比如有些浏览器的取值可能分别为 2px、3px 和 5px，有些浏览器的取值却可能分别为 1px、2px 和 3px。

和 border-style 边框风格属性一样，border-width 边框宽度属性也可以取 1～4 个，取值个数不一样，属性值的含义也不一样，如下所述。

（1）边框宽度取 1 个值时，表示四个方向的宽度一样，例如：

```
border-width: 3px;/*设置四个方向的边框宽度为 3px*/
```

（2）边框宽度取 2 个值时，第一个值设置上、下边框的宽度，第二个值设置左、右边框的宽度，例如：

```
border-width: 3px 6px;/*上、下边框宽度为 3px，左、右边框宽度为 6px*/
```

（3）边框宽度取 3 个值时，第一个值设置上边框的宽度，第二个值设置左、右边框的宽度，第三个值设置下边框的宽度，例如：

```
/*上边框宽度为 3px，左、右边框宽度为 6px，下边框宽度为 9px*/
border-width : 3px 6px 9px;
```

（4）边框宽度取 4 个值时，按顺时针方向依次设置上、右、下、左边框的宽度，例如：

```
/*上边框宽度为 1px，右边框宽度为 3px，下边框宽度为 6px，左边框宽度为 9px*/
border-width : 1px 3px 6px 9px;
```

需要注意的是，要使边框宽度有效，必须保证 border-style 的属性值不是 none，否则边框宽度设置无效。例如：

```
div {  /*没有边框显示*/
    border-style: none;
    border-width: 20px;/*边框宽度设置无效*/
}
div {   /*显示宽度为 20px 的实线边框*/
    border-style: solid;
    border-width: 20px;/*边框宽度设置有效*/
}
```

【示例 10-2】使用边框宽度属性设置边框宽度。

```
<!doctype html>
<html>
<head>
<meta charset="utf-8">
<title>使用边框宽度属性设置边框宽度</title>
<style>
div {
    font-size: 26px;
    margin: 10px;
    border-style: solid;  /*必须保证边框风格不为 none*/
}
#box1 {
    border-width: 1px;   /*1 个值，同时设置四个方向的边框宽度为 1px*/
}
#box2 {   /*2 个值，设置上、下边框宽度为 3px，左、右边框宽度为 6px*/
    border-width: 3px 6px;
}
#box3 {   /*3 个值，设置上边框宽度为 3px，左、右边框宽度为 6px，下边框宽度为 9px*/
    border-width: 3px 6px 9px;
}
/*按顺时针方向依次设置上、右、下、左方向的边框分别为 1px、3px、6px 和 9px*/
#box4 {
    border-width: 1px 3px 6px 9px;
}
#box5 {  /*使用对应方向的边框宽度属性设置各个边框的宽度*/
    border-top-width: 1px;   /*上边框宽度为 1px*/
    border-right-width: 3px;   /*右边框宽度为 3px*/
```

```
    border-bottom-width: 6px;   /*下边框宽度为 6px*/
    border-left-width: 9px;   /*左边框宽度为 9px*/
}
</style>
</head>
<body>
  <div id="box1">边框宽度设置示例(border-width,1 个值)</div>
  <div id="box2">边框宽度设置示例(border-width,2 个值)</div>
  <div id="box3">边框宽度设置示例(border-width,3 个值)</div>
  <div id="box4">边框宽度设置示例(border-width,4 个值)</div>
  <div id="box5">边框宽度设置示例(border-方向-width 属性)</div>
</body>
</html>
```

上述代码在 IE11 浏览器中的运行结果如图 10-7 所示。

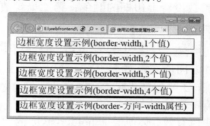

图 10-7　使用边框宽度属性设置边框宽度

从图 10-7 中我们可以看到，#box4 和#box5 两个 div 的边框宽度完全相同，但#box4 只使用了一条样式代码，而#box5 则使用了 4 条样式代码。很显然，#box5 针对每个方向来设置边框宽度的代码比较烦琐，在实际应用中一般不会这么用。在实际应用中，当盒子某个方向的边框和其他三个方向的边框只是宽度不同，其他样式大部分相同时，一般会将 border-方向-width 属性和 border 属性结合起来使用。border-方向-width 属性结合 border 属性的使用方法是：通过 border 属性统一设置四个边框的样式，然后使用 border-方向-width 属性设置指定方向的边框宽度，从而覆盖 border 属性设置的该边框宽度。应用示例请参见示例 10-5。

10.2.3　设置边框颜色

设置边框颜色需要使用边框颜色属性。和边框风格设置的情况一样，既可以使用一条样式代码统一设置盒子四个方向的边框颜色，也可以针对每个方向分别使用一条样式代码设置。因而存在两类边框颜色属性：border-color 和 border-方向-color，"方向"可取的值与边框风格的完全相同。边框颜色属性的描述见表 10-5。

表 10-5　　　　　　　　　　　　　　　　边框颜色属性

属性	描述
border-color	简写属性，同时设置边框四个方向的颜色
border-top-color	设置上边框的颜色
border-left-color	设置左边框的颜色
border-right-color	设置右边框的颜色
border-bottom-color	设置下边框的颜色

边框颜色设置语法如下：

```
border-color: color_value [color_value] [color_value] [color_value]|inherit;
border-方向-color:color_value inherit;
```

说明："color_value"参数用于设置边框颜色，值可以是表示颜色的英文单词或是表示颜色的十六进制数或是表示颜色的 RGB 等值。参数可取 1~4 个，各参数之间使用空格分隔。参数个数不同时，各参数的含义不一样，如下所述。

（1）1 个参数时，表示四个方向的颜色一样，例如：

```
border-color: red;/*设置四个方向边框颜色为红色*/
```

（2）2 个参数时，第一个参数设置上、下边框的颜色，第二个参数设置左、右边框的颜色，例如：

```
border-color: red blue;/*上、下边框颜色为红色，左、右边框颜色为蓝色*/
```

（3）3 个参数时，第一个参数设置上边框的颜色，第二个参数设置左、右边框的颜色，第三个参数设置下边框的颜色，例如：

```
border-color:red blue green;/*上边框颜色为红色，左、右边框颜色为蓝色，下边框颜色为绿色*/
```

（4）4 个参数时，按顺时针方向依次设置上、右、下、左边框的颜色，例如：

```
/*上边框颜色为红色;右边框颜色为蓝色;下边框颜色为绿色;左边框颜色为粉红色*/
border-color: red blue green pink;
```

需要注意的是，要使边框颜色有效，必须保证 border-style 的值不是 none 及 border-width 的值不为 0，否则，边框颜色设置无效。

【示例 10-3】使用边框颜色属性设置边框颜色。

```
<!doctype html>
<html>
<head>
<meta charset="utf-8">
<title>使用边框颜色属性设置边框颜色</title>
<style>
div {
    font-size: 26px;
    margin: 10px;
    border-style: solid; /*必须保证边框风格不为none*/
    border-width: 3px; /*必须保证边框宽度不为0*/
}
#box1 {
    border-color: #F00; /*1个值，同时设置四个方向的边框颜色为红色*/
}
#box2 {   /*2个值，设置上、下边框颜色为红色，左、右边框颜色为蓝色*/
    border-color: #F00 #00F;
}
#box3 {   /*3个值，设置上边框颜色为红色，左、右边框颜色为蓝色，下边框颜色为绿色*/
    border-color: #F00 #00F #0F0;
}
/*按顺时针方向依次设置上、右、下、左方向的边框颜色分别为红色、蓝色、绿色和粉红色*/
#box4 {
    border-color: #F00 #00F #0F0 #F0F;
}
```

```
#box5 {  /*使用对应方向的边框颜色属性设置各个边框的颜色*/
    border-top-color: #F00;  /*上边框颜色为红色*/
    border-right-color: #00F;  /*右边框颜色为蓝色*/
    border-bottom-color: #0F0;  /*下边框颜色为绿色*/
    border-left-color: #F0F;  /*左边框颜色为粉红色*/
}
</style>
</head>
<body>
  <div id="box1">边框颜色设置示例(border-color,1 个值)</div>
  <div id="box2">边框颜色设置示例(border-color,2 个值)</div>
  <div id="box3">边框颜色设置示例(border-color,3 个值)</div>
  <div id="box4">边框颜色设置示例(border-color,4 个值)</div>
  <div id="box5">边框颜色设置示例(border-方向-color 属性)</div>
</body>
</html>
```

上述代码在 IE11 浏览器中的运行结果如图 10-8 所示。

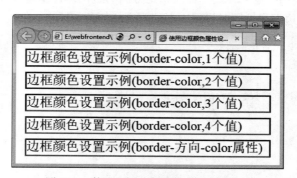

图 10-8　使用边框颜色属性设置边框颜色

从图 10-8 中我们可看到，#box4 和#box5 两个 div 的边框颜色完全相同，但#box4 只使用了一条样式代码，而#box5 使用了四条样式代码。很显然，#box5 针对每个方向来设置边框颜色的代码比较烦琐，在实际应用中一般不会这么用。实际应用中，当盒子某个方向的边框和其他三个方向的边框只是颜色不同，其他样式大部分相同时，一般会将 border-方向-color 属性和 border 属性结合起来使用，方法是：通过 border 属性统一设置四个边框的样式，然后使用 border-方向-color 属性设置指定方向的边框颜色，从而覆盖 border 属性设置的该边框颜色。应用示例请参见示例 10-5。

10.2.4　统一设置边框的宽度、颜色和风格

前面介绍的边框风格、边框颜色和边框宽度分别针对边框的某个属性进行设置，如果要同时设置边框这三方面的样式，使用这些属性设置至少需要三条样式代码，这种设置方法的样式代码比较烦琐。需要统一设置边框的风格、颜色和宽度时，我们一般会使用"border"（边框）属性（统一设置所有边框的各个样式）或"border-方向"属性（统一设置指定方向边框的各个样式）。"方向"可取的值与边框风格的完全相同。边框属性如表 10-6 所示。

表 10-6   边框属性

属性	描述
border	简写属性，同时设置四条边框的颜色、宽度和风格
border-top	同时设置上边框的颜色、宽度和风格
border-left	同时设置左边框的颜色、宽度和风格
border-right	同时设置右边框的颜色、宽度和风格
border-bottom	同时设置下边框的颜色、宽度和风格

边框设置语法如下：

```
border: border-width border-style border-color;
border-方向: border-width border-style border-color;
```

说明：三个参数的位置任意，但一般会写成上述的顺序。参数之间使用空格分隔。

当盒子的某条边框的某个样式不同于其他三条边框时，一般会将 border 属性和 border-方向-width、border-方向-style 和 border-方向-color 属性结合起来使用，以使指定方向边框的指定样式覆盖统一设置的相应样式；当盒子某条边框的样式不同于其他三条边框的样式时，一般会将 border 属性和 border-方向属性结合起来使用，以使指定方向的边框样式覆盖统一设置的边框样式。

【示例 10-4】使用边框属性同时设置边框的宽度、颜色和风格。

```
<!doctype html>
<html>
<head>
<meta charset="utf-8">
<title>使用边框属性同时设置边框的宽度、颜色和风格</title>
<style>
div {
    font-size: 26px;
    margin: 10px;
}
#box1 {
    border: 6px solid #F00;  /*设置四条边框都是宽度为 6px 的红色实线*/
}
#box2 {
    border: 6px solid #F00;
    border-top: 3px dashed #0F0;/*重新设置上边框的宽度、颜色和风格*/
}
</style>
</head>
<body>
  <div id="box1">使用 border 属性同时设置四条边框的宽度、颜色和风格</div>
  <div id="box2">结合使用 border 和 border-top 属性设置边框的宽度、颜色和风格</div>
</body>
</html>
```

因为第一个 div 的四条边框的宽度、颜色和风格完全相同，所以可以使用 border 属性统一设置。第二个 div 的上边框样式与其他三条边框都不相同，可以先使用 border 属性统一设置四条边框的各个样式，然后使用 border-top 重新设置上边框的各个样式来覆盖 border 属性设置的上边框的各个样式。上述代码在 IE11 浏览器中的运行结果如图 10-9 所示。

图 10-9　使用 border 属性统一设置边框各个样式

思考：如果要将示例 10-4 中第一个 div 的下边框修改为 3px 的蓝色虚线，应如何修改代码？

【示例 10-5】border 属性结合其他边框属性设置边框样式。

```
<!doctype html>
<html>
<head>
<meta charset="utf-8">
<title>border 属性结合其他边框属性设置边框样式</title>
<style>
div {
    font-size: 26px;
    margin: 10px;
}
#box1 {
    border: 3px solid #F00; /*设置宽度为 3px 的红色实线边框*/
    border-top-color: #00F; /*将上边框颜色修改为蓝色*/
}
#box2 {
    border: 3px solid #F00; /*设置宽度为 3px 的红色实线边框*/
    border-bottom-width: 6px; /*将下边框宽度修改为 6px*/
}
#box3 {
    border: 3px solid #F00; /*设置宽度为 3px 的红色实线边框*/
    border-bottom-style: dotted; /*将下边框风格修改为点线*/
}
</style>
</head>
<body>
  <div id="box1">border 属性结合 border-top-color 属性设置边框样式</div>
  <div id="box2">border 属性结合 border-bottom-width 属性设置边框样式</div>
  <div id="box3">border 属性结合 border-bottom-style 属性设置边框样式</div>
</body>
</html>
```

#box1、#box2 和#box3 三个 div 的边框样式除了其中一条边框中的某个样式不同外，其他各个边框的所有样式都是一样的，所以可以首先使用 border 属性统一设置所有边框的各样式，对于不同于其他边框的那个样式，再使用边框指定方向的属性重新设置，以此覆盖 border 设置的相应样式。例如，使用 border-top-color 属性设置的边框颜色覆盖 border 设置的上边框颜色；使用 border-bottom-width 属性设置的边框宽度覆盖 border 设置的下边框宽度；使用 border-bottom-style 属性设置的边框风格覆盖 border 设置的下边框风格。上述代码在 IE11 浏览器中的运行结果如图 10-10 所示。

图 10-10　border 属性结合边框指定方向的属性设置边框样式

10.3　设置盒子内边距

盒子内边距（padding）定义了边框和内容之间的空白区域，该空白区域称为盒子的内边距。默认情况下，绝大部分盒子的内边距为 0，但也有一些元素，如 ul、ol 等，默认存在一定的内边距。

10.3.1　设置内边距

内边距与边框一样，也分为上、右、下、左四个方向，对于内边距可以使用 padding 属性同时设置各个方向，也可以分别使用 padding-方向属性来设置指定方向的内边距，"方向"可取的值与边框的完全相同。内边距属性如表 10-7 所示。

表 10-7　　　　　　　　　　　　　　　　内边距属性

属性	描述
padding	简写属性，同时设置边框四个方向的内边距
padding-top	设置上内边距
padding-left	设置左内边距
padding-right	设置右内边距
padding-bottom	设置下内边距

内边距设置语法如下：

```
padding: padding_value [padding_value] [padding_value] [padding_value]|inherit;
padding-方向: padding_value|inherit;
```

说明："padding_value"参数用于设置内边距，可取 4 类值，如表 10-8 所示。参数可取 1～4 个，各参数之间使用空格分隔。

表 10-8　　　　　　　　　　　　　　　　内边距参数值

参数值	描述
auto	浏览器根据内容自动计算内边距
length	以 px、em、cm 等为单位的某个具体正数数值作为内边距值，默认为 0
%	基于父级元素的宽度来计算内边距
inherit	继承父级元素的内边距

和边框使用简写属性可以指定 1～4 个属性值来设置样式类似，简写属性 padding 也可以这样取值。

（1）指定 1 个值时，表示四个方向的内边距一样。例如：

```
padding: 10px; /*设置四个方向的内边距都为 10px*/
```

（2）指定 2 个值时，第一个值设置上、下内边距，第二个值设置左、右内边距。例如：

```
padding: 10px 6px; /*上、下内边距为 10px，左、右内边距为 6px*/
```

（3）指定 3 个值时，第一个值设置上内边距，第二个值设置左、右内边距，第三个值设置下内边距。例如：

```
padding: 7px 6px 8px; /*上内边距为 7px，左、右内边距为 6px，下内边距为 8px*/
```

（4）指定 4 个值时，各个值按顺时针方向依次设置上、右、下、左内边距。例如：

```
/*上内边距为 7px，右内边距为 6px，下内边距为 8px，左内边距为 9px*/
padding: 7px 6px 8px 9px;
```

【示例 10-6】使用 padding 属性设置内边距。

```
<!doctype html>
<html>
<head>
<meta charset="utf-8">
<title>使用 padding 属性设置内边距</title>
<style>
div{ /*使用元素选择器设置两个 div 的公共样式*/
    width: 100px;
    margin: 10px;
    border: 1px solid red;
}
#box2 {
    padding: 30px; /*1 个值,同时设置四个方向的内边距为 30 个像素*/
}
</style>
</head>
<body>
  <div id="box1">使用 padding 属性设置内边距</div>
  <div id="box2">使用 padding 属性设置内边距</div>
</body>
</html>
```

在上述代码中，第一个 div 没有设置内边距，将使用默认内边距；第二个 div 使用 padding 属性设置了 1 个值，该设置等效于以下样式设置：

```
padding-top: 30px;
padding-right: 30px;
padding-bottom: 30px;
padding-left: 30px;
```

即同时设置四个方向的内边距都为 30px。上述代码在 IE11 浏览器中的运行结果如图 10-11 所示。

从图 10-11 中我们可以看到，没有设置内边距时，div 的内边距为 0，盒子内容和边框之间挨得很紧，不太美观。

思考：如果希望示例 10-6 中第二个 div 的左、右内边距为 30px，上、下内边距为 20px，应如何修改 padding 属性的

图 10-11　使用 padding 属性设置内边距

设置？

使用 padding 属性可以同时设置四个方向的内边距，如果需要单独设置某一方向的内边距，可以使用 padding-top、padding-right、padding-bottom、padding-left 属性。

【示例 10-7】使用 padding-top 属性设置上内边距。

```
<!doctype html>
<html>
<head>
<meta charset="utf-8">
<title>使用 padding-top 属性设置上内边距</title>
<style>
div {
    width: 100px;
    padding-top: 1.5em; /*设置上内边距为 1.5em*/
    border: 1px solid red;
}
</style>
</head>
<body>
  <div>使用 padding-top 属性设置上内边距</div>
</body>
</html>
```

在上述 CSS 代码中，只使用了 padding-top 属性设置上内边距，其他内边距将使用默认内边距。上述代码在 IE11 浏览器中的运行结果如图 10-12 所示。

图 10-12　使用 padding-top 属性设置上内边距

思考：示例 10-7 中内边距的设置，如果需要使用 padding 属性，应如何修改样式代码？另外，如果还需要使用 padding-方向属性设置 1em 的左内边距，应如何修改样式代码？

10.3.2　内边距的特点

padding 内边距具有一些特点，用户在使用时需要加以考虑。

1．padding 可以撑大元素的尺寸

下面以示例 10-7 的运行结果为例来介绍 padding 的第一个特点。

【示例 10-8】padding 撑大元素尺寸示例。

```
<!doctype html>
<html>
<head>
<meta charset="utf-8">
<title>padding 撑大元素的尺寸示例</title>
<style>
```

```
div{  /*两个 div 的公共样式*/
    width:120px;
    height:70px;
    margin-bottom:10px;
    border:4px solid #000;
}
#box2{
    padding:30px;  /*设置四个方向的内边距为 30 个像素*/
}
</style>
</head>
<body>
  <div id="box1">演示 padding 撑大元素的尺寸（没有设置 padding）</div>
  <div id="box2">演示 padding 撑大元素的尺寸（设置了 padding）</div>
</body>
</html>
```

上述代码创建了两个 div 元素，它们的宽、高完全一样，不同的是，第二个 div 设置了 padding 样式，而第一个没有设置。上述代码在 IE11 浏览器中的运行结果如图 10-13 所示。

图 10-13　相同宽高但不同内边距的两个 div

从图 10-13 中可以看到，设置 padding 样式后，整个元素的宽度和高度都变大了。

2. 背景可以延伸到 padding 区域

padding 除了可以撑开元素外，还可以使背景延伸到 padding 区域。

【示例 10-9】背景延伸到 padding 区域示例。

```
<!doctype html>
<html>
<head>
<meta charset="utf-8">
<title>背景延伸到 padding 区域示例</title>
<style>
div {
    width: 100px;
    border: 4px solid #000;
    padding: 30px;/*设置四个方向的内边距*/
    background: #ffec00; /*设置背景颜色*/
}
</style>
</head>
<body>
```

```
    <div>背景可以延伸到padding区域</div>
</body>
</html>
```

上述代码给 div 设置宽度、背景、内边距以及边框等样式，在 IE11 浏览器中的运行结果如图 10-14 所示。

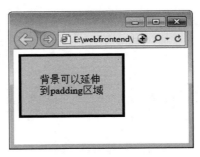

图 10-14　设置了宽度和内边距等样式的 div

从图 10-14 中我们可以看到，div 元素的背景颜色不仅对内容区域有效，对内边距也有效，即背景可以延伸到 padding 区域。

综上所述：盒子本身有宽度，当给盒子设置内边距时，内边距会撑开盒子，多出来的宽度/高度恰好为左右/上下的 padding 数值，并且背景会延伸到 padding 区域。

10.4　设置盒子外边距

盒子外边距（margin）指的是盒子边框与周围其他盒子之间的空白区域。设置外边距需要使用 margin 属性。

10.4.1　设置外边距

外边距与边框一样，分为上、右、下、左四个方向，这些外边距可以使用 margin 属性同时设置，也可以分别使用 margin-方向属性来设置指定方向的外边距，"方向"可取的值与边框的完全相同。外边距属性如表 10-9 所示。

表 10-9　　　　　　　　　　　　　　　　　　外边距属性

属性	描述
margin	简写属性，同时设置边框四个方向的外边距
margin-top	设置上外边距
margin-left	设置左外边距
margin-right	设置右外边距
margin-bottom	设置下外边距

外边距设置语法如下：

```
margin: margin_value [margin_value] [margin_value] [margin_value];
margin-方向: margin_value;
```

说明："margin_value"参数用于设置内边距，可取 4 类值，如表 10-10 所示。参数可取 1～4 个，各参数之间使用空格分隔。

表 10-10   外边距参数值

参数值	描述
auto	浏览器根据内容自动计算外边距
length	以 px、em、cm 等为单位的数值作为外边距值，可取正、负值
%	基于父级元素的宽度来计算内边距
inherit	继承父级元素的内边距

和边框使用简写属性可以指定 1～4 个属性值来设置样式类似，简写属性 margin 也可以这样取值。

（1）指定 1 个值时，表示四个方向的外边距一样。例如：

```
margin: 10px; /*设置四个方向的外边距都为 10px*/
```

（2）指定 2 个值时，第一个值设置上、下外边距，第二个值设置左、右外边距。例如：

```
margin: 10px 6px; /*上、下外边距为 10px，左、右外边距为 6px*/
margin: 0 auto; /*上、下外边距为 0，左、右外边距由浏览器根据内容自动调整*/
```

注：在实际应用中，经常使用"margin: 0 auto;"来实现元素在浏览器窗口中水平居中。

（3）指定 3 个值时，第一个值设置上外边距，第二个值设置左、右外边距，第三个值设置下外边距。例如：

```
margin: 7px 6px 8px;/*上外边距为 7px，左、右外边距为 6px，下外边距为 8px*/
```

（4）指定 4 个值时，各个值按顺时针方向依次设置上、右、下、左外边距。例如：

```
/*上外边距为 7px，右外边距为 6px，下外边距为 8px，左外边距为 9px*/
margin: 7px 6px 8px 9px;
```

需要注意的是，父子元素之间的边距既可以使用 padding 定义，也可以使用 margin 定义。当父子边距定义为内边距时，应在父级元素中使用 padding 属性设置内边距；当父子边距定义为外边距时，则应在子级元素中使用 margin 属性设置外边距。

使用 margin 属性可以同时设置四个方向的外边距，如果需要单独设置某一方向的外边距，可以使用 margin-top、margin-right、margin-bottom、margin-left 属性。

【示例 10-10】使用 margin 和 margin-left 属性设置外边距。

```
<!doctype html>
<html>
<head>
<meta charset="utf-8">
<title>使用 margin 和 margin-left 属性设置外边距</title>
<style>
body{
    margin:0;/*设置元素四个方向的外边距为 0 个像素*/
}
div { /*使用元素选择器设置 div 的公共样式*/
    width: 100px;
    height: 30px;
    border: 1px solid #F0F;
}
```

```
#box2 {
    margin: 10px 20px; /*设置元素的上、下外边距为10px，左、右外边距为20个像素*/
}
#box3{
    margin-left: 20px;/*设置元素的左外边距为20个像素*/
}
</style>
</head>
<body>
  <div id="box1">DIV1</div>
  <div id="box2">DIV2</div>
  <div id="box3">DIV3</div>
  <div id="box4">DIV4</div>
</body>
</html>
```

在上述代码中，body 默认存在一个 8px 的外边距，为了不对各个 div 的外边距设置产生影响，在此将其外边距重置为 0。DIV1 和 DIV4 没有设置外边距，因而它们将使用默认的外边距；DIV2 使用 margin 属性设置了 2 个值，该设置等效于以下样式设置：

```
margin-top:10px;
margin-right:20px;
margin-bottom:10px;
margin-left:20px;
```

DIV3 只设置了左外边距。上述代码在 IE11 浏览器中的运行结果如图 10-15 所示。

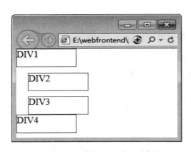

图 10-15　外边距设置效果

从图 10-15 中我们可以看到，没有设置外边距的 DIV1、DIV4 和 body 重叠在一起，可见，div 元素的默认外边距为 0。DIV2 和 body、DIV1 和 DIV3 都存在一定的间距，这是因为 DIV2 设置了四个方向的外边距而产生的效果。DIV3 因设置了左外边距，故而和 body 存在一定间距。

思考：如果希望示例 10-10 中 DIV3 的左外边距为 20px，右外边距为 10px，上、下外边距为 30px，应如何修改 margin 属性的设置？

10.4.2　盒子外边距的合并

盒子外边距合并主要针对标准流排版（有关标准流排版的内容请参见第 11 章），是指两个相邻标准流块级元素在垂直外边距相遇时，合并成一个外边距。如果发生合并的外边距全部为正值，则合并后的外边距等于这些发生合并的外边距的较大者；如果发生合并的外边距不全为正值，则会拉近两个块级元素的垂直距离，甚至会发生元素重叠现象。

垂直外边距合并主要有以下两种情况。

- 相邻元素外边距合并

● 包含（父子）元素外边距合并

1. 相邻元素外边距合并

两个相邻块级元素，上面元素的 margin-bottom 边距会和下面元素的 margin-top 边距合并。如果两个外边距全为正值，则合并后的外边距等于 margin-bottom 边距和 margin-top 边距中较大的那个边距，这种现象称为 margin 的"塌陷"，即较小的 margin 塌陷到较大的 margin 中了。如果两个外边距存在负值，则合并后的外边距的高度等于这些发生合并的外边距的和。当和为负数时，相邻元素在垂直方向上发生重叠，重叠深度等于外边距和的绝对值；当和为 0 时，两个块级元素无缝连接。相邻块级元素合并结果的示意图如图 10-16 和图 10-17 所示。

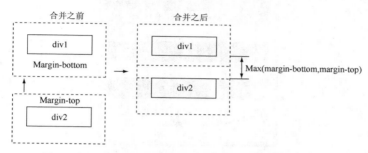

图 10-16 相邻块级元素外边距全部为正值时的合并示意图

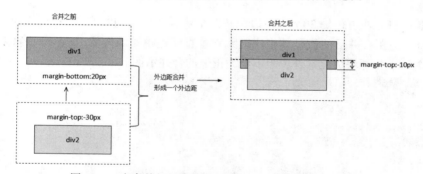

图 10-17 相邻块级元素外边距不全为正值时的合并示意图

【示例 10-11】相邻块级元素外边距全部为正值时的合并示例。

```
<!doctype html>
<html>
<head>
<meta charset="utf-8">
<title>相邻块级元素外边距全为正值的合并示</title>
<style>
div{
  padding:10px;
  text-align:center;
  font-weight:bolder;
  background-color:#0CF;
}
</style>
</head>
<body>
  <div style="margin-top:30px; margin-bottom:30px;">块级元素 1</div>
  <div style="margin-top:10px;">块级元素 2</div>
```

```
      <p>请注意，两个 div 之间的外边距是 30px，而不是 40px（30px + 10px）。</p>
    </body>
</html>
```

上述代码中存在相邻的两个块级元素，且它们都以标准流排版，因而这两个块级元素在垂直方向上的两个外边距会合并为一个外边距。由于发生合并的外边距全部为正值，所以合并后的外边距等于发生合并的外边距中较大的那个外边距。上述代码合并的两个外边距分别为"块级元素1"的 margin-bottom 和"块级元素 2"的 margin-top，由于它们的取值分别为 30px 和 10px，所以合并后的外边距等于 30px。上述代码在 IE11 浏览器中的运行结果如图 10-18 所示。

图 10-18　相邻块级元素外边距全为正值时的合并效果

块级元素 1 的上外边距是 30px，该边距和两个块级元素的间距完全一样，这也验证了相邻块级元素垂直外边距合并后的值是其中块级元素垂直外边距的最大值，而不是垂直外边距之和。

【示例 10-12】相邻块级元素外边距不全为正值的合并示例。

```
<!doctype html>
<html>
<head>
<meta charset="utf-8">
<title>相邻块级元素外边距不全为正值时的合并示例</title>
<style>
#d1 {
  width:120px;
  height:100px;
  margin-top:20px;/*外边距为正值*/
  margin-bottom:10px;
  background-color:#F00;
}
#d2 {
  width:100px;
  height:80px;
  margin-top:-30px;/*外边距为负值*/
  margin-bottom:20px;/*外边距为正值*/
  background-color:#FCF;
}
#d3{
  width:80px;
  height:60px;
  margin-top:-20px;/*外边距为负值*/
  background-color:#CFF;
}
```

```
    </style>
  </head>
  <body>
    <div id="d1">DIV1</div>
    <div id="d2">DIV2</div>
    <div id="d3">DIV3</div>
  </body>
</html>
```

在上述代码中，DIV1 和 DIV2 为相邻两个块级元素，且它们都以标准流排版，因而 DIV1 的 margin-bottom 和 DIV2 的 margin-top 外边距会发生合并。由于 DIV1 的 margin-bottom 的值为 10px，DIV2 的 margin-top 的值为-30px，它们合并后的外边距等于 10px-30px=-20px，因而 DIV1 和 DIV2 会发生重叠，重叠的深度等于 20px。DIV2 和 DIV3 为相邻的两个块级元素，且它们都以标准流排版，因而 DIV2 的 margin-bottom 和 DIV3 的 margin-top 外边距会发生合并。由于 DIV2 的 margin-bottom 的值为 20px，DIV3 的 margin-top 的值为-20px，它们合并后的外边距等于 20px-20px=0px，因而 DIV2 和 DIV3 在垂直方向上无缝连接。上述代码在 IE11 浏览器中的运行结果如图 10-19 所示。

图 10-19　相邻块级元素外边距不全为正值时的合并效果

2. 包含（父子）元素外边距合并

包含元素之间的关系如图 10-20 所示，外层元素和内层元素形成父子关系，也称嵌套关系。当父元素没有内容、内边距和边框时，子元素的上外边距将和父元素的上外边距合并为一个上外边距，且值为较大的那个上外边距。合并的外边距将作为父元素的上外边距，父子元素外边距合并的示意图如图 10-21 所示。要防止父、子元素的上外边距合并，只需对父元素设置内容或内边距或边框。

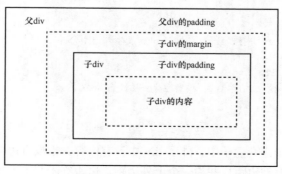

图 10-20　元素包含示意图

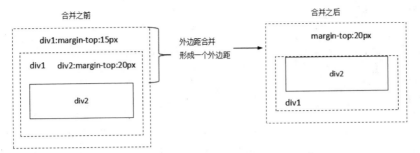

图 10-21　父子元素外边距合并示意图

【示例 10-13】包含元素外边距合并示例。

```
<!doctype html>
<html>
<head>
<meta charset="utf-8">
<title>包含元素外边距合并示例</title>
<style>
body{
    width:390px;
    text-align:center;
}
#outter1,#outter2{/*使用并集选择器同时设置两个包层 DIV 的公共样式*/
    height:60px;
    margin-top:15px;
    background:#900;
}
#inner1{
    margin-top:30px;
    background:#eee;
}
#outter2{
    padding-top:1px;
}
#inner2{
    margin-top:30px;
    background:#eee;
}
</style>
</head>
<body>
  <div id="outter1">
    <div id="inner1">内层 div，与外层 div 发生外边距合并</div>
  </div>
  <div id="outter2">
    <div id="inner2">内层 div，没有发生外边距合并</div>
  </div>
</body>
</html>
```

对外层元素添加上内边距，防止父子元素上外边距合并

在上述代码的第一个嵌套盒子中，外层 div 中没有内容，也没有边框和内边距，因而它的上外边距会和内层 div 的上外边距合并为一个上外边距，边距等于两个上外边距中较大的那个，代码中的这两个 margin-top 分别为 15px 和 30px，因而合并后的 margin-top 值为 30px。在第二个嵌

套盒子中，外层 div 中添加了一个上内边距，因而防止了父子元素上外边距合并，此时，第二个 div 和第一个 div 之间的外边距为第二个 div 的外边距，即 15px，第二子元素相对于父元素的 margin-top 为 30px。上述代码在 IE11 浏览器中的运行结果如图 10-22 所示。

图 10-22　包含元素外边距合并效果

当父元素存在内边距时，父、子元素之间的位置关系由内、外边距和边框决定，示例如下。

【示例 10-14】父、子元素之间的位置关系示例。

```
<!doctype html>
<html>
<head>
<meta charset="utf-8">
<title>父子盒子之间的位置关系示例</title>
<style>
.father{
    margin:10px;
    padding:10px;
    border:1px solid #000000;
    background-color:#FFFEBB;
}
.son{
    padding:15px;
    margin-top:30px;
    border:2px dashed #CC33CC;
    background-color:#6CF;
}
</style>
</head>
<body>
    <div class="father">
        <div class="son">子盒子内容与父盒子顶部边框的
间距为：子盒子的上内边距+子盒子的上边框+子盒子的上外边距+父
盒子的上内边距，即等于 15+2+30+10=57px</div>
    </div>
</body>
</html>
```

上述代码在 IE11 浏览器中的运行结果如图 10-23 所示。

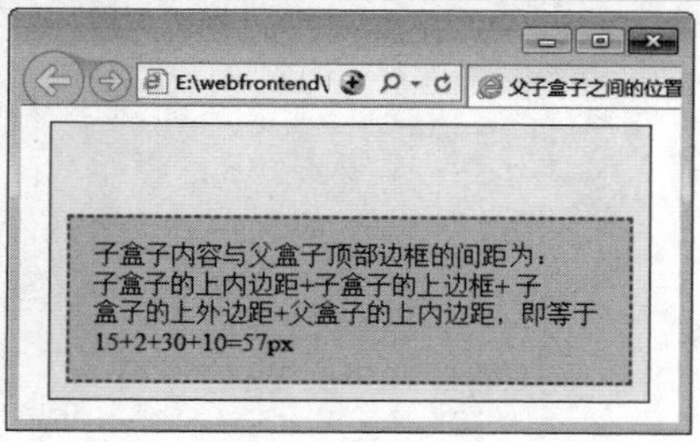

图 10-23　父子元素位置关系

10.4.3　相邻盒子的水平间距

只有行内元素和浮动排版（有关浮动排版的内容请参见第 11 章），才需要考虑相邻盒子的水平间距。两个相邻元素的水平间距等于左边元素的 margin-right 值加右边元素的 margin-left 值。如果相加的 margin-right 值和 margin-left 值分别为正值，则拉开两元素之间的距离，否则拉近两者的距离。如果 margin-right 值与 margin-left 值的和为 0，则两元素无缝相连；如果和为负数，则右边元素重叠在左边元素上，重叠的深度等于负数的绝对值。图 10-24 和图 10-25 是相邻盒子水平间距的示意图。

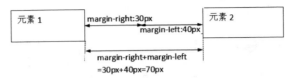

图 10-24　两个外边距均为正值时的水平间距示意图

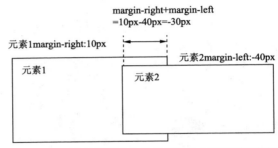

图 10-25　两个外边距之和为负值时的水平间距示意图

span 是行内元素，下面通过示例 10-15 和示例 10-16 分别演示两个相邻行内元素的外边距全为正值和不全为正值时的元素的水平间距。

【示例 10-15】相邻两元素的外边距均为正值时的水平间距示例。

```
<!doctype html>
<html>
<head>
<meta charset="utf-8">
<title>相邻两元素的外边距均为正值时的水平间距示例</title>
<style>
body{
    padding-top:20px;
}
span{
    padding:5px 20px;
    font-size:30px;
    background-color:#a2d2ff;
}
span.left{
    margin-right:30px;
    background-color:#a9d6ff;
}

span.right{
    margin-left:40px;
```

两元素的外边距均为正值

```
        background-color:#eeb0b0;
    }
    </style>
    </head>
    <body>
        <span class="left">行内元素 1</span>
        <span class="right">行内元素 2</span>
    </body>
    </html>
```

在上述 CSS 代码中，行内元素 1 的 margin-right 值和行内元素 2 的 margin-left 值均为正值，所以两元素被拉开，间距为 margin-right+margin-left=70px。上述代码在 IE11 浏览器中的运行结果如图 10-26 所示。

图 10-26　相邻两元素的外边距均为正值时的水平间距效果

【示例 10-16】相邻两元素的外边距不全为正值时的水平间距示例。

```
<!doctype html>
<html>
<head>
<meta charset="utf-8">
<title>相邻两元素的外边距不全为正值时的水平间距示例</title>
<style>
body{
    padding-top:20px;
}
span{
    padding:5px 20px;
    background-color:#a2d2ff;
}
span.left{
    font-size:39px;
    margin-right:-60px;              外边距为负值
    background-color:#a9d6ff;
}

span.right{
    font-size:30px;
    margin-left:20px;               外边距为正值
    background-color:#eeb0b0;
}
</style></head>
<body>
    <span class="left">行内元素 1</span>
    <span class="right">行内元素 2</span>
</body>
```

```
</html>
```

上述 CSS 代码中，行内元素 1 的 margin-right 为负值，所以两元素的位置被拉近，间距为 margin-right+margin-left=-40px，和为负值，因而行内元素 2 重叠在行内元素 1 上，重叠的深度等于 40px。上述代码在 IE11 浏览器中的运行结果如图 10-27 所示。

图 10-27　margin 为负值时盒子之间的定位效果

10.5　设置盒子内容的大小

盒子内容的大小分别使用 width（宽度）和 height（高度）两个属性来设置。盒子的占位大小等于：内容+内边距+外边距+边框，所以盒子的大小会随内容的增加而增大。

【示例 10-17】设置盒子内容大小。

```
<!doctype html>
<html>
<head>
<meta charset="utf-8">
<title>设置盒子内容大小</title>
<style>
img{/*使用元素选择器设置两张图片的公共样式*/
  border:1px solid red;
    margin-bottom:20px;
}
#img1{/*分别使用 width 和 height 属性设置盒子内容的大小*/
    width:300px;
  height:300px;
}
#img2{
    width:120px;
  height:120px;
}
</style>
</head>
<body>
  <img id="img1" src="images/apple_smile.gif"/>
  <img id="img2" src="images/apple_smile.gif"/>
</body>
</html>
```

上述代码在 IE11 浏览器中的运行结果如图 10-28 所示。

图 10-28　盒子内容大小设置效果

比较图 10-28 中的两个盒子可以看出，盒子内容越大，整个盒子就越大。

习 题 10

1．简述题

（1）简述盒子模型的组成部分有哪些。

（2）简述设置盒子的边框样式时，分别取 1、2、3、4 个属性值的不同含义。

（3）简述设置盒子的外边距样式时，分别取 1、2、3、4 个属性值的不同含义。

（4）简述设置盒子的内边距样式时，分别取 1、2、3、4 个属性值的不同含义。

（5）简述相邻两个块级元素外边距是怎么合并的。

（6）简述相邻两个行内元素外边距是怎么合并的。

2．上机题

上机演示示例 10-11～示例 10-16。

第11章
网页元素的 CSS 排版

　　CSS 布局是 Web 标准推荐的网页布局方式。从盒子模型的介绍中，我们知道，一个网页元素就是一个盒子，对网页元素的布局其实就是对一个个盒子的布局。由于网页中盒子的排列方式各异，且彼此影响，所以为了更好地布局这些盒子，CSS2 规范对盒子给出了 3 种排版模型，即标准流排版、定位排版和浮动排版。CSS3 增加了一些新的排版模型，如 flex 排版等。

　　标准流排版按各类元素的默认排列方式在页面中排列，浮动排版和定位排版通过相应的 CSS 属性改变元素默认的排版方式，以更加灵活地布局元素。

11.1　标准流排版

　　所谓标准流排版，是指在不使用其他与排列和定位相关的 CSS 规则时，各种页面元素默认的排列规则，即一个个盒子形成一个序列，同级别的盒子依次在父级盒子中按照块级元素或行内元素的排列方式排列，同级父级盒子又依次在它们的父级盒子中排列，以此类推，整个页面如同河流和它的支流，所以称为"标准流"或"文档流"。标准流排版是页面元素默认的排版方式，在一个页面中，如果没有使用 CSS 特别指明某种排列方式，那么所有的页面元素将以标准流的方式排列。

　　【示例 11-1】标准流排版示例。

```
<!doctype html>
<html>
<head>
<meta charset="utf-8">
<title>标准流排版示例</title>
<style>
h3{/*重置 h3 的默认下外边距为 0px*/
    margin-bottom:0;
}
div,span{/*设置 div 和 span 的公共样式*/
    border:1px solid red;
}
#div1{/*对第一个 DIV 设置宽、高以及 4 个方向的内、外边距*/
    width:100px;
    height:50px;
    padding:15px;
    margin:20px;
```

```
}
span{/*对 4 个 span 设置宽、高以及上、下外边距*/
    width:100px;
    height:50px;
    margin-top:20px;
    margin-bottom:20px;
}
#span3{/*对第 4 个 span 设置 4 个方向的内、外边距*/
    padding:15px;
    margin:50px;
}

</style>
</head>
<body>
   <h3>块级元素默认垂直排列</h3>
   <div id="div1">第一个 DIV</div>
   <div id="div2">第二个 DIV</div>
   <h3>行内元素默认横向排列</h3>
   <span id="span1">第一个 span</span>
   <span id="span2">第二个 span</span>
   <span id="span3">第三个 span</span>
   <span id="span4">第四个 span</span>
</body>
</html>
```

默认情况下，div 是块级元素，span 是行内元素，因而 2 个 div 元素垂直排列，4 个 span 横向排列。上述代码在 IE11 浏览器中的运行结果如图 11-1 所示。

图 11-1　标准流排版效果

从图 11-1 可看出，第一个 DIV 按设置的宽、高显示，且 4 个方向的内、外边距都有效；因为第二个 DIV 没有设置宽、高，所以其宽度自动填满父元素 body 的宽度，而高度由内容决定，这些显示效果正是由块级元素的特点决定的。在 CSS 代码中，虽然对 4 个 span 都设置了宽、高以及上、下边距，但从图 11-1 中可见，这些设置并没有效果，而对第三个 span 设置的 4 个方向的内边距都有效，这些显示效果也正是由行内元素的特点决定的。

11.2 浮动排版

在标准流排版中，一个块级元素在默认情况下会在水平方向自动伸展，直到包含它的父级元素的边界；在垂直方向上和兄弟元素依次排列，不能并排。如果在排版时需要改变块级元素的这种默认排版，则需要使用浮动排版或定位排版。本节介绍浮动排版，定位排版将在 11.3 节介绍。

在浮动排版中，块级元素的宽度不再自动伸展，而是由盒子里放置的内容及内边距决定其宽度，要修改该宽度，可设置元素的宽度和内边距。浮动的盒子可以向左或向右移动，直到它的外边缘碰到包含框或另一个浮动框的边框为止。任何显示在浮动元素下方的 HTML 元素都会在网页中上移，如果上移的元素中包含文字，则这些文字将环绕在浮动元素的周围，因而可以使用浮动排版来实现元素环绕效果，这是浮动排版的一个用途。浮动排版最重要的另一个用途是灵活布局网页中的各个盒子。

使用浮动排版涉及两方面的内容：浮动设置和浮动清除。

1. 浮动设置

盒子的浮动需要使用 "float" 属性来设置。float 属性可取以下几个值。

- none：盒子不浮动。
- left：盒子浮在父元素的左边。
- right：盒子浮在父元素的右边。

float 属性值指定了盒子是否浮动以及如何浮动。当该属性等于 left 或 right 而引起对象浮动时，对象将被视作块级元素（block-level），即 display 属性等于 block。

> 盒子一旦设置为浮动，将脱离文档流，此时处在浮动盒子后面的文档流中的块级元素表现得就像浮动元素不存在一样上移占据浮动盒子原来的位置，所以如果不正确设置外边距，将会发生文档流中的元素和浮动元素重叠的现象。

下面将通过几个示例来演示浮动排版中的不同情况。

【示例 11-2】元素向左、右浮动示例。

```html
<!doctype html>
<html>
<head>
<meta charset="utf-8">
<title>元素向左、右浮动示例</title>
<style>
div{
    margin-top:10px;
}
.father{
    margin:0px;
    border:2px dashed red;
}
.son1,.son4{
    background-color:#0CF;
}
.son2,.son3{
    float:left;
```

div1、div4 标准流排版

div2、div3 向左浮动

```
        margin-right:10px;
}
.son5{
    float:right;          div5 向右浮动
}
.son2,.son3,.son5{/*div2、div3 和 div5 的公共样式*/
    background-color:#FCF;
    border:1px solid black;
}
</style>
</head>
<body>
    <div class="father">
        <div class="son1">div1 标准流排版</div>
        <div class="son2">div2 向左浮动</div>
        <div class="son3">div3 向左浮动</div>
        <div class="son4">div4 标准流排版标准流排版标准流排版标准流排版标准流排版标准流排版标
            准流排版</div>
        <div class="son5">div5 向右浮动</div>
        <p>段落标准流排版标准流排版标准流排版标准流排版标准流排版标准流排版标准流排版标准流排版
            标准流排版标准流排版</p>
    </div>
</body>
</html>
```

上述 CSS 代码将 div2 和 div3 设置为向左浮动，将 div5 设置为向右浮动，其他 3 个元素则采用标准流排版。上述代码在 IE11 浏览器中的运行结果如图 11-2 所示。

从图 11-2 可以看出，div1、div4 和段落都采用标准流排版，在垂直方向上依次排列，宽度都向右伸展，直到碰到包含框的边框。浮动元素 div2、div3 和 div5 的宽度不再自动伸展，各自根据盒子里放置的内容决定宽度。向指定方向移动时，div2 和 div5 的外边缘碰到包含框的边框后停止移动，div3 的外边缘碰

图 11-2　元素向左、右浮动效果

到 div2 浮动框的边框时停止移动。从图 11-2 可以看到，浮动元素脱离了文档流，下面的元素向上移动，因而 div2、div3 重叠在 div4 上，其中的文字环绕浮动元素 div2、div3，浮动元素 div5 下面的段落也上移，且环绕浮动元素 div5。

向同一方向浮动的元素形成流式布局，排满一行或一行剩下的空间太小无法容纳后续浮动元素排列时，自动换行。在换行过程中，如果前面已排列好的浮动元素的高度大于后面的浮动元素，则会出现换行排列时被"卡住"的现象，示例如下。

【示例 11-3】多个相同高度的、同方向浮动的元素的排列示例。

```
<!doctype html>
<html>
<head>
<meta charset="utf-8">
<title>多个相同高度的同方向浮动的元素的排列示例</title>
<style>
div{/*所有 div 公共样式*/
```

```
        margin-left:10px;
        margin-top:10px;
}
.father{/*父 div 样式*/
        width:300px;
        height:160px;
        border:1px dashed black;
}
.son1,.son2,.son3,.son4,.son5{
        float:left;
        padding:20px;
        background:#FFFFCC;
        border:1px dashed black;
}
</style>
</head>
<body>
  <div class="father">
    <div class="son1">div1</div>
    <div class="son2">div2</div>
    <div class="son3">div3</div>
    <div class="son4">div4</div>
    <div class="son5">div5</div>
  </div>
</body>
</html>
```

（5 个子元素向左浮动）

上述 CSS 代码设置了 5 个子元素向左浮动，因而它们会按流式布局，在排列完 div3 后，同一行后续空间无法容纳 div4 和 div5，因而这两个元素自动换行排列。上述代码在 IE11 浏览器中的运行结果如图 11-3 所示。

图 11-3　多个相同高度的、同方向浮动的元素的排列效果

【示例 11-4】多个不同高度的、同方向浮动的元素的排列示例。

```
<!doctype html>
<html>
<head>
<meta charset="utf-8">
<title>多个不同高度的、同方向浮动的元素的排列示例</title>
<style>
div{
        margin-left:10px;
        margin-top:10px;
}
.father{
```

```
            width:300px;
            height:160px;
            border:1px dashed black;
        }
        .son1,.son2,.son3,.son4,.son5{
            float:left;
            padding:20px;
            background:#FFFFCC;
            border:1px dashed black;
        }
        .son1{
            height:50px;
        }
    </style>
    </head>
    <body>
      <div class="father">
        <div class="son1">div1</div>
        <div class="son2">div2</div>
        <div class="son3">div3</div>
        <div class="son4">div4</div>
        <div class="son5">div5</div>
      </div>
    </body>
    </html>
```

（批注：5 个子元素向左浮动）

（批注：调大 div1 的高度）

上述 CSS 代码设置了 5 个子元素向左浮动，同时调大了 div1 的高度，使 div1 的高度大于其他 4 个 div，这使得 div4、div5 换行排列时，被 div1 卡住而不能再往前移动了。上述代码在 IE11 浏览器中的运行结果如图 11-4 所示。

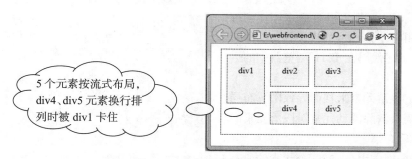

（批注：5 个元素按流式布局，div4、div5 元素换行排列时被 div1 卡住）

图 11-4　多个不同高度的、同方向浮动的元素的排列效果

使用浮动排版会产生一些副作用，第一个副作用是，元素一旦设置为浮动，其下方的元素将上移，此时常常会使网页的布局面目全非，示例如下。

【示例 11-5】浮动元素对下方元素布局的影响示例。

```
    <!doctype html>
    <html>
    <head>
    <meta charset="utf-8">
    <title>浮动元素对下方元素布局的影响示例</title>
    <style>
    .father{/*父 div 的样式*/
        width:300px;
        padding:20px;
```

```
        background:#9CF;
        border:1px solid black;
    }
    .son1,.son2,.son3{/*div1、div2 和 div3 的公共样式*/
        padding:20px;
        margin:10px;
        background:#FFFFCC;
        border:1px dashed black;
    }
    .son1,.son2{
        float:left;        ——○——○——  div1 和 div2 向左浮动
    }
    .son3{
        float:right;       ——○——○——  div3 向右浮动
    }
    p{
        border:1px dashed red;
    }
</style>
</head>
<body>
    <div class="father">
        <div class="son1">div1</div>
        <div class="son2">div2</div>
        <div class="son3">div3</div>
        <p>在浮动排版中，任何显示在浮动元素下方的 HTML 元素都在网页中上移</p>
    </div>
</body>
</html>
```

上述 CSS 代码设置了 div1、div2 和 div3 采用浮动排版，而 p 元素采用标准流排版，因而 p 元素上移，段落文字环绕在浮动元素周围。上述代码在 IE11 浏览器中的运行结果如图 11-5 所示。

从图 11-5 可以看到，段落元素上移而导致网页布局混乱，要解决这个问题，需要清除浮动元素对段落元素的影响。浮动的清除将在稍后介绍。

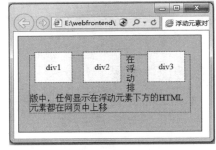

图 11-5　浮动元素对下方元素布局的影响

使用浮动排版的第二个副作用是，当一个元素的所有子元素都设置为浮动时，由于浮动元素脱离了文档流，因此会使元素无法根据子元素来自适应高度，进而导致元素最后收缩为一条线或高度仅为内边距+内容高度+上下边框（如果存在内边距和内容的话）。为了便于比较，下面列举了两个示例，示例 11-6 中父元素的高度能自适应，示例 11-7 中父元素的高度不能自适应。

【示例 11-6】父元素高度自适应示例。

```
<!doctype html>
<html>
<head>
<meta charset="utf-8">
<title>父元素高度自适应示例</title>
<style>
.father{
    width:300px;
```

```
      padding:5px;
      background:#9CF;
      border:1px solid red;
  }
  .son1,.son2,.son3{
      padding:20px;
      margin:10px;
      background:#FFFFCC;
      border:1px dashed black;
  }
  .son1,.son2{
      /*float:left;*/
  }
  .son3{
      /*float:right;*/
  }
</style>
</head>
<body>
  <div class="father">
    <div class="son1">div1</div>
    <div class="son2">div2</div>
    <div class="son3">div3</div>
  </div>
</body>
</html>
```

子元素的浮动全部被注释掉，子元素以标准流排版

上述 CSS 代码中的浮动设置被注释了，因而 3 个子元素以标准流排版，父、子元素存在同一个文档流中，因而父元素的高度能根据子元素自动扩展。上述代码在 IE11 浏览器中的运行结果如图 11-6 所示。

父元素的高度根据子元素自动扩展

图 11-6　父元素的高度自适应

【示例 11-7】子元素全为浮动元素时，父元素高度不能自适应示例。

```
<!doctype html>
<html>
<head>
<meta charset="utf-8">
<title>子元素全为浮动元素时，父元素高度不能自适应示例</title>
<style>
.father{
    width:300px;
    padding:5px;
```

```
        background:#9CF;
        border:1px solid red;
}
.son1,.son2,.son3{
        padding:20px;
        margin:10px;
        background:#FFFFCC;
        border:1px dashed black;
}
.son1,.son2{
        float:left;                          子元素全部设置为浮动元素
}
.son3{
        float:right;
}
</style>
</head>
<body>
  <div class="father">
    <div class="son1">div1</div>
    <div class="son2">div2</div>
    <div class="son3">div3</div>
  </div>
</body>
</html>
```

上述 CSS 代码设置 3 个子元素全为浮动元素，因而这 3 个元素脱离了文档流，使得父元素的高度无法根据子元素自适应。上述代码在 IE11 浏览器中的运行结果如图 11-7 所示。

图 11-7　子元素全为浮动元素时父元素的高度不能自适应

要解决示例 11-7 中，父元素的高度不能自适应的问题有多种方法，其中一种是设置父元素的高度，示例如下。

【示例 11-8】设置父元素的高度解决父元素高度不能自适应的问题。

```
<!doctype html>
<html>
<head>
<meta charset="utf-8">
<title>设置父元素的高度解决父元素高度不能自适应的问题</title>
<style>
.father{
        height:100px;                        设置父元素的高度
        width:300px;
        padding:5px;
        background:#9CF;
```

```
        border:1px solid red;
    }
    .son1,.son2,.son3{
        padding:20px;
        margin:10px;
        background:#FFFFCC;
        border:1px dashed black;
    }
    .son1,.son2{
        float:left;
    }
    .son3{
        float:right;
    }
    </style>
    </head>
    <body>
      <div class="father">
        <div class="son1">div1</div>
        <div class="son2">div2</div>
        <div class="son3">div3</div>
      </div>
    </body>
    </html>
```

子元素全部设置为浮动元素

上述 CSS 代码设置了父元素的高度，父元素按 CSS 设置的高度扩展，当该高度大到足够容纳子元素时，网页布局正常。上述代码在 IE11 浏览器中的运行结果如图 11-8 所示。

示例 11-8 通过设置父元素的高度来解决父元素高度不能自适应的问题。这种解决方法虽然简单，但存在的弊端是子元素的高度必须是固定的，子元素高度变化的情况不能使用这种解决方法。解决子元素高度会变化的父元素高度自适应问题需要清除子元素浮动。下面将介绍浮动的清除，在该部分内容中我们将会介绍两种最常用的解决父元素高度不能自适应的问题的方法。

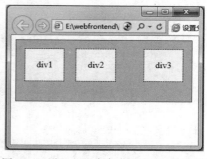

图 11-8　设置父元素高度解决父元素高度
不能自适应的问题

2．浮动清除

清除元素的浮动需要使用"clear"属性。clear 属性可取以下几个值。

- left：在元素的左侧不允许出现浮动元素。
- right：在元素的右侧不允许出现浮动元素。
- both：在元素的左、右两侧均不允许出现浮动元素。
- none：默认值，允许浮动元素出现在元素左、右两侧。

clear 属性定义了元素的左、右两侧是否允许出现浮动元素。如果声明为左边或右边清除，就会使元素的上外边距边界刚好在该边上浮动元素的下外边距边界之下，所以如果元素的上方同时存在左、右浮动的元素，且希望元素的两侧都不允许出现浮动元素时，可以设置 clear:both，也可以只清除浮动元素最高那边的浮动。下面通过几个示例演示使用清除浮动的方法解决浮动产生的副作用。

【示例 11-9】使用浮动清除方法解决浮动元素对下方元素布局的影响。

```
<!doctype html>
<html>
<head>
<meta charset="utf-8">
<title>使用浮动清除方法解决浮动元素对下方元素布局的影响</title>
<style>
.father{
    width:300px;
    height:120px;
    padding:20px;
    background:#9CF;
    border:1px solid black;
}
.son1,.son2,.son3{
    padding:20px;
    margin:10px;
    background:#FFFFCC;
    border:1px dashed black;
}
.son1,.son2{
    float:left;/*div1 和 div2 向左浮动*/
}
.son3{
    float:right;/*div3 向右浮动*/
}
p{
    border:1px dashed red;
    clear:both;          清除段落元素左右
                         两侧的浮动元素
}
</style>
</head>
<body>
  <div class="father">
    <div class="son1">div1</div>
    <div class="son2">div2</div>
    <div class="son3">div3</div>
    <p>在浮动排版中，任何显示在浮动元素下方的 HTML 元素都在网页中上移</p>
  </div>
</body>
</html>
```

上述 CSS 代码设置了 div1、div2 和 div3 分别向左、右浮动，采用标准流排版的 p 元素上移到浮动元素所在的行，使得 p 元素两侧出现了浮动元素，从而产生浮动副作用，即引起页面布局混乱。对 p 元素使用 clear:both 清除其左、右两侧的浮动元素后，p 元素下沉到浮动元素的下面，使页面布局保持正常。由于子元素的高度完全一样，所以 clear:both 也可以换成 clear:left 或 clear:right。上述代码在 IE11 浏览器中的运行结果如图 11-9 所示。

图 11-9　浮动元素对下方元素布局的影响

下面的两个示例是最常用的解决父元素高度不能自适应变化的方法，其中示例 11-10 在子元素后面添加元素，并清除其左、右两侧的浮动元素来实现；示例 11-11 利用父元素的 after 伪元素清除浮动元素来实现。

【示例 11-10】通过在子元素后面添加的元素清除浮动来解决父元素高度不能自适应的问题。

```html
<!doctype html>
<html>
<head>
<meta charset="utf-8">
<title>在子元素后面添加元素来解决父元素高度不能自适应的问题</title>
<style>
.father{
    width:300px;
    padding:5px;
    background:#9CF;
    border:1px solid red;
}
.son1,.son2,.son3{
    padding:40px 20px;/*通过增加子div的上、下内边距来增加子div盒子的高度*/
    margin:10px;
    background:#FFFFCC;
    border:1px dashed black;
}
.son1,.son2{/*div1和div2向左浮动*/
    float:left;
}
.son3{/*div3向右浮动*/
    float:right;
}
</style>
</head>
<body>
  <div class="father">
    <div class="son1">div1</div>
    <div class="son2">div2</div>
    <div class="son3">div3</div>
    <div style="clear:both;height:0px;"></div>
  </div>
</body>
</html>
```

> 增加一个 div，并清除其左、右两边的浮动元素

上述代码在所有子元素后面添加了一个 div 元素，并使用 clear:both 清除该元素左、右两边的浮动元素，同时为了不占用文档空间，将该元素的高度设置为 0px。上述代码在 IE11 浏览器中的运行结果如图 11-10 所示。

在示例 11-10 中，通过增大子 div 的上、下内边距，使这些盒子的高度增加，从图 11-10 中可以看到，父元素的高度会根据子元素自动扩展。

图 11-10　在子元素后面添加元素解决父元素高度不能自适应的问题

【示例 11-11】通过父元素的 after 伪元素清除浮动来解决父元素高度不能自适应的问题。

```html
<<!doctype html>
<html>
<head>
```

```
<meta charset="utf-8">
<title>通过父元素的 after 伪元素清除浮动解决父元素高度不能自适应的问题</title>
<style>
.father{
    width:300px;
    padding:5px;
    background:#9CF;
    border:1px solid red;
}
.son1,.son2,.son3{
    padding:40px 20px;/*通过增加子 div 的上、下内边距来增加子 div 盒子的高度*/
    margin:10px;
    background:#FFFFCC;
    border:1px dashed black;
}
.son1,.son2{/*div1 和 div2 向左浮动*/
    float:left;
}
.son3{/*div3 向右浮动*/
    float:right;
}
.clearfix:after{
    content:"";
    display:block;
    clear:both;
}
.clearfix{
    zoom:1;
}
</style>
</head>
<body>
  <div class="father clearfix">
    <div class="son1">div1</div>
    <div class="son2">div2</div>
    <div class="son3">div3</div>
  </div>
</body>
</html>
```

对父元素使用伪元素来清除浮动元素

兼容 IE 6、IE 7 清除浮动设置

对父元素使用两个类名

在上述 CSS 代码中，clearfix:after 表示在父元素的最后面加入内容，content:""表示在父元素结尾处添加的内容为空元素，display:block 设置在父元素结尾添加的内容为块级元素，clear:both 表示清除添加内容左、右两侧的浮动元素，clearfix:after 伪元素样式相当于在浮动元素后面跟了一个内容为空的 div，然后设定它的 clear:both 来对这个 div 清除浮动，从而达到撑开父元素的效果。示例 11-11 在 IE11 浏览器中的运行结果与示例 11-10 完全一样。示例 11-10 需要额外添加一个无意义的元素，而且在某些时候，这个新加的元素反而可能会造成网页布局混乱，所以这种方法并不是最佳的方案。示例 11-11 的解决方法可以说是目前最好的解决父元素高度自适应问题的方法。此外，因为 IE 6/7 不支持 after 伪元素，所以在样式中添加.clearfix{zoom:1}来实现兼容 IE 6/7。另外，一个元素可以同时取多个类名，如父元素同时设置了 father 和 clearfix 两个类名，不同类名之间使用空格隔开。同一元素不同类名的样式如果不冲突，则叠加，否则最后的类样式有效。

11.3　定位排版

定位排版和浮动排版一样，都可以改变网页元素的默认排版。要使用定位排版，需要使用 position 等 CSS 属性，定位排版中常用的属性如表 11-1 所示。

表 11-1　定位排版常用属性

属性	属性值	描述
position	static | relative | absolute | fixed	把元素放置到一个默认的 | 相对的 | 绝对的 | 固定的位置中
top	value|%	指定定位元素在垂直方向上与参照元素上边界的偏移，正值表示向下偏移，负值表示向上偏移，0 值表示不偏移
right	value|%	指定定位元素在水平方向上与参照元素右边界的偏移，正值表示向左偏移，负值表示向右偏移，0 值表示不偏移
left	value|%	指定定位元素在水平方向上与参照元素左边界的偏移，正值表示向右偏移，负值表示向左偏移，0 值表示不偏移
bottom	value|%	指定定位元素在垂直方向上与参照元素下边界的偏移，正值表示向上偏移，负值表示向下偏移，0 值表示不偏移
overflow	visible	默认值，当元素的内容溢出其区域时，内容会呈现在元素框之外
	hidden	当元素的内容溢出其区域时，溢出内容不可见
	auto	当元素的内容溢出其区域时，浏览器会显示滚动条
	scroll	不管元素的内容是否溢出其区域，浏览器都会显示滚动条
	inherit	规定从父元素继承 overflow 属性的值
z-index	number（负数、0、正数）	设置元素的堆叠顺序，值大的元素堆叠在值小的元素上面

注：属性值 value\|%中的 value 的单位常取 px 或 em，可取负值；%是相对于包含元素的一个百分数值。元素在水平方向偏移时，使用 left 或 right 设置偏移量，在垂直方向偏移时，使用 top 或 bottom 设置偏移量。另外，对元素进行相对定位时，也可以不用设置偏移，这个做法在绝对定位时经常用到。

设置不同的 position 属性值，可以实现 4 种类型的定位。position 属性值分别如下。

（1）static：默认的属性值，实现静态定位，就是元素按照标准流进行布局，一般不需要设置。

（2）relative：相对定位。设置元素相对于它在标准流中的位置进行偏移，作为标准流定位模型的一部分。不管元素是否偏移，它原来所占的空间仍然保留，没有脱离文档流。相对定位移动元素时，有可能导致它覆盖其他元素。例如，对图 11-11 上半部分的框 2 设置相对定位，偏移量为 top:20px，left:30px，则框 2 定位的示意图如图 11-11 下半部分的框 2 所示。

（3）absolute：绝对定位。绝对定位的元素会基于相对于距离它最近的那个已定位（相对/绝对）的祖先元素偏移某个距离，如果元素没有已定位的祖先元素，那么它的偏移位置将相对于最外层的包含框。根据用户代理的不同，包含框可能是画布或 html 元素。绝对定位的元素会脱离文档流，原来所占的空间不保留。绝对定位的元素可以在它的包含框向上、下、左、右移动。元素定位后生成一个块级元素，而不论原来它在标准流中生成何种类型的元素。绝对定位移动元素时，有可能导致它覆盖其他元素。例如，对图 11-12 上半部分的框 2 设置绝对定位，偏移量为 top:20px，left:30px，则框 2 定位的示意图如图 11-12 下半部分的框 2 所示。

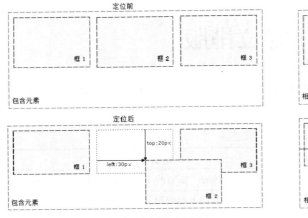

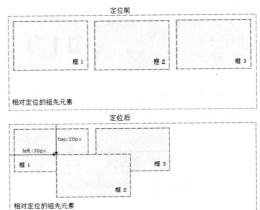

图 11-11　相对定位示意图　　　　　　　图 11-12　绝对定位示意图

（4）fixed：固定定位。固定定位的元素相对于浏览器窗口偏移某个距离，且固定不动，不会随着网页滚动条的移动而移动。和绝对定位类似，固定定位的元素也会脱离文档流，原来所占的空间不保留。其以浏览器窗口为基准定位，也就是当拖动浏览器窗口的滚动条时，依然保持对象位置不变。例如，对图 11-13 上半部分的框 2 设置固定定位，偏移量为 top:20px，left:30px，则框 2 定位的示意图如图 11-13 所示。

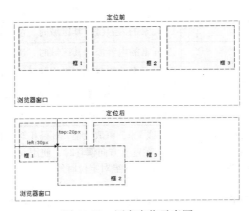

图 11-13　固定定位示意图

下面通过几个示例来演示几种类型的定位。

【示例 11-12】相对定位示例。

```
<!doctype html>
<html>
<head>
<meta charset="utf-8">
<title>相对定位示例</title>
<style>
#father{
    padding:35px;
    background-color:#a0c8ff;
    border:1px dashed #000000;
}
#son1{
    padding:10px;
```

```
        background-color:#fff0ac;
        border:1px dashed #000000;
}
#son2{
        padding:10px;
        position:relative;
        left:30px;
        background-color:#fff0ac;
        border:1px dashed #000000;
}
#son3{
        padding:10px;
        position:relative;
        left:-30px;
        top:30px;
        background-color:#fff0ac;
        border:1px dashed #000000;
}
</style>
</head>
<body>
  <div id="father">
    <div id="son1">div1 静态定位:正常位置显示</div>
    <div id="son2">div2 相对定位：相对于其正常位置向右偏移 30px</div>
    <div id="son3">div3 相对定位：相对于其正常位置向左、向下分别偏移 30px</div>
  </div>
</body>
</html>
```

> div2 相对定位，相对于其正常位置向右偏移了 30px

> div3 相对定位，相对于其正常位置向左、向下各偏移了 30px

上述 div2 和 div3 的 CSS 代码分别使用了 position:relative 设置相对定位，其中 div2 设置了 left:30px，因而相对于其正常位置向右偏移了 30px；div3 同时设置了 left:-30px 和 top:30px，因而相对于其正常位置向左、向下分别偏移了 30px；div1 使用了 position 的默认值 static，进行静态定位，因而在正常位置显示。上述代码在 IE11 浏览器中的运行结果如图 11-14 所示。

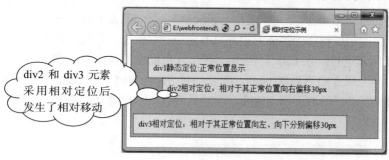

图 11-14　相对定位效果

【示例 11-13】相对于 html 元素进行绝对定位示例。

```
<!doctype html>
<html>
<head>
<meta charset="utf-8">
<title>相对于 html 元素进行绝对定位</title>
<style>
#content{
```

209

```
        width:600px;
        height:450px;
        margin:50px auto;
        background:#CFF;
        padding:50px;
}
#ad1{
        position:absolute;
        top:60px;
        left:30px;
        width:80px;
        height:100px;
        background:#9CF;
        padding:20px 10px;
}
#ad2{
        position:absolute;
        top:0px;
        right:0px;
        width:80px;
        height:100px;
        background:#9CF;
        padding:20px 10px;
}
</style>
</head>
<body>
  <div id="container">
    <div id="content">网页内容</div>
    <div id="ad1">广告 1</div>
    <div id="ad2">广告 2</div>
  </div>
</body>
</html>
```

> 绝对定位，相对于 html 元素的左上顶点向下和向右偏移

> 绝对定位，相对于 html 元素的右上顶点向下和向左偏移

上述 CSS 代码分别对#ad1 和#ad2 两个元素使用 position:absolute 设置绝对定位，从 CSS 代码中可以看到，#ad1 和#ad2 元素的任何一个祖先元素都没有定位，因而这两个元素的定位偏移相对于最外层包含框，即 html 元素进行。在 CSS 代码中，#ad1 元素设置了 top:60px 和 left:30px，因而#ad1 相对于浏览器窗口左上顶点向下偏移 60px，向右偏移 30px；#ad2 元素设置了 top:0px 和 right:0px，因而#ad2 与浏览器窗口的右上顶点重叠。上述代码在 IE11 浏览器中的运行结果如图 11-15 和图 11-16 所示。

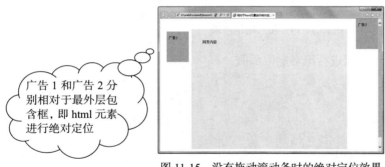

> 广告 1 和广告 2 分别相对于最外层包含框，即 html 元素进行绝对定位

图 11-15　没有拖动滚动条时的绝对定位效果

图 11-15 是没有拖动滚动条时的绝对定位效果，图 11-16 是拖动滚动条后的绝对定位效果。可以看出，绝对定位的元素的位置会随滚动条的拖动而变化，如果希望绝对定位的元素不随滚动条位置的变化而变化，需要使用固定定位。

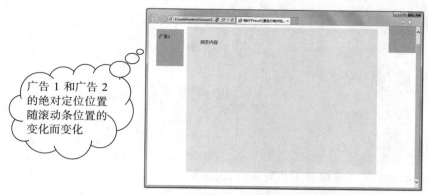

图 11-16　拖动滚动条后的绝对定位效果

示例 11-13 中的#ad1 和#ad2 两个广告元素分别相对于浏览器窗口进行绝对定位，如果希望#ad1 和#ad2 两个元素相对于父元素#container 进行绝对定位，则应首先对父元素#container 进行相对定位，如示例 11-14 所示。

【示例 11-14】相对于父窗口绝对定位示例。

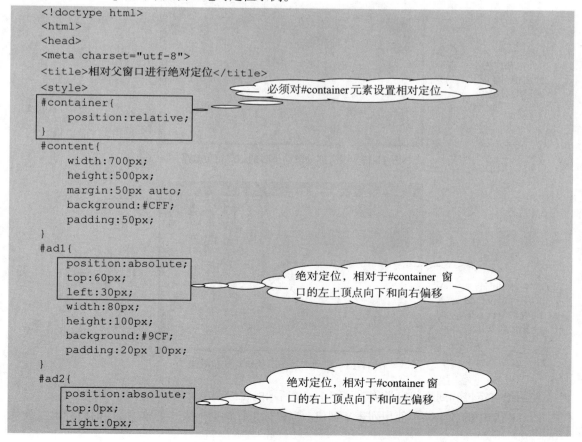

```
<!doctype html>
<html>
<head>
<meta charset="utf-8">
<title>相对父窗口进行绝对定位</title>
<style>
#container{
    position:relative;
}
#content{
    width:700px;
    height:500px;
    margin:50px auto;
    background:#CFF;
    padding:50px;
}
#ad1{
    position:absolute;
    top:60px;
    left:30px;
    width:80px;
    height:100px;
    background:#9CF;
    padding:20px 10px;
}
#ad2{
    position:absolute;
    top:0px;
    right:0px;
```

必须对#container 元素设置相对定位

绝对定位，相对于#container 窗口的左上顶点向下和向右偏移

绝对定位，相对于#container 窗口的右上顶点向下和向左偏移

```
        width:80px;
        height:100px;
        background:#9CF;
        padding:20px 10px;
}
</style>
</head>
<body>
  <div id="container">
    <div id="content">网页内容</div>
    <div id="ad1">广告 1</div>
    <div id="ad2">广告 2</div>
  </div>
</body>
</html>
```

上述 CSS 代码对#container 父元素设置了相对定位，因而子元素#ad1 和#ad2 使用 position: absolute 相对于#container 窗口进行绝对偏移。在 CSS 代码中，#ad1 元素设置了 top:60px 和 left:30px，因而#ad1 相对于#container 窗口左上顶点向下偏移 60px，向右偏移 30px；#ad2 元素设置了 top:0px 和 right:0px，因而#ad2 与#container 窗口的右上顶点重叠。上述代码在 IE11 浏览器中的运行结果如图 11-17 和图 11-18 所示。

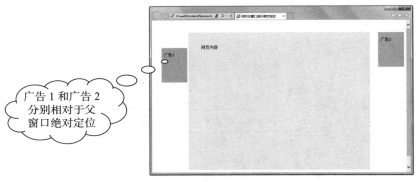

图 11-17　没有拖动滚动条时的绝对定位效果

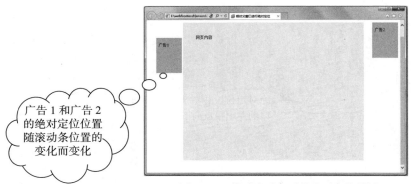

图 11-18　拖动滚动条后的绝对定位效果

使用绝对定位和列表很容易创建如图 11-19 所示的二级菜单。

图 11-19 中的各个菜单使用列表来创建。当鼠标指针移到一级"菜单项 2"时将弹出二级菜

单。要实现图 11-19 所示的效果，就需要将一级菜单中的各个菜单设置为不做任何偏移的相对定位。每个一级菜单弹出的二级菜单相对一级菜单进行绝对定位，并且相对一级菜单的左上顶点向右偏移指定的位移。图 11-19 所示效果的二级菜单涉及的 CSS 和 HTML 代码相对比较多，限于篇幅，在此不列出它们的代码，其完整代码请参见笔者主编的《Web 前端开发技术——HTML、CSS、JavaScript 实训教程》中的"使用绝对定位和列表创建二级菜单"实验。

图 11-19　使用绝对定位和列表创建二级菜单

【示例 11-15】固定定位示例。

```
<!doctype html>
<html>
<head>
<meta charset="utf-8">
<title>固定定位示例</title>
<style>
body{
    margin:20px;
}
#content{
    width:700px;
    height:500px;
    margin:0 auto;
    background:#CFF;
    padding:50px;
}
#ad1{
    position:fixed;
    top:0px;
    left:0px;
    width:80px;
    height:100px;
    background:#9CF;
    padding:20px 10px;
}
#ad2{
    position:fixed;
    top:60px;
    right:30px;
    width:80px;
```

固定定位，相对于浏览器窗口的左上顶点向下偏移 0px，向左偏移 0px，即#ad1 框的左顶点与浏览器窗口左顶点重叠

固定定位，相对于浏览器的右上顶点向下偏移 60px，向左偏移 30px

```
        height:100px;
        background:#9CF;
        padding:20px 10px;
    }
    </style>
    </head>
    <body>
      <div id="container">
        <div id="content">网页内容</div>
        <div id="ad1">广告 1</div>
        <div id="ad2">广告 2</div>
      </div>
    </body>
    </html>
```

上述 CSS 代码分别对#ad1 和#ad2 两个元素使用 position:fixed 设置固定定位，因而这两个元素的定位偏移相对于浏览器窗口。在 CSS 代码中，#ad1 元素设置了 top:0px 和 right:0px，因而#ad1与浏览器窗口的右上顶点重叠；#ad2 元素设置了 top:60px 和 left:30px，因而#ad2 相对于浏览器窗口左上顶点向下偏移 60px，向右偏移 30px。上述代码在 IE11 浏览器中的运行结果如图 11-20 和图 11-21 所示。

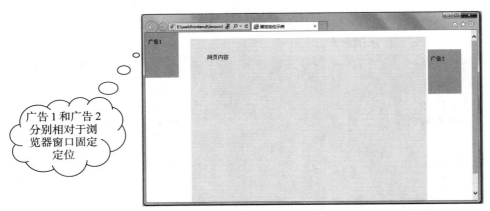

图 11-20　没有拖动滚动条的固定定位效果

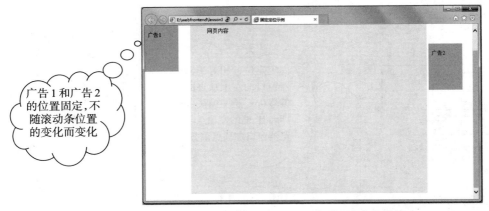

图 11-21　拖动滚动条的固定定位效果

图 11-20 是没有拖动滚动条时的固定定位效果，图 11-21 是拖动滚动条后的固定定位效果。

可以看出，固定定位的元素的位置不会随滚动条的拖动而变化。

习 题 11

1．填空题

（1）CSS 规范给出了 3 种排版模型，分别是＿＿＿＿＿、＿＿＿＿＿和＿＿＿＿＿。

（2）浮动排版可使盒子向左或向右浮动，向左浮动的 CSS 代码是＿＿＿＿＿。

（3）为了使浮动元素后面的盒子下沉，应对后面的盒子清除浮动，清除左边浮动的 CSS 代码是＿＿＿＿＿，清除右边浮动的 CSS 代码是＿＿＿＿＿。

（4）盒子的定位有＿＿＿＿＿、＿＿＿＿＿、＿＿＿＿＿和＿＿＿＿＿。

2．上机题

上机实现图 11-19 所示的二级菜单，以及演示解决子元素全部浮动排版时，父元素高度自适应的 3 个示例。

第12章
网页常见布局版式

　　布局网页就是把要出现在网页中的各个元素进行定位。至今，布局网页的方式有表格布局和 CSS 布局两种。表格布局是一种传统的网页布局方式，该方式已被逐渐摒弃，CSS 布局是 Web 标准推荐的网页布局方式。DIV+HTML5+CSS 是目前经典的网页布局解决方案。布局网页有许多版式，熟练掌握一些常用的版式，将极大提高制作网页的效率。下面介绍几种常用的网页布局版式。

12.1　上中下一栏版式

　　上中下一栏版式用于网页结构的排版，该版式将网页分成上、中、下 3 块内容，如图 12-1 所示，其中网页的页眉为页面的头部内容，其中可包含 Logo、导航条、广告条等；主体内容为页面的中间内容，其中放置的是网页的主体；页脚为页面的页脚内容，其中可包含导航条、联系方式、版权信息、ICP 备案等信息。

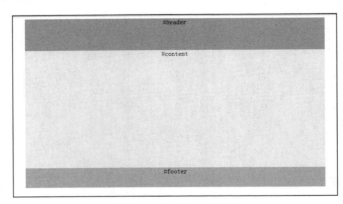

图 12-1　上中下一栏版式

该布局版式的页面结构代码和 CSS 代码如下。

1. 页面结构代码

```
<body>
    <header id="header" class="wrap">#header</header>
    <section id="main" class="wrap">#content</section>
    <footer id="footer" class="wrap">#footer</footer>
</body>
```

2. CSS 代码

```
body {
    text-align: center;
    font-size: 20px;
}
.wrap {
    margin: 0 auto;/*设置元素居中显示*/
    width: 900px;/*在此设置宽度固定,可以设置百分数实现宽度自适应父窗口*/
}
#header {
    height: 100px;
    background: #6cf;
    /*margin-bottom: 5px;*/
}
#main {
    height: 360px;
    background: #cff;
    /*margin-bottom: 5px;*/
}
#footer {
    height: 60px;
    background: #9CF;
}
```

上述代码使用 HTML5 的文档结构标签来定义文档结构, CSS 代码中的.wrap 类样式 margin:0 auto 实现上、中、下 3 个元素水平居中。该版式相对比较简单, 各个元素采用了普通流排版。另外, 上、中、下 3 个元素之间如果希望存在垂直间距, 可以对页眉和主体两个元素设置 margin-bottom 来实现。

12.2　左右两栏版式

左右两栏版式用于排版网页内容, 排版的该部分内容在网页中分成左右两栏, 版式结构如图 12-2 所示。为了便于控制左右两栏的宽度及显示等样式, 在它们的外面再加一个父 DIV, 然后对这个父 DIV 设置水平居中和宽度样式。

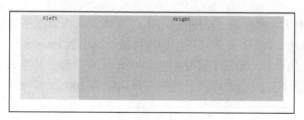

图 12-2　左右两栏版式

在实际应用中, 该版式常用的布局方式有 3 种, 下面分别介绍它们的页面结构代码和 CSS 代码。

1. 页面结构代码

左右两栏的页面结构代码通常有两种形式: 左、右两栏作为页面的主体内容和作为页面的非主体内容。

左、右两栏作为页面的主体内容时, 左栏通常作为侧边栏, 右侧则作为一个区块（section）或一篇独立内容的文章（article），因此页面代码一般如下。

```
<body>
  <div class="wrap">
    <aside id="left">#left</aside>
    <section id="right">#right</section>
    <!--<article id="right">#right</article>-->
  </div>
</body>
```

左、右两栏作为页面的非主体内容时，左、右两栏通常作为两个 DIV 容器，因此页面代码一般如下。

```
<body>
  <div class="wrap">
    <div id="left">#left</aside>
    <div id="right">#right</section>
  </div>
</body>
```

2. CSS 代码

（1）混合浮动+标准流排版 CSS 代码

```
body {
    text-align: center;
    font-size: 20px;
}
.wrap {
    margin: 0 auto;           /*水平居中设置*/
    width: 900px;             /*在此设置宽度固定,可以设置百分数实现宽度自适应父窗口*/
}
#left{
    float: left;              /*向左浮动*/
    width: 200px;
    height: 300px;
    background: #cff;
}
#right {
    height: 300px;
    background: #fcc;
    margin-left: 200px;       /*在左边给浮动元素腾出 200px 的空间*/
}
```

上述 CSS 代码中的父元素使用 "margin:0 auto" 实现元素内容水平居中显示；#left 元素设置向左浮动，使用浮动排版；#right 元素使用标准流排版，其设置 margin-left:200px，为的是腾出左浮动元素宽度 200px，使#right 元素上移时不会和#left 元素重叠。如果希望左、右两元素存在间距，则只要增大#right 元素左外边距即可，此时左外边距等 200+元素间距。

#right 没有设置宽度，因而宽度可以自适应父窗口大小。

（2）纯粹浮动排版 CSS 代码

此时应修改父 DIV 的 HTML 代码为<div class="wrap clearfix">，这样修改的目的是使用伪类选择器解决父元素高度不能自适应的问题，即高度塌陷问题。

```
body {
    text-align: center;
    font-size: 20px;
}
.wrap {
    margin: 0 auto;          /*水平居中设置*/
    width: 900px;
}
.clearfix:after {           /*设置父元素高度自适应*/
    content: "";
    display: block;
    clear: both;
}
#left {
    float: left;            /*向左浮动*/
    width: 200px;
    height: 300px;
    background: #cff;
}
#right {
    float: right;           /*向右浮动*/
    Width: 700px;
    height: 300px;
    background: #fcc;
}
```

上述 CSS 代码对#left 和#right 元素使用了浮动排版，分别被设置为向左和向右浮动。为了得到与（1）中的 CSS 完全一样的效果，#right 的宽度需要设置为 700px，该值等于.wrap 元素的宽度 900px 减#left 的宽度 200px。另外，因为当子元素全部使用浮动排版时，父元素的高度不能自适应变化，所以需要采取相应的措施，在此设置父元素的伪元素 after 的样式来实现其高度自适应变化。

（3）定位排版 CSS 代码

```
body {
    text-align:center;
    font-size:20px;
}
.wrap {
    position:relative;       /*设置相对定位,便于子元素相对它进行绝对定位*/
    margin:0 auto;           /*水平居中设置*/
    width:900px;
}
#left {
    position:absolute;       /*相对父元素绝对定位*/
    top:0px;
    left:0px;
    width:200px;
    height:300px;
    background:#cff;
}
#right{
    position:absolute;       /*相对父元素绝对定位*/
    top:0px;
    right:0px;
```

```
    width:700px;
    height:300px;
    background:#fcc;
}
```

在上述 CSS 代码中，#left 和#right 子元素分别使用了绝对定位排版。需要注意的是，对子元素使用绝对定位前，必须设置.wrap 父元素为相对定位，这样子元素#left 和#right 才便于相对它进行绝对定位。

上述 3 种布局方式实现的效果完全一样，在实际应用中，用户可以任选一种。

12.3　左右两栏+页眉+页脚版式

左右两栏+页眉+页脚版式用于排版网页结构。该版式将网页内容划分为页眉、主体和页脚三块，同时主体又划分为左、右两栏，如图 12-3 所示。该版式其实是前面两个版式的综合应用，就是对上中下一栏版式中的中间部分应用左右两栏版式。

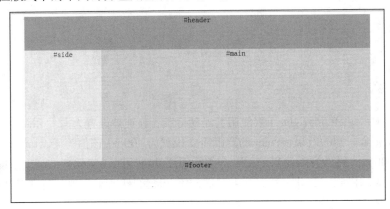

图 12-3　左右两栏+页眉+页脚版式

该版式的页面结构代码和 CSS 代码如下。

1. 页面结构代码

```
<body>
  <header id="header" class="wrap">#header</header>
  <section id="content" class="wrap">
    <aside id="side">#side</aside>
    <article id="main">#main</article>
  </section>
  <footer id="footer" class="wrap">#footer</footer>
</body>
```

2. CSS 代码

```
body {
    text-align: center;
    font-size: 20px;
}
.wrap {
    margin: 0 auto;          /*水平居中设置*/
    width: 900px;
```

```
}
#header {
    height: 90px;
    background: #6cf;
    /*margin-bottom: 5px;*/
}
#content {
    height: 300px;
    /*margin-bottom: 5px;*/
}
#side {
    float: left;              /*向左浮动*/
    height: 300px;
    width: 200px;
    background: #cff;
}
#main {
    height: 300px;
    margin-left: 200px;       /*为浮动元素腾出 200px 的宽度*/
    background: #FCC;
}
#footer {
    height: 50px;
    background: #6cf;
}
```

在上述 CSS 代码中，#side 和#main 元素使用了浮动+普通流混合排版方式布局，它们同样也可以使用纯粹的浮动排版和定位排版两种方式布局，具体的代码请参见 12.2 节，在此不再赘述了。

12.4　左右宽度固定、中间自适应的左中右三栏版式

该版式用于排版网页内容，排版的该部分内容在网页中分成左、中、右三栏，版式结构如图 12-4 所示。该版式和两栏版式一样，使用了容器 DIV 来控制三栏内容的居中和宽度。

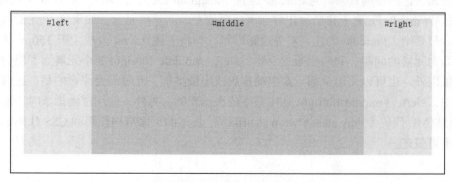

图 12-4　左中右三栏版式

该版式可以使用左、右浮动+中间标准排版的布局。

1. 页面结构代码

```
<body>
    <div class="wrap">
```

```
        <aside id="left">#left</aside>
        <aside id="right">#right</aside>
        <!--#middle 必须放在#left 和#right 元素之后-->
        <section id="middle">#middle</section>
    </div>
</body>
```

2. CSS 代码

```
body {
    text-align:center;
    font-size:20px;
}
    .wrap {
        margin:0 auto;              /*水平居中对齐*/
        width:900px;
            }
    #left {
        float:left;                 /*向左浮动*/
        width:150px;
        height:300px;
        background:#cff;
            }
    #right {
        float:right;                /*向右浮动*/
        width:150px;
        height:300px;
        background:#cff;
            }
    #middle{
        height:300px;
        background:#fcc;
        margin:0 150px;             /*在左、右两侧分别为浮动元素腾出 150px 的宽度*/
            }
```

　　上述代码对#left 和#right 两个元素分别设置了向左和向右浮动以及宽度样式，#middle 元素采用标准流排版。需要注意的是，在页面代码中必须先写#left 和#right 两个元素，最后写#middle 元素，否则将无法达到预期效果。对#middle 设置"margin:0 150px"，为左、右浮动元素腾出 150px 的宽度，这样#middle 元素上移后，正好在两边环绕左、右浮动元素。如果 3 个元素需要存在一定的间距，只要增大#middle 的左、右外边距即可，即将上述 150px 改成大于 150px 的某个值，增加的值即为元素的间距。和两栏版式一样，#left、#middle 和#right 3 个元素除了使用上面代码所示的排版以外，也可以使用全部元素浮动排版或定位排版，此时需要注意的是，这两种布局的页面代码中，#left、#middle 和#right 是按顺序依次出现的，另外，使用浮动排版时还需要修改容器 DIV 的 HTML 代码为<div class="wrap clearfix">，具体的页面结构代码和 CSS 代码请参见 12.2 节，在此不再赘述。

12.5　左中右三栏+页眉+页脚版式

　　该版式用于排版网页结构，该版式将网页内容划分为页眉、主体和页脚三块，同时主体又划分为左、中、右三栏，版式结构如图 12-5 所示。该版式其实是上中下一栏版式和左右宽度固定、中间自适应的左中右三栏版式的综合应用，就是对上中下一栏版式的中间部分应用宽度固定且居中的左中右三栏版式。

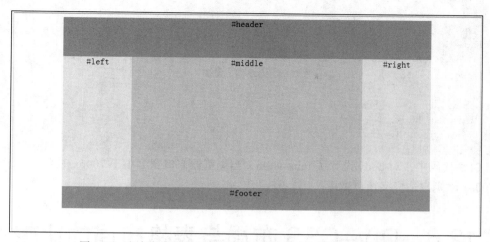

图 12-5　左右宽度固定、中间自适应的左中右三栏+页眉+页脚版式

该版式的页面结构代码和 CSS 代码如下。

1.　页面结构代码

```
<body>
    <header id="header" class="wrap">#header</header>
    <div class="wrap">
        <aside id="left">#left</aside>
        <aside id="right">#right</aside>
        <!--#middle 必须放在#left 和#right 元素之后-->
        <section id="middle">#middle</section>
    </div>
    <footer id="footer" class="wrap">#footer</footer>
</body>
```

2.　CSS 代码

```
body {
    text-align: center;
    font-size: 20px;
    min-width: 700px;        /*当浏览器窗口宽度小于700px时会显示滚动条,否则自适应父窗口宽度*/
}
.wrap {
    width: 80%;              /*页面内容占浏览器窗口宽度的80%*/
    margin: 0 auto;
}
#header {
    height: 90px;
    background: #6cf;
}
#left {
    float:left; /*向左浮动*/
    width:150px;
    height:300px;
    background:#cff;
```

```
}
#right {
    float:right; /*向右浮动*/ width:150px; height:300px;
    background:#cff;
}
#middle{
  height:300px; background:#fcc;
   margin:0 150px; /*在左、右两侧分别为浮动元素腾出 150px 的宽度*/
}
#footer {
   height: 50px;
    background: #6cf;
}
```

在 CSS 代码中，对 body 设置了 min-width，当浏览器窗口宽度小于 700px 时会显示滚动条，大于 700px 时则自适应父窗口宽度。

12.6 DIV+CSS 布局与表格布局的比较

从语义上讲，W3C 制定 table 标签的本意只是用它来定义表格结构，并不是用于布局网页，文档中如果有表格，就应该用 table 标签来定义表格元素；而 DIV+CSS 布局网页是符合 Web 标准的主要手段之一，目前大多数符合标准的页面都采用 DIV+CSS 来布局。

DIV+CSS 布局实现了表现和内容完全分离，便于美工和开发人员分工；同时 CSS 样式可重复使用，从而大大缩减页面代码，提高页面浏览速度；此外，使用 DIV+CSS 布局的网页，结构清晰，更有利于搜索引擎搜索。table 布局表现和内容混杂在一起，结构不清晰，布局代码不能重用，因而包含许多相同的布局代码，大大增加文件大小，影响浏览速度。另外，为了达到一定的视觉效果，不得不套用多个表格，而搜索引擎一般不抓取三层以上的表格嵌套，遇到多层表格嵌套时，spider 通常会跳过嵌套的内容或直接放弃整个页面。

使用 DIV+CSS 布局易于维护，只需修改一次 CSS 即可；使用 table 布局需要修改网页的样式时，常常需要在许多网页中进行相同的修改，而且可能涉及内容的修改，工作量巨大，容易遗漏甚至出错。例如，要对换网页 left 和 right 板块的内容，表格布局方式下的工作量与制作新的页面相当，而 DIV+CSS 布局方式只需修改 left 和 right 板块的绝对定位位置或浮动方向即可。

习 题 12

1. 简述题
简述常见的网页布局版式有哪些，分别如何划分页面结构。

2. 上机题
分析图 12-6 所示页面的布局版式，并综合使用标准流、浮动和定位排版方式实现图 12-6 所示页面的布局。

图 12-6　页面效果

第 13 章
JavaScript 基础

JavaScript 是一种解释型的脚本语言，被大量应用于网页中，用于实现和网页浏览用户的动态交互。目前几乎所有浏览器都可以很好地支持 JavaScript。由于其可以及时响应浏览者的操作、控制页面的行为表现、提高用户体验，因而 JavaScript 已经成为前端开发必须掌握的技能之一。本章主要介绍 JavaScript 的基础知识。

13.1　JavaScript 概述

JavaScript 是为适应动态网页制作的需要而诞生的一种编程语言，如今越来越广泛地应用于 Internet 网页制作上。JavaScript 是由 Netscape（网景）公司开发的嵌入 HTML 文件中的基于对象（Object）和事件驱动（Event Driven）的脚本语言。在 HTML 基础上，使用 JavaScript 可以开发交互式 Web 网页。JavaScript 的出现使得网页和用户之间实现了实时性的、动态的、交互性的关系。

13.1.1　JavaScript 发展历史及组成部分

1. 发展历史

JavaScript 最初由 Netscape 的 Brendan Eich 于 1992 年开发，开发的目的是扩展即将于 1995 年发行的 Netscape Navigator 2.0（NN 2.0）的功能，提高网页的响应速度。最初 JavaScript 叫作 LiveScript，后来因为 Netscape 和 Sun 公司合作，且 Java 正处于强劲的发展势头，出于市场营销的目的，Netscape 和 Sun 公司协商后，将其名称改为 JavaScript。当时的微软为了取得技术上的优势，在 IE 3.0 上发布了 VBScript，并命名为 JScript，以此来应对 JavaScript。其实 JScript 和 JavaScript 基本上是相同的。为了使用上的一致性，1997 年，在欧洲计算机制造商协会（European Computer Manufacturers Association，ECMA）的协调下，由 Netscape、Sun、微软、Borland 组成的工作组为 JavaScript 和 JScript 等当时存在的主要脚本语言确定了统一标准：ECMA-262（ECMAScript）。所以在 JavaScript、JScript、ECMAScript 三者的关系中，ECMAScript 是总的规范，JavaScript 和 JScript 是依照这个规范开发的，它们和 ECMAScript 相容，但包含了超出 ECMAScript 的功能。现在 JavaScript、JScript 和 ECMAScript 都统称为 JavaScript 。

2. 组成部分

标准化后的 JavaScript 包含了如图 13-1 所示的 3 个组成部分。

图 13-1　JavaScript 组成部分示意图

ECMAScript：定义了基本的语法和对象。现在每种浏览器都有对 ECMAScript 标准的实现。

DOM（Document Object Model）：文档对象模型，它是 HTML 和 XML 文档的应用程序编程接口。浏览器中的 DOM 把整个网页规划成由节点层级构成的文档。用 DOM API 可以轻松地删除、添加和替换文档节点。

BOM（Browser Object Model）：浏览器对象模型，描述了与浏览器窗口进行访问和操作的方法和接口。

13.1.2　JavaScript 与 Java 的关系及编辑工具

1. 与 Java 的关系

JavaScript 最初是受 Java 启发而开始设计的，目的之一就是"看上去像 Java"，因此它在语法上和 Java 有类似之处，一些名称和命名规范也源自 Java。但 JavaScript 除了在语法上和 Java 有些类似，以及前面所说的出于市场营销的目的，名字和 Java 有点相似以外，它在其他方面和 Java 存在很大的不同，主要体现在以下几点。

（1）JavaScript 由浏览器解释执行，Java 程序则是编译执行。

（2）JavaScript 是一种基于对象的脚本语言，Java 则是一种面向对象的编程语言。

（3）JavaScript 是弱类型语言，可以不声明变量而直接使用变量；Java 是强制类型语言，变量在使用前必须先声明。

2. 编辑工具

因为 JavaScript 源代码是纯文本代码，所以可以使用任何文本编辑器来编辑 JavaScript，甚至可以使用 Microsoft Word 这样的字处理软件，但此时一定要确保将文件保存为文本文件类型。建议最好使用以纯文本作为标准格式的软件，如记事本、EditPlus、Sublime Text 、WebStorm、IntelliJ IDEA、Dreamweaver 等。

13.1.3　JavaScript 的特点

JavaScript 是一种运行在浏览器中的，主要用于增强网页的动态效果，提高网页与用户交互性的编程语言，相比于其他编程语言，它具有许多特点，主要包括以下几方面。

（1）解释性

JavaScript 不同于一些编译性的程序语言，它是一种解释性的程序语言，它的源代码不需要经过编译，可以在浏览器中运行时进行解释。

（2）动态性

JavaScript 是一种基于事件驱动的脚本语言，它不需要经过 Web 服务器就可以对用户的输入直接做出响应。

（3）跨平台性

JavaScript 依赖于浏览器本身，与操作环境无关，任何浏览器，只要具有 JavaScript 脚本引擎，就可以执行 JavaScript。目前，几乎所有用户使用的浏览器都内置了 JavaScript 脚本引擎。

（4）安全性

JavaScript 是一种安全性语言，它不允许访问本地的硬盘，同时不能将数据存入服务器，不允许对网络文档进行修改和删除，只能通过浏览器实现信息浏览或动态交互。这样可有效防止数据丢失。

（5）基于对象

JavaScript 是一种基于对象的语言。这意味着它能运用自己已经创建的对象。因此，许多功能可以来自于脚本环境中对象的方法与脚本的相互作用。

13.1.4　JavaScript 语法特点

1. 区分大小写

和 Java 一样，JavaScript 代码中的标识符也区分大小写，所以 Student 和 student 是两个不同的标识符，如果把 student 写成 Student，程序将会出错或得不到预期结果。通常，JavaScript 中的关键字、变量、函数名等标识符全部小写，如果名词是由多个单词构成的，则从第二个单词开始，每个单词的首字母大写。

2. 语句结束的分号问题

不同于 Java 每条语句结尾必须加上分号，JavaScript 语句结尾处的分号是可选的，即可加可不加。如果语句结尾不加分号，则 JavaScript 会对当前语句和下一行语句进行合并解析，如果不能将两者当成一个整体来解析的话，那么 JavaScript 会在当前语句换行处填补分号。例如：

```
var a
a
=
3
```

解析的结果为"var a;a=3;"。

JavaScript 语句结尾添加分号在大多数情况下是正确的，但也有两个例外情况。第一个例外情况是涉及 return、contiune 和 break 这 3 个关键字时。不管在什么情况下，如果这些关键字的行尾处没有分号，JavaScript 都会在它们的换行处填补分号。例如，本意是"return true;"的语句，如果写成以下形式：

```
return
true;
```

则 JavaScript 解析后的结果将变成"return;true;"。第二个例外情况是涉及"++"和"--"这两个运算符时。这些运算符既可作为表达式前缀使用，也可以作为表达式后缀使用。如果将其作为表达式后缀使用，它和表达式应该在同一行，否则 JavaScript 将在行尾处填补分号。例如，本意是"x++;y;"的语句，如果写成以下形式：

```
x
++
y
```

则解析的结果为"x;++y;"。

由前面两个例子可见，为了使语句不出现歧义，最好在每条语句的结尾处都加上分号。

13.1.5　JavaScript 代码执行顺序和调试

1. 执行顺序

JavaScript 代码按照执行的机制可分为两类：事件处理代码和非事件处理代码。非事件处理代码在 HTML 文档内容载入后，将按 JavaScript 在文档中出现的顺序，从上往下依次执行。事件处理代码则在 HTML 文件内容载入完成，并且所有非事件处理代码执行完成后，才根据触发的事件执行对应的事件处理代码。

2.　JavaScript 代码的调试

因为在编写 JavaScript 的过程中，很有可能会出现一些语法错误，所以在开发过程中需要经常调试脚本代码。脚本代码的调试包括代码调试和工具调试，脚本代码的调试方法，将在下一节详细介绍。

13.2　JavaScript 代码的调试方法

程序员在开发程序时，经常会碰到程序异常现象，要快速定位并解决程序异常，要求程序员掌握常用的代码调试方法和调试工具。在 JavaScript 代码中，最常用的调用方法是 alert()方法和console.log()方法，最常用的调用工具是 IE 浏览器的的"开发人员工具"、Firefox 浏览器的 Firebug工具（对较低版本的 Firefox 浏览器）或 Firefox 浏览器的 "开发者>>Web 控制台"（对较高版本的 Firefox 浏览器）以及 Chrome 浏览器的 "开发者工具"。

13.2.1　使用 alert()方法调试 JavaScript 代码

在 JavaScript 程序中常使用 Window 对象的 alert()方法进行代码跟踪或定位程序错误。alert()方法的作用是生成一个警告对话框，对话框中显示的信息由方法参数决定。alert()方法可以出现在脚本程序中的任意位置。alert()方法通过显示的值来跟踪代码，并根据是否能显示警告对话框来定位错误。

alert()基本语法如下。

```
方式一：alert(msg);
方式二：window.alert(msg);
```

alert()方法是 window 对象的方法，可以通过 window 对象来调用，也可以直接调用。参数msg 可以是任意值，当参数为非空对象以外的值时，警告对话框中显示的信息为参数值；当参数为非空对象时，警告对话框中显示的是以[object object]格式表示的对象，其中第二个 object会根据具体的对象来变化值。例如，如果对象是一个表单输入框，那么在对话框中将显示[object HTMLInputElement]。

【示例 13-1】使用 alert()方法调试代码。

```
<!doctype html>
<html>
<head>
<meta charset="utf-8">
<title>使用 alert()方法调试代码</title>
<script>
var sum = 0,i = 1;
while(sum<20){
    sum += i;
    alert("sum="+sum);    //跟踪 sum 变量的值
    alert("i="+i);        //跟踪变量 i 的值
    i++;
```

```
        }
    </script>
    </head>
    <body>
        累加结果: <input id="val" type="text"/>
        <script>
        alert('111');  //定位错误
        var oText = documnt.getElementById('val');
        alert('222'); //定位错误
        oText.value = sum;
        </script>
    </body>
    </html>
```

注：示例 13-1 的代码中包含了多条 JavaScript 代码，这些代码的作用，读者现在不用过多关注，后面都会一一介绍，目前只需要关注调试 JavaScript 代码的方法就可以了。

上述代码在 while 循环语句中使用了两个 alert() 方法来分别跟踪 sum 变量和 i 变量的值，从显示的对话框中可以看到这两个变量值的变化。另外在第二个 script 标签对之间也使用了 alert() 方法，这两个 alert() 方法主要用来定位错误。

上述代码在 IE11 浏览器运行时，首先执行第一个<script></script>标签对之间的 JS 代码块，该代码块主要处理一个循环语句，在第一次循环时弹出图 13-2 所示的警告对话框，然后程序停止执行，直到单击了图 13-2 所示对话框中的"确定"按钮后，程序才会继续执行，并弹出图 13-3 所示的对话框，同样，只要不单击图 13-3 所示对话框中的"确定"按钮，程序就一直停止执行。可见，alert() 具有阻塞程序执行的作用。

图 13-2　第一次循环时显示的变量 sum 值　　　图 13-3　第一次循环时显示的变量 i 值

从运行结果中，可以看到 while 循环语句总共执行了 6 次，每次都会弹出两个警告对话框分别显示变量 sum 和变量 i 的值。由于篇幅原因，在此只显示了第一次循环的运行结果，其他循环的运行结果和图 13-2、图 13-3 类似，所不同的是，这两个变量的值不同。

执行完第一个<script></script>之间的 JavaScript 代码后，在页面中显示表单输入框，接着执行第二个<script></script>之间的 JavaScript 代码。结果只显示图 13-4 所示的警告对话框，即只有"alert('111');"执行了，"alert('222');"并没有执行。可见"alert('111');"和"alert('222');"之间的代码有错误，导致程序无法往下执行。检查该行代码后，发现 documnt 写错了，正确的写法是 document。

图 13-4　alert('111')代码的执行结果

13.2.2　使用 console.log()方法调试 JavaScript 代码

在 JavaScript 中，除了使用 alert()调用代码外，还常常使用 console 对象的 log()调试 JavaScript 程序，console.log()方法的作用是在浏览器的控制台中输出指定的参数值。

需要注意的是，在一些较低版本的浏览器，如 IE 6 以及没装 Firebug 插件的较低版本的 Firefox 等浏览器中是不能使用 console.log()的。现在 IE11 以及较新版本的 Firefox 和 Chrome 不用安装任何插件，就具备调试功能，对于这些浏览器，window 对象会自动注册一个名为 console 的成员变量，指代调试工具中的控制台。

console.log()的使用语法如下。

```
console.log(msg);
```

log()方法的参数 msg 和 alert()方法的参数用法一样，也可以是任意值，但当参数为非空对象时，不同于 alert()输出的是[object object]格式的内容，log()输出的内容包含对象的结构内容。

就调试作用来说，alert()和 console.log()方法类似，但相比于 alert()，使用 console.log()是一种更好的方式，原因如下。

（1）alert()会阻断 JavaScript 程序的执行，不单击"确定"按钮，后续代码就无法继续执行；而 console.log()仅在控制台中打印相关信息，不会阻断 JavaScript 程序的执行。

（2）输出内容为对象时，console.log()输出的对象能看到对象结构内容；而 alert()是以[object object]格式输出对象，无法看到对象结构内容。

【示例 13-2】使用 console.log()方法调试代码。

```
<!doctype html>
<html>
<head>
<meta charset="utf-8">
<title>使用 console.log()方法调试代码</title>
<script>
var sum = 0,i = 1;
while(sum<20){
    sum += i;
    console.log("sum="+sum); //跟踪 sum 变量的值
    console.log("i="+i); //跟踪变量 i 的值
    i++;
}
</script>
</head>
<body>
累加结果: <input id="val" type="text"/>
  <script>
  var oText=document.getElementById('val');
  oText.value=sum;
  </script>
  </body>
</html>
```

上述代码在 IE11 浏览器中执行后，依次单击菜单中的"工具→开发人员工具"，打开 IE11 浏览器的"开发者工具"，默认打开浏览器控制台，在控制台中查看各个 console.log()的输出结果，如图 13-5 所示。刷新图 13-5 所示的页面，可以看到几乎在控制台显示结果的同时，也显示了表单输入框，可见 console.log()不会阻塞 JavaScript 程序执行。

图 13-5   console.log() 的输出结果

13.2.3　使用 IE11 的"开发人员工具"调试脚本代码

对于 JavaScript 程序的调试，除了在 JavaScript 程序中使用 alert()、console.log() 方法外，开发人员也会经常使用一些调试工具。最常用的 JavaScript 调试工具就是一些主流浏览器提供的调试工具，如 IE11 浏览器的"开发人员工具"、较低版本的 Firefox 浏览器的 Firebug 工具或较高版本的"开发者>>Web 控制台"以及 Chrome 浏览器的"开发者工具"。由于篇幅原因，下面只介绍 IE11 浏览器的"开发人员工具"，Chrome 浏览器的"开发者工具"、Firefox 浏览器的 Firebug 和"开发者→Web 控制台"工具的使用和 IE11 浏览器的"开发人员工具"类似，读者可参考 IE11 浏览器的"开发者工具"来使用它们。

相对于使用 alert() 方法来定位错误，使用调试工具会更便捷高效，因为调试工具可以在控制台具体指出出错的代码行数，以及具体的错误类型。此外，还可以使用控制台直接运行 JavaScript 代码。

【示例 13-3】使用 IE11 浏览器的"开发人员工具"调试代码。

```
<!doctype html>
<html>
<head>
<meta charset="utf-8">
<title>使用调试工具调试代码</title>
<script>
var sum = 0,i = 1;
while(sum<20){
    sum += i;
    i++;
}
console.log("sum="+sum);
</script>
</head>
<body>
</body>
</html>
```

1．调试代码

（1）在 IE11 浏览器中运行 HTML 文件，然后按 F12 快捷键或依次单击菜单栏中的"工具→开发人员工具"命令，打开图 13-6 所示的调试窗口。从图 13-6 中可以看到"开发人员工具"窗口有很多选项卡，对于 JavaScript 代码，主要用到的选项卡为"控制台"和"调试程序"，它们分别用于查看错误提示等信息和调试代码。

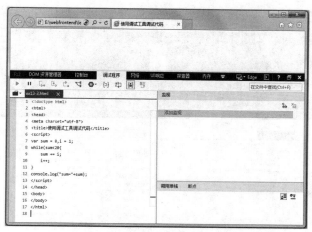

图 13-6　调试窗口

（2）刷新页面，此时如果程序代码有错误，则会在左边窗口的源代码中指出错误代码，并在错误代码的下面显示错误信息，该错误信息也会显示在控制台中；如果代码没有错误，只是漏掉了某个圆括号或花括号，则只会将错误提示信息显示在控制台中，如图 13-7 所示。

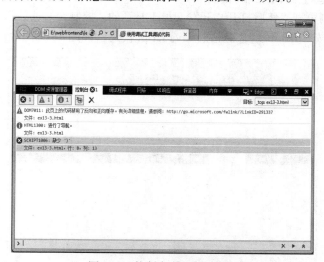

图 13-7　控制台中的显示信息

（3）从图 13-7 中可以看到，"控制台"窗口中同时显示了错误、警告和普通 3 类信息。这 3 类信息默认情况下会同时显示，如果不想看到某些信息，可以单击相应信息对应的选项卡来取消显示。从图 13-7 中可以看到，错误信息中除了提示出错原因外，还显示了错误代码所在的行、列。

（4）修改图 13-7 中所报错误后，在"开发人员工具"窗口切换到"调试程序"选项卡，然后为代码设置断点，方法为：在相应的代码左侧单击鼠标左键，此时相应代码的左侧显示一个红点，如图 13-8 所示。设置断点后刷新页面，根据需要可以单击调试窗口中的▶按钮或按 F5 快捷键实现在每次代码运行过程中跟踪代码，也可以单击 ⌂、⌂、⌂.这 3 个按钮中的其中一个或按这 3 个按钮对应的快捷键分别实现逐句（F11）、逐过程（F10）和跳出（Shift + F11）这 3 种调试模式。在调试过程中，可以在右侧监视窗口中的[Locals]选项卡中跟踪每一个变量在运行过程中的取值情况。通过跟踪变量值的变化，可以发现变量的取值是否正确。

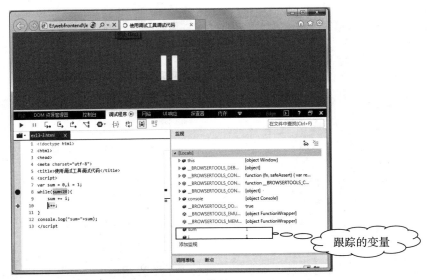

图 13-8　断点调试代码

2. 使用控制台运行 JavaScript 代码

（1）打开 IE11 浏览器，然后打开"开发人员工具"的"控制台"选项卡，在光标所在位置输入 JavaScript 代码或按 Ctrl + V 组合键粘贴 JavaScript 代码，如图 13-9 所示。

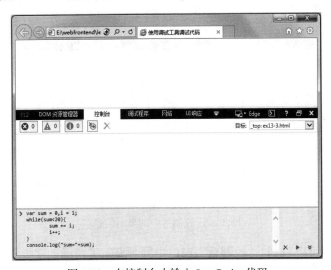

图 13-9　在控制台中输入 JavaScript 代码

（2）单击图 13-9 右下角中的"运行"按钮▶，即可运行控制台中的 JavaScript 代码，运行结果如图 13-10 所示。图 13-10 中最后一行就是运行结果。

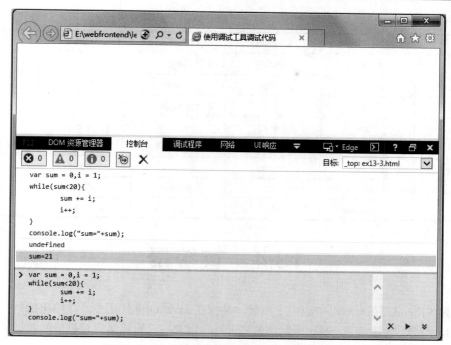

图 13-10　在控制台中运行 JavaScript 代码的结果

13.3　标识符、关键字和保留字

标识符其实就是一个名称，该名称可用来命名变量和函数，或者用作 JavaScript 代码中某些循环语句中跳转位置的标签。JavaScript 的标识符命名规则与 Java 以及其他许多语言的命名规则相同，具体如下。

（1）标识符第一个字符必须是字母、下划线（_）或美元符号（$），其后的字符可以是字母、数字或下划线、美元符号。

（2）标识符不能和 JavaScript 中的关键字及保留字同名，但可以包含关键字及保留字。关键字及保留字请参见本节后面的内容介绍。

（3）标识符不能包含空格。

（4）标识符不能包含 "+" "-" "@" "#" 等特殊字符。

（5）由多个单词组成的复合标识符命名主要有两种方式：一是使用下划线连接各个单词，每个单词都小写，如 dept_name；二是使用驼峰式，主要格式是第一个单词都小写，从第二个单词开始的每个单词首字母大写，其余字母小写，如 deptName。

标识符示例：user_name、_name、$name、ab、ab123 都是合法的标识符，1a、a b、123、while 都不是合法的标识符。

JavaScript 关键字是指具有特定含义的标识符，比如表示控制语句的开始或结束、用于执行特定操作，它们将在特定的场合中使用。JavaScript 保留字是指目前还不具有特定含义，但将来可能会用来表示特定含义的标识符。为了引起不必要的问题，不可以使用 JavaScript 关键字和保留字作为变量名或函数名。表 13-1 列出了 JavaScript 常见的关键字和保留字。

表 13-1　　　　　　　　　　　　　JavaScript 关键字和保留字

var	new	boolean	float	int	char
byte	double	function	long	short	true
break	continue	interface	return	typeof	void
class	final	in	package	synchronized	with
catch	false	import	null	switch	while
extends	implements	else	goto	native	static
finally	instaceof	private	this	super	abstract
case	do	for	public	throw	default
let	arguments	const	if	try	eval

13.4　直接量

直接量（literal）在有些书中也叫字面量，是指在 JavaScript 代码中直接给出的数据，例如，String hello="您好""为变量 hello 所赋的值"您好"就是一个直接量。根据值的数据类型，直接量可分为以下几种类型。

- 整型直接量：只包含整数部分，可使用十进制、十六进制和八进制数表示，如 123。
- 浮点型直接量：由整数部分加小数部分表示，如 1.23。
- 布尔型直接量：只有 true 和 false 两种取值。
- 字符型直接量：使用单引号或双引号引起来的一个或几个字符或以反斜扛开头的称为转义字符（参见 13.6.2 章节的介绍）的特殊字符，如"Hi"、'你好'、\n（换行转义字符）。
- 空值：使用 null 表示，表示没有对象，用于定义空的或不存在的引用。

13.5　变量

程序在将来需要使用某个值时，必须首先将其赋值给（将值"保存"到）一个变量。所谓变量，是指计算机内存中暂时保存数据的地方的符号名称，可以通过该名称引用值。在程序中，对内存中的数据的各种操作都是通过变量名来实现的。在程序的执行过程中，变量保存的数据可能会发生变化。

变量的命名规则遵循标识符的命名规则。此外，在程序中应尽量使用有意义的名称来命名变量，尽量不要使用 x、y、z、a、b、c 或它们的组合等没有具体含义的符号来命名变量。一个好的变量名能见名知意。如果一个变量名由多个单词构成，则可以使用"驼峰式"或"下划线式"的变量名，如 userName、user_name。

13.5.1　变量的声明与赋值

使用 JavaScript 变量前一般需要先声明，JavaScript 变量的声明在 ECMAScript 6 版本以前一直使用关键字 var，ECMAScript 6 版本之后增加了关键字 let 来声明变量。这两种方式声明的变量的主要不同点在于：let 支持块级作用域（作用域为循环、判断等语句块），var 不支持；在同一个作用域中，var 可以重复声明同一个变量，let 不能重复声明同一个变量。不同于强类型的 Java 变量，声明时需要指定变量的数据类型，JavaScript 采用弱数据类型的形式，它的变量是自由变量，可以接受任何类型的数据，在声明时无需定义数据类型。声明 JavaScript 变量的语法有以下几种方式。

```
方式一：var 变量名；
方式二：var 变量名 1,变量名 2,…,变量名 n；
方式三：var 变量名 1＝值 1,变量名 2＝值 2,…,变量名 n＝值 n；
```

语法说明如下。

（1）变量的具体数据类型由所赋值的数据类型决定。例如：

```
var message="hello";          //值为字符串类型,所以 message 变量的类型为字符串类型
var message=123;              //值为数字类型,所以 message 变量的类型为数字类型
Var message=true;            //值为布尔类型,所以 message 变量的类型为布尔类型
```

（2）使用 var 可以一次声明一个变量，也可以一次声明多个变量，变量之间使用逗号隔开。例如：

```
var name;                     //一次声明一个变量
var name,age,gender;          //一次声明多个变量
```

（3）声明变量时可以不赋值，此时其值默认为 undefined；也可以在声明变量的同时给变量赋值。例如：

```
var name="张三";                   //声明的同时给变量赋值
var name="张三",age=20,gender;      //在一条声明语句中给部分变量赋值
var name="张三",age=20,gender='女';  //在一条声明语句中给全部变量赋值
```

（4）可以使用 var 多次声明同一个变量。如果重复声明的变量具有初始值，则此时的声明就相当于对变量重新赋值。如果仅仅是为了修改变量的值，不建议重复声明，直接在声明语句后面对变量重新赋值就可以了。

（5）变量也可以不事先使用 var 声明，而直接使用，此时的变量使用简单但不易发现变量名方面的错误，所以一般不建议使用此方法。

注：上述使用 var 声明变量的方式都适用于 let，语法说明中的（1）～（3）也适用于 let。

在实际应用中，直接将循环变量的声明作为循环语法的一部分。例如：

```
for(var i=0;i<10;i+=){...}
```

13.5.2　变量的作用域

所谓变量的作用域（scope），是指变量在程序中的有效范围，也就是程序中使用这个变量的区域。在 ECMAScript 6 之前，变量的作用域主要分为全局作用域、局部作用域（也称函数作用域）两种；在 ECMAScript 6 及其之后，变量的作用域主要分为全局作用域、局部（函数）作用域和块级作用域 3 种，相应作用域的变量分别称为全局变量、局部变量和块级变量。全局变量声明在所有函数之外，局部变量是在函数体内声明的变量或者是函数的形参，块级变量是在块中声明的变量，只在块中有效。

变量的作用域与声明方式有很密切的关系。使用 var 声明的变量有全局作用域和局部作用域，没有块级作用域；使用 let 声明的变量有全局作用域、局部作用域和块级作用域。需要注意的是，

var 变量的全局作用域是对整个页面的脚本代码有效，而 let 变量的全局作用域是指从声明语句开始到页面脚本代码结束之间的整个区域，声明语句之前的区域是无效的；使用 var 声明的局部变量在整个函数中有效，使用 let 声明的局部变量在从声明语句开始到函数结束之间的区域有效；块级变量的作用域是从块级变量声明语句开始到块结束之间的区域。从块开始到块级变量声明语句之间的区域为"暂时性死区"，在这个区域，块级变量无效。另外，如果局部变量和全局变量同名，则在函数作用域中，局部变量会覆盖全局变量，即在函数体中起作用的是局部变量；在函数体外，全局变量起作用，局部变量无效，此时引用局部变量将出现语法错误。同名的块级变量、局部变量和全局变量之间的有效性和局部变量及全局变量的类似。还有一点需要特别注意的是，所有没有使用 var 声明的变量不管在哪里，都属于全局变量。

【示例 13-4】变量的作用域示例。

```
<!doctype html>
<html>
<head>
<meta charset="utf-8">
<title>变量作用域示例</title>
<script>
var gv1="JavaScript1";              //在函数体外声明的变量为全局变量
var gv2="JavaScript2";              //在函数体外声明的变量为全局变量
scopeTest();                        //调用函数
function scopeTest(){
    var lv="aaa";                   //在函数体内声明的变量为局部变量
    var gv2="bbb";                  //在函数体内声明的变量为局部变量
    vv="VBScript";                  //没有使用 var 声明,虽然在函数体内声明,但属于全局变量
    console.log("函数体内输出的值: ");
    console.log("gv1="+gv1);
    console.log("gv2="+gv2);
    console.log("gv3="+gv3);
    //gv3 为全局变量,但赋值在函数调用后面,因而将输出 undefined
    console.log("lv="+lv);
}
var gv3="JavaScript3";              //在函数体外声明的变量为全局变量
console.log("函数体外输出的值: ");
console.log("gv1="+gv1);
console.log("gv2="+gv2);
console.log("gv3="+gv3);
console.log("vv="+vv);              //vv 为全局变量,在此处仍然有效
console.log("<li>lv="+lv);          //局部变量,离开函数体将无效
</script>
</head>
<body>
</body>
</html>
```

上述脚本代码分别定义了 4 个全局变量和两个局部变量，在 IE11 浏览器中的运行结果如图 13-11 所示。

从图 13-11 中可以看出，所有在函数体之外声明的变量都是全局变量，作用于整个脚本代码，所以如果在函数体内没有被局部变量覆盖的话，全局变量将在函数体内、外都有效。在函数体中

使用 var 声明的变量为局部变量，包括 gv2 和 lv，其中 gv2 与全局变量 gv2 同名。从上面的介绍已经知道，因为在函数体内，局部变量将覆盖全局变量，此时局部变量有效，所以在函数体内输出 gv2 的值为 bbb，而不是 JavaScript2。从图 13-11 中可见，没有赋值的 gv3 变量将输出 undefined。另外，在函数体内，变量 vv 没有使用 var 声明，因而 vv 为全局变量，所以在函数体内和函数体外都有效。局部变量离开函数体后无效，此时访问局部变量，将会出现运行时错误，如图 13-11 中所报的 lv 变量错误。

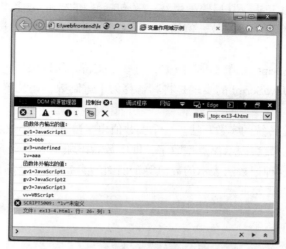

图 13-11　变量作用域示例结果

13.6　数据类型

JavaScript 是弱类型的编程语言，声明变量时不需要指明类型，变量的类型由所赋值的类型决定，所以 JavaScript 的数据类型是针对直接量的。数据类型限制了数据可以进行的操作，以及其在内存中占用的空间大小。例如，数字类型的数据可以进行算术、比较等运算，字符串类型的数据可以进行字符串连接、排序、子串截取等运算。

JavaScript 支持的数据类型分为两大类：基本类型和复杂类型。基本类型包括数字（number）类型、字符串（string）类型、布尔（boolean）类型、null（空值）类型和 undefined（未定义）类型 5 种。复杂类型包括数组类型、函数类型和对象类型。本节主要介绍基本类型，复杂类型将在后面相关章节中介绍。

13.6.1　数字类型

数字类型在 JavaScript 源代码中包含两种书写格式的数字：整型数字和浮点型数字。整型数字就是只包含整数部分的数字，其中又分为十进制、十六进制和八进制 3 类整数。浮点型数字则包含整数部分、小数点和小数部分。

1.　整型数字

在 JavaScript 程序中，十进制的整数是一个数字序列，如 123、69、10 000 等数字。JavaScript 的数字格式允许精确地表示-900 719 925 474 092（-2^{53}）和　900 719 925 474 092（2^{53}）以及它们

之间的所有整数。使用超过这个范围的整数，就会失去尾数的精度。

JavaScript 不但能够处理十进制的整型数据，还能识别十六进制（以 16 为基数）的数据。所谓十六进制数据，是以 0X 和 0x 开头，其后跟随十六进制数字串的直接量。十六进制的数字可以是 0～9 中的某个数字，也可以是 a（A）～f（F）中的某个字母，它们用来表示 0～15（包括 0和 15）的某个值。十六进制可以很容易地转换为十进制数，例如，十六进制数 0xff 对应的十进制数是 255（15×16+15=255）。

八进制数据以数字 0 开头，其后跟随由 0～7（包括 0 和 7）的数字组成的一个数字序列。八进制数可以很容易地转换为十进制数，例如，八进制数 0377 对应的十进制数是 255（3×64+7×8+7=255）。

注：由于某些 JavaScript 支持八进制数据，有些不支持，所以最好不要使用以 0 开头的整型数据，因为不知道某个 JavaScript 的实现是将其解释为十进制数，还是解释为八进制数。

2. 浮点型数字

浮点型数字采用的是传统的实数写法。一个实数值由整数部分加小数点加小数部分表示。

此外，还可以使用指数法表示浮点型数字，即实数后跟随字母 e 或 E，后面加上正负号，其后再加一个整型指数。这种记数法表示的数值等于前面的实数乘以 10 的指数次幂。

浮点型数字的构成语法如下。

```
[digits] [.digits] [(E|e[(+|-)])digits]
```

例如：

```
3.1;
.66666666;
1.23e11    //1.23×10^11;
2.321E-12  //2.321×10^-12;
```

13.6.2　字符串类型

字符串类型是由单引号或双引号引起来的一组由 16 位 Unicode 字符组成的字符序列，用于表示和处理文本。

1. 字符串直接量

在 JavaScript 程序中的字符串直接量，是由单引号或双引号引起来的字符序列。由单引号定界的字符串中可以包含双引号，由双引号定界的字符串中也可以包含单引号。字符串直接量示例如下。

```
'我现在在学习JavaScript'      //由单引号引起来的字符串
"我现在在学习JavaScript"      //由双引号引起来的字符串
'我现在在学习"JavaScript"'    //由单引号定界的字符串中可以包含双引号
"我现在在学习'JavaScript'"    //由双引号定界的字符串中可以包含单引号
```

2. 转义字符

在 JavaScript 字符串中，反斜线（\）有特殊的用途，通过它和一些字符的组合使用，可以在字符串中包括一些无法直接键入的字符，或改变某个字符的常规解释。例如，使用双引号引起来的字符串中，如果需要包含双引号，则需要对作为字符串内容的双引号做非常规解释，即不能解释为字符串的定界符号，此时将双引号写成\"的形式可满足需求。\"就是一个转义字符，该转义字符将双引号解释为字符串中的一个组成部分，而不是作为字符串定界符号。又比如\n表示的是换行符，实现换行功能。\n 转义字符实现了在字符串中包括无法直接键入的换行符。JavaScript 常用的转义字符如表 13-2 所示。

表 13-2　　　　　　　　　　　　JavaScript 常用的转义字符

转义字符	描述	转义字符	描述
\n	换行符	\r	回车符
\t	水平制表符	\\	反斜杠符
\b	退格符	\v	垂直制表符
\f	换页符	\0ddd	八进制整数，取值范围为000～777
\'	单引号	\xnn	十六进制整数，取值范围为00～FF
\"	双引号	\uhhhh	由4位十六进制数指定的Unicode字符

转义字符的使用示例。

```
var msg1="这个例子演示了使用\"JS转义字符\"" ;  //代码中使用了\"双引号转义字符
var msg2='以及"单引号"作字符串界定的两种方法输出字符串中的双引号。';
alert(msg1+"\n"+msg2);  //代码中使用了\n换行转义字符
```

上述代码嵌入 HTML 文件后，在 IE11 中的运行结果如图 13-12 所示。

从图 13-12 中可以看出，要输出字符串中的双引号，除了可以使用单引号作为字符串的界定符外，还可以使用转义字符\"。另外，因为使用了\n 换行转义字符，所以结果中的两行字符串实现了换行显示。

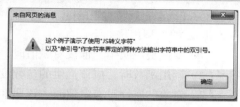

图 13-12　转义字符的使用

3. 字符串的使用

字符串中的每个元素在字符序列中都占有一个位置，可用非负数值索引这些位置。因为 JavaScript 字符串的索引从 0 开始，所以第一个字符的位置是 0，第二个字符的位置是 1，以此类推。要获取字符串中某个位置的字符可以使用字符串调用方法 charAt(index);。

字符串中字符元素的个数表示字符串的长度。空字符串长度为 0，因而不包含任何元素。字符串的长度可以使用字符串的 length 属性来获得。

在 JavaScript 中，多个字符串可以使用 "+" 连接成一个字符串。

字符串类型的数据可执行获取字符串长度、获取指定位置的字符、截取子串、转换字符大小写等操作，示例如下。

```
var str="Hello world";   //声明一个字符串变量
alert(str.length);       //获取字符串长度,结果为 11
alert(str.charAt(6));    //返回从第 6 个位置索引处的字符,结果为 w
```

除了上面示例中的字符串操作外，还可以调用字符串的许多方法来操作字符串。有关字符串的具体操作请参见 16.2 节的内容。

13.6.3　布尔类型

布尔类型的数据用于表示真或假、是或否，在程序中分别使用直接量 true 和 false 表示。布尔值主要用于表示比较表达式的结果。在程序中，布尔值通常用于流程控制结构中，判断流程和循环流程中的条件判断语句中都会使用到布尔值。例如：

```
if(a==1)
  b=a+1 ;
else
  b=a*2;
```

上述代码中的 a==1 是一个比较表达式，结果为 true 或 false。如果 a 的值等于 1，则比较表达式的结果为 true，此时执行 b=a+1 代码，否则比较表达式的结果为 false，执行 b=a*2 代码。

布尔值也可以进行算术运行，此时 true 将转换为 1，false 转换为 0。例如：

```
console.log(true*true);      //表达式转换为 1*1,结果为 1
console.log(false*true);     //表达式转换为 0*1,结果为 0
console.log(false+true);     //表达式转换为 0+1,结果为 1
```

13.6.4　null 和 undefined 类型

null 是 JavaScript 的关键字，表示没有对象，用于定义空的或不存在的引用，是对象类型。null 参与算术运算时，其值会自动转换为 0。例如：

```
var a=null;
console.log(a+3);            //结果为 3
console.log(a*3);            //结果为 0
```

undefined 是全局对象的一个特殊属性，表示一个未声明的变量，或已声明但没有赋值的变量。undefined 的典型用法如下。

（1）变量被声明了，但没有赋值时，变量值为 undefined。
（2）调用函数时，应该提供的参数没有提供时，将使用 undefined 作为参数值。
（3）对象的属性没有赋值时，该属性的值为 undefined。
（4）数组定义后没有给元素赋值时，数组各个元素等于 undefined。
（5）函数没有返回值时，默认返回 undefined。

undefined 参与算术运算时，转换为 NaN。例如：

```
var b;                       //变量声明了但没有赋值
console.log(b+3);            //结果为 NaN
console.log(b*3);            //结果为 NaN
```

13.6.5　数据类型转换

JavaScript 是一种动态类型的语言，在执行运算操作时，JavaScript 会根据需要自行进行数据类型转换。在 JavaScript 中，数据类型转换有隐式类型转换和强制类型转换（也叫显式类型转换）两种。

1. 隐式类型转换

隐式类型转换会自动根据运算符进行类型转换。隐式类型转换的情况主要有以下几种。

（1）如果表达式中同时存在字符串类型和数字类型的操作数，而运算符使用加号（+），JavaScript 就自动将数字转换成字符串。例如：

```
alert("姑娘今年"+18);//结果为 x=姑娘今年 18
alert("15"+5);      //结果为 y=155
```

（2）如果表达式运算符为-、*、/、%中的任意一个，JavaScript 就自动将字符串转换成数字，无法转换为数字的转换为 NaN。例如：

```
alert("30"/5);     //除运算,结果为：x=6
```

```
alert("15"-5);    //减运算,结果为 y=10
alert("20"*"a");  //乘运算,结果为 y=NaN
alert("20"%"3");  //取模运算,结果为 2
```

（3）运算符为++或--时，JavaScript 自动将字符串转换成数字，无法转换为数字的转换为 NaN。例如：

```
var num1="6";
var num2="6";
var num3="a";
alert(++num1);    //将字符串转换为数字再进行++运算,结果为 7
alert(--num2);    //将字符串转换为数字再进行--运算,结果为 5
alert(++num3);    //字符串无法转换为数字,结果为 NaN
```

（4）运算符为>或<时，当两个操作数一个为字符串，一个为数字时，JavaScript 自动将字符串转换成数字。例如：

```
alert('10'>9);    //将字符串转换为数字,按值进行比较,结果为 true
alert('10'<9);    //将字符串转换为数字,按值进行比较,结果为 false
```

（5）"!"运算符将其操作数转换为布尔值并取反。例如：

```
alert(!0);    //对 0 取反,结果为 true
alert(!100);  //对非 0 数字取反,结果为 false
alert(!"OK"); //对非空字符串取反,结果为 false
alert(!"");   //对空字符串取反,结果为 true
```

（6）运算符为 "==" 时，当表达式同时包含字符串和数字时，JavaScript 自动将字符串转换成数字。例如：

```
var a='2';
var b=2;
alert(a==b);  //按值比较,结果为 true
```

2. 强制类型转换

从上面的介绍可以看到，JavaScript 可以自动根据运算的需要进行许多类型的转换。强制类型转换主要是针对功能的需要或使代码变得清晰易读，人为地进行类型转换。在 JavaScript 中，强制类型转换主要是通过调用全局函数 Number()、parseInt()和 parseFloat()来实现的。

（1）使用 Number()函数将参数转换为一个数字。使用格式如下。

```
Number(value)
```

> Number()会对参数 value 进行整体转换，当参数值中任何地方包含了无法转换为数字的符号时，转换失败，此时将返回 NaN，否则返回转换后的数字。

Number()对参数进行数字转换时，遵循以下规则。

- 参数中只包含数字时，将转换为十进制数字，忽略前导 0 以及前导空格；如果数字前面为 "–"，"–" 会保留在转换结果中；如果数字前面为 "+"，转换后将删除 "+" 号。
- 参数中包含有效浮点数字时，将转换为对应的浮点数字，忽略前导 0 以及前导空格；如果数字前面为 "–"，"–" 会保留在转换结果中；如果数字前面为 "+"，转换后将删除 "+" 号。
- 参数中包含有效的十六进制数字时，将转换为对应大小的十进制数字。
- 参数为空字符串时，将转换为 0。
- 参数为布尔值时，将 true 转换为 1，将 false 转换为 0。

- 参数为 null 时，将转换为 0。
- 参数为 undefined 时，将转换为 NaN。
- 参数为 Date 对象时，将转换为从 1970 年 1 月 1 日到执行转换时的毫秒数。
- 参数为函数、包含两个元素以上的数组对象，以及除 Date 对象以外的其他对象时，将转换为 NaN。
- 参数前面包含了除空格、+和-以外的其他特殊符号或非数字字符，或参数中包含了空格、+和-的特殊符号或非数字字符时，将转换为 NaN。

转换示例如下。

```
alert(Number("0010"));   //去掉两个前导 0,结果为 10
alert(Number("+010"));    //去掉前导 0 和+,结果为 10
alert(Number("-10"));    //转换后保留 "-" 号,结果为-10
alert(Number(''));        //空字符串的转换结果为 0
alert(Number(true));     //布尔值 true 的转换结果为 1
alert(Number(null));     //null 值的转换结果为 0
alert(Number("100px"));  //参数中包含了不能转换为数字的字符 px,结果为 NaN
alert(Number("100 01"));//参数中包含了空格,导致整个参数不能转换,结果为 NaN
alert(Number("100-123"));//参数中包含了 "-",导致整个参数不能转换,结果为 NaN
var a;                    //声明变量
alert(Number(a));        //变量 a 没有赋值,因而 a 的值为 undefined,转换 undefined 的结果为 NaN
```

从上述示例中也可以看到，Number()是从整体上进行转换的，任何一个地方含有非法字符，都将导致无法转换成功。接下来将介绍的两个函数与 Number()不同的是，转换是从左到右逐位进行的，任何一位无法转换时，立即停止转换，同时返回已成功转换的值。

（2）使用 parseInt()函数将参数转换为一个整数。使用格式如下。

```
parseInt(stringNum,[radix])
```

stringNum 参数为需要转换为整数的字符串；radix 参数为 2～36 的数字，表示 stringNum 参数的进制数，取值为 10 时，可省略。

parseInt()的作用是将以 radix 为基数的 stringNum 字符串参数解析成十进制数。若 stringNum 字符串不是以合法的字符开头的，则返回 NaN；在解析过程中，如果遇到不合法的字符，则马上停止解析，并返回已经解析的值。

parseInt()在将字符串解析为整数时，遵循以下规则。

- 解析字符串时，会忽略字符串前后的空格；如果字符串前面为 "-"，"-" 会保留在转换结果中；如果字符串前面为 "+"，转换后将删除 "+" 号。
- 如果字符串前面为除空格、+和-以外的特殊符号或非数字字符，字符串不会被解析，返回结果为 NaN。
- 字符串中包含空格、+、-和小数点 "." 等特殊符号或非数字的字符时，解析将在遇到这些字符时停止，并返回已解析的结果。
- 如果字符串是空字符串，则返回结果为 NaN。

转换示例如下。

```
alert(parseInt("1101",2));   //以 2 为基数的 1101 字符串解析后的结果为 13
alert(parseInt("a37f",16));  //以 16 为基数的 a37f 字符串解析后的结果为 41855
```

```
alert(parseInt("123"));          //以 10 为基数的 123 字符串解析后的结果为 123
alert(parseInt("  123"));        //字符串前面的空格会被忽略,结果为 123
alert(parseInt("12 3"));         //字符串中包含了空格,解析到空格时停止,结果为 12
alert(parseInt("12.345"));       //字符串中包含了小数点,解析到小数点时停止,结果为 12
alert(parseInt("xy123"));        //字符串前面包含了非数字字符 x,无法解析,返回结果为 NaN
alert(parseInt("123xy4"));       //字符串中包含了非数字字符 xy,解析到 x 时停止,结果为 123
```

从上述示例可以看到，parseInt()解析浮点数时，小数部分数据会被截掉，要正确转换浮点数需要使用下面介绍的 parseFloat()函数，而不能使用 parseInt()。

（3）使用 parseFloat()函数将参数转换为浮点型数。使用格式如下。

```
parseFloat(stringNum)
```

stringNum 参数为需要解析为浮点型的字符串。

parseFloat()的作用是将首位为数字的字符串解析成浮点型数。若 stringNum 字符串不是以合法的字符开头，则返回 NaN；在解析过程中，如果遇到不合法的字符，则马上停止解析，并返回已经解析的值。

parseFloat()在将字符串解析为整数时，遵循以下规则。

- 解析字符串时，会忽略字符串前后的空格；如果字符串前面为"-"，"-"会保留在转换结果中；如果数字前面为"+"，转换后将删除"+"号；如果字符串前面为小数点"."，转换结果会在小数点前面添加 0。
- 如果字符串前面为除空格、+、-和.以外的特殊符号，字符串将不会被解析，返回结果为 NaN。
- 字符串中包含了空格、+和-等特殊符号或非数字的字符时，解析将在遇到这些字符时停止，并返回已解析的结果。
- 在字符串中包含两个以上小数点时，解析到第二个小数点时将停止解析，并返回已解析的结果。
- 如果字符串是空字符串，则返回结果为 NaN。

转换示例如下。

```
alert(parseFloat("312.456"));//结果为 312.456
alert(parseFloat("-3.12"));//字符串前面的"-"将保留,结果为-3.12
alert(parseFloat("+3.12"));//字符串前面的"+"将删除,结果为 3.12
alert(parseFloat(".12"));//在小数点前面添加 0,结果为 0.12
alert(parseFloat("  3.12"));//截掉字符串前面的空格,结果为 3.12
alert(parseFloat("312.4A56"));//字符串中包含非数字字符 A,解析到 A 时停止,结果为 312.4
alert(parseFloat("31 2.4A56"));//字符串中包含空格,解析到空格时停止,结果为 31
alert(parseFloat("31.2.5"));//字符串中包含两个小数点,解析到第二个小数点时停止,结果为 31.2
alert(parseFloat("a312.456"));//字符串前面为非数字字符 a,解析无法进行,结果为 NaN
```

13.7　表达式和运算符

表达式是指可产生结果的式子。最简单的表达式是常量和变量名。常量表达式的值就是常量本身，变量表达式的值则是赋给变量的值。使用运算符可以将简单表达式组合成复杂表达式，其中，运算符是在表达式中用于进行运算的一系列符号或 JavaScript 关键字。按运算类型，运算符可以分为算术运算符、比较运算符、赋值运算符、逻辑运算符和条件运算符 5 种。按操作数，运算符可以分为单目运算符、双目运算符和多目运算符。复杂表达式的值由运算符按照特定的运算规则对简单表达式进行运算得出。表达式示例如下。

```
var a=20;
var b=1+a;
```

在上面的两条代码中，a、b 和 20 就是一个简单的表达式，而 1+a 是一个复杂表达式。其中，a 变量表达式的值是 20，常量 20 表达式的值就是其本身，b 变量表达式的值是 21（由复杂表达式执行加法运算后得到的结果）。

13.7.1　算术表达式

算术表达式是由简单表达式和算术运算符组合而成的表达式。算术表达式可以通过算术运算符实现加、减、乘、除和取模等运算。算术运算符包括单目运算符和双目运算符。常用的算术运算符如表 13-3 所示。

表 13-3　　　　　　　　　　　　　　　算术运算符

运算符	描述	类型	示例
+	当操作数全部为数字类型时，执行加法运算；当操作数存在字符串时，执行字符串连接操作	双目运算符	3+6 //执行加法运算，结果为9 "3"+6//执行字符串连接操作，结果为36
−	减法运算符	双目运算符	7-2 //执行减法运算，结果为5
*	乘法运算符	双目运算符	7*3 //执行乘法运算，结果为21
/	除法运算符	双目运算符	12/3 //执行除法运算，结果为4
%	求模运算符	双目运算符	7%4 //执行取模运算，结果为3

++	自增运算符	单目运算符	i=1;j=i++ //j的值为1，i的值为2
			i=1;j=++i //j的值为2，i的值为2

--	自减运算符	单目运算符	i=6;j=i-- //j的值为6，i的值为5
			i=6;j=--i //j的值为5，i的值为5

注：++、--两个运算符既可以出现在操作数的前面，也可以出现在操作数的后面，出现在操作数前面时，首先对操作数执行自增或自减运算，然后执行其他运算。例如，j=++i，k=--h 首先对操作数 i 和 h 分别执行自增和自减运算，然后再执行赋值运算。出现在操作数后面时，首先执行其他运算，然后执行自增或自减运算。例如，j=i++，k=h--首先对操作数 i 和 h 执行赋值运算，然后对操作数 i 和 h 分别执行自增和自减运算。

【示例 13-5】算术运算符的使用。

```
<!doctype html>
<html>
<head>
<meta charset="utf-8">
<title>算术运算符的使用</title>
<script>
var x = 11,y = 5,z = 8;    //声明变量 x、y 和 z
console.log("x = 11, y = 5, z = 8");
```

```
console.log("使用'+'执行加法运算的结果：x + y =", x + y);  //执行加法运算
console.log("使用'+'执行字符串连接操作的结果：x + y =", '11' + 5);  /*存在一个字符串操作
数,执行字符串连接操作*/
console.log("x - y =", x - y);   //执行减法运算
console.log("x * y =", x * y);   //执行乘法运算
console.log("x / y =", x / y);   //执行除法运算
console.log("x % y =", x % y);   //执行取模运算
console.log("y++ =",y++);     //"++"在操作数后面,先输出,后执行自增运算
console.log("++y =",++y);     //"++"在操作数前面,先执行自增运算,后输出
console.log("z-- =",z--);     //"--"在操作数后面,先输出,后执行自减运算
console.log("--z =",--z);     //"--"在操作数前面,先执行自减运算,后输出
</script>
</head>
<body>
</body>
</html>
```

上述代码的每一个 log()方法都存在两个参数，第一个参数为字符串，在控制台中将原样显示，第二个参数为运算表达式，在控制台中将显示表达式的值。上述代码的第三个 log()中的两个参数其实可以通过 "+" 运算符连成一个参数，即写成 log("x + y ="+'11' + 5)，这样参数其实是执行了 3 个字符串的连接操作。需要注意的是，第二个 log()中的两个参数不能使用 "+" 运算符连起来，因为第二个参数需要执行加法运算，如果和字符串类型的第一个参数连接的话，第二个参数中的两个数字都要转换为字符串。上述代码在 IE11 浏览器中的运行结果如图 13-13 所示。

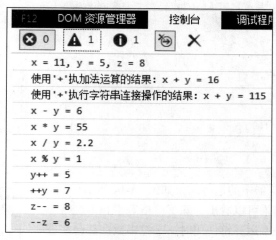

图 13-13　算术运算符的运算结果

13.7.2　关系表达式

关系表达式需要使用关系运算符对表达式执行运算。关系表达式通过关系运算符比较两个操作数的大小，并根据比较结果返回 true 或 false 值。关系表达式总是返回一个布尔值。通常在 if、while 或 for 等语句中使用关系表达式，用于控制程序的执行流程。

关系运算符都是双目运算符。常用的关系运算符如表 13-4 所示。

表 13-4   关系运算符

运算符	描述	示例
<（小于）	左操作数小于右操作数时，返回true	1<6 //返回值为true
>（大于）	左操作数大于右操作数时，返回true	7>10 //返回值为false
<=（小于等于）	左操作数小于等于右操作数时，返回true	10<=10 //返回值为true
>=（大于等于）	左操作数大于等于右操作数时，返回true	3>=6 //返回值为false
==（等于）	左、右操作数的值相等时，返回true	"17"==17 //返回值为true
===（严格等于）	左、右操作数的值相等且数据类型相同时，返回true	"17"==17 //返回值为false
!=（小等于）	左、右操作数的值不相等时，返回true	"17"!=17 //返回值为false
!==（不严格等于）	左、右操作数的值不相等或数据类型不相同时，返回true	"17"!==17 //返回值为true

【示例 13-6】关系运算符的使用。

```
<!doctype html>
<html>
<head>
<meta charset="utf-8">
<title>关系运算符的使用</title>
<script>
var x = 5,y = '5',z = 6;   //声明 3 个变量,其中 x 和 z 是数字变量,y 是字符串变量
console.log("x = 5, y = '5', z = 6");
console.log("x==y 吗? ", x == y);     //执行等于运算
console.log("x===y 吗? ", x === y);   //执行严格等于运算
console.log("x!=y 吗? ", x != y);     //执行不等于运算
console.log("x!==y 吗? ", x !== y);   //执行不严格等于运算
console.log("x<=y 吗? ", x <= y);     //执行小于等于运算
console.log("x>=y 吗? ", x >= y);     //执行大于等于运算
console.log("x<z 吗? ", x < z);       //执行小于运算
console.log("y>z 吗? ", y > z);       //执行大于运算
</script>
</head>
<body>
</body>
</html>
```

上述代码在 IE11 浏览器中的运行结果如图 13-14 所示。

从图 13-14 的运行结果可以看出，除了严格等于和不严格等于两个运算符外，其他关系运算符使用时，字符串数据都会在进行关系比较前转换为数字类型。

图 13-14 关系运算符运算结果

13.7.3 逻辑表达式

逻辑表达式需要使用逻辑运算符对表达式进行逻辑运算。使用逻辑运算符可以将多个关系表达式组合成一个复杂的逻辑表达式。逻辑表达式中包含关系表达式时，首先对关系表达式进行运算，然后对关系表达式的结果进行逻辑运算。

逻辑运算符包括单目运算符和双目运算符，如表 13-5 所示。

表 13-5 逻辑运算符

运算符	描述	类型	示例
!	取反（逻辑非）	单目运算符	!3 //返回值为 false
&&	与运算（逻辑与）	双目运算符	true && true //返回值为 true
||	或运算（逻辑或）	双目运算符	false || true//返回值为 true

1. 逻辑&&运算符

&&运算符可以实现任意类型的两个操作数的逻辑运算，运算结果可能是布尔值，也可能是非布尔值。&&运算符的操作数既可以是布尔值，也可以是除了 true 和 false 以外的其他真值和假值。所谓"假值"，是指为 false、null、undefined、0、-0、NaN 和""的值；"真值"就是除假值以外的任意值。在实际使用时，常常使用&&连接关系表达式，此时先计算关系表达式的值，然后计算逻辑表达式的值。使用&&运算符计算表达式时遵循以下两条规则。

（1）如果&&运算符的左操作数为 true 或其他真值，将继续计算右操作数，最终结果返回右边操作数的值。

（2）如果&&运算符的左操作数为 false 或其他假值，将不会计算右操作数，最终结果返回左操作数的值。该规则也称为"短路"规则。

【示例 13-7】逻辑&&运算符的使用。

```
<!doctype html>
<html>
<head>
<meta charset="utf-8">
<title>逻辑&&运算符的使用</title>
<script>
console.log("true && true 的结果是 ", true && true);
console.log("true && false 的结果是 ", true && false);
console.log("(1 == 1) && false 的结果是 ", (1 == 1) && false) ;
console.log("(5 == '5') && ('6'>5) 的结果是 ", (5 == '5') && ('6' > 5)) ;
console.log("'A' && false 的结果是 ", 'A' && false);
console.log("true && 'A' 的结果是 ", true && 'A');
console.log("'A' && true 的结果是 ", 'A' && true);
console.log("'A' && 'B' 的结果是 ", 'A' && 'B');
console.log("'A' && '' 的结果是 ", 'A' && '');
console.log("false && true 的结果是 ", false && true);
console.log("false && false 的结果是 ", false && false);
console.log("false && 'A' 的结果是 ", false && 'A');
console.log("(5 != '5') && 'A' 的结果是 ", (5 != '5') && 'A') ;
console.log("null && 'B' 的结果是 ",null && 'B');
console.log('NaN && 3 的结果是 ',NaN && 3);
</script>
</head>
<body>
</body>
</html>
```

上述代码在 IE11 浏览器中的运行结果如图 13-15 所示。

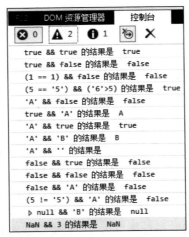

图 13-15　&&运算符的运算结果

从图 13-15 的运行结果可看出，逻辑与表达式的值既可以是布尔值，也可以是非布尔值。整个表达式的值都是由左操作数决定的，如果左操作数为 true 或其他真值，则表达式的值等于右操作数的值；如果左操作数为 false 或其他假值，则表达式的值等于左操作数的值。

2. 逻辑||运算符

||运算符和&&运算符一样，也可以实现任意类型的两个操作数的逻辑或运算，运算结果可能是布尔值，也可能是非布尔值。||运算符的操作数既可以是布尔值，也可以是除了 true 和 false 以外的其他真值和假值。在实际使用时，常常使用||连接关系表达式，此时先计算关系表达式的值，然后计算逻辑表达式的值。使用||运算符计算表达式时，遵循以下两条规则。

（1）如果其中一个或两个操作数是真值，则表达式返回真值；如果两个操作数都是假值，则表达式返回一个假值。

（2）如果||运算符的左操作数为 true 或其他真值，则不会计算右操作数，最终结果返回左操作数的值；否则继续计算右操作数的值，并返回右操作数的值作为表达式的值。

【示例 13-8】逻辑||运算符的使用。

```
<!doctype html>
<html>
<head>
<meta charset="utf-8">
<title>逻辑||运算符的使用</title>
<script>
console.log("true || true 的结果是 ", true || true);
console.log("true || false 的结果是 ", true || false);
console.log("true || (1 != '1') 的结果是 ", true || (1 != '1'));
console.log("'A' || false 的结果是 ", 'A' || false);
console.log("true || 'A' 的结果是 ", true || 'A');
console.log("'A' || true 的结果是 ", 'A' || true);
console.log("'A' || 'B' 的结果是 ", 'A' || 'B');
console.log("false || 'A' 的结果是 ", false || 'A');
console.log("false || true 的结果是 ", false || true);
```

```
console.log("false || false 的结果是 ", false || false);
console.log("(5 < '5' || true 的结果是 ", (5 < '5') || true);
</script>
</head>
<body>
</body>
</html>
```

上述代码在 IE11 浏览器中的运行结果如图 13-16 所示。

图 13-16　||运算符的运算结果

从图 13-16 的运行结果可看出，逻辑或表达式的值既可以是布尔值，也可以是非布尔值。整个表达式的值都是由左操作数决定的，如果左操作数为 true 或其他真值，则表达式的值等于左操作数的值；如果左操作数为 false 或其他假值，则表达式的值等于右操作数的值。

3. 逻辑!运算符

!运算符是单目运算符，它的操作数只有一个。和其他逻辑运算符一样，操作数可以是任意类型，但逻辑非运算只针对布尔值进行。所以!运算符在执行运算时，首先将其操作数转换为布尔值，然后再对布尔值求反。也就是说，!总是返回 true 或 false 逻辑值。

【示例 13-9】逻辑!运算符的使用。

```
<!doctype html>
<html>
<head>
<meta charset="utf-8">
<title>逻辑!运运算符的使用</title>
<script>
console.log("!!true 的结果是 ", !!true);
console.log("!!false 的结果是 ", !!false);
console.log("!!'A' 的结果是 ", !!'A'); //字符串 A 是真值,转换为 true 布尔值
console.log("!!12 的结果是 ", !!12);  //数字 12 是真值,转换为 true 布尔值
console.log("!!0 的结果是 ", !!0);    //0 是假值,转换为 false 布尔值
console.log("!!'' 的结果是 ", !!''); //空字符串是假值,转换为 false 布尔值
</script>
</head>
<body>
</body>
</html>
```

上述代码在 IE11 浏览器中的运行结果如图 13-17 所示。

图 13-17　! 运算符的运算结果

从图 13-17 的运行结果可以看出，不管操作数的类型是什么，最终逻辑非表达式的值都是布尔值。

13.7.4　赋值表达式

赋值表达式使用 "=" 等赋值运算符给变量或者属性赋值。该表达式要求左操作数为变量或属性，右操作数则可以是任意类型的任意值。整个表达式的值等于右操作数的值。赋值运算符的功能是将右操作数的值保存在左操作数中。按赋值前是否需要执行其他运算，赋值运算符可分为简单赋值运算符和复合赋值运算符。常用的赋值运算符如表 13-6 所示。

表 13-6　　　　　　　　　　　　　　　　赋值运算符

运算符	描述	示例
=	将右边表达式的值赋给左边的变量	username="nch"
+=	将运算符左边变量的值加上右边表达式的值赋给左边的变量	a+=b //相当于 a=a+b
-=	将运算符左边变量的值减去右边表达式的值赋给左边的变量	a-=b //相当于 a=a-b
*=	将运算符左边变量的值乘以右边表达式的值赋给左边的变量	a*=b //相当于 a=a*b
/=	将运算符左边变量的值除以右边表达式的值赋给左边的变量	a/=b //相当于 a=a/b
%=	将运算符左边变量的值用右边表达式的值求模，并将结果赋给左边的变量	a%=b //相当于 a=a%b

注：第一个运算符为简单赋值运算符，其余为复合赋值运算符。

【示例 13-10】赋值运算符的使用。

```
<!doctype html>
<html>
<head>
<meta charset="utf-8">
<title>赋值运算符的使用</title>
<script>
var x = 16,y = 8,z = 3;  //各个变量使用简单赋值运算符=赋值
var temp = x*y;  //将右边表达式的值赋给变量
console.log("x = 16, y = 8, z = 3");
console.log("x /= 2 的值为:", x /= 2);//使用复合赋值运算符/=
console.log("y %= 3 的值为:", y %= 3); //使用复合赋值运算符%=
console.log("z *= 2 的值为:", z *= 2); //使用复合赋值运算符*=
console.log("temp = x*y 的值为:", temp);
</script></head>
```

```
<body>
</body>
</html>
```

上述代码在 IE 浏览器中的运行结果如图 13-18 所示。

图 13-18　赋值运算符的运算结果

13.7.5　条件表达式

条件表达式使用条件运算符来计算结果。条件表达式是 JavaScript 运算符中唯一的一个三目运算符，其使用格式如下。

操作数? 结果 1:结果 2

　运算符左边操作数的值只能取布尔值，如果值为 true，则整个表达式的结果为"结果 1"，否则为"结果 2"。

【示例 13-11】条件运算符的使用。

```
<!doctype html>
<html>
<head>
<meta charset="utf-8">
<title>条件运算符的使用</title>
<script>
var hour = 13;
var str= hour<=12 ? "上午"+Number(hour)+"点":"下午"+Number(hour-12)+"点";
alert("现在是: "+str);
</script>
</head>
<body>
</body>
</html>
```

上述代码在 IE11 浏览器中的运行结果如图 13-19 所示。

图 13-19　条件运算符的运算结果

13.7.6　new 运算符

new 运算符用于创建对象。

基本语法：

```
new constructor[(参数列表)]
```

说明

constructor 是对象的构造函数。如果构造函数没有参数，则可以省略圆括号。

下面是几个使用 new 运算符创建对象的例子。

```
date1 = new Date; //创建一个当前系统时间对象,构造函数参数为空,故可省略构造函数中的圆括号
date2 = new Date(Sep 15 2016);//创建一个日期对象,构造函数有参数,不能省略圆括号
arr = new Array();//创建一个数组对象
```

13.7.7　运算符的优先级及结合性

运算符的优先级和结合性规定了它们在复杂表达式中的运算顺序。运算符的执行顺序称为运算符的优先级。优先级高的运算符先于优先级低的运算符执行。例如：

```
w=x+y*z;
```

执行加法运算的"+"运算符的优先级低于"*"运算符，所以 $y*z$ 将先执行，乘法运算执行完后得到的结果再和 x 相加。运算符的优先级可以显式使用圆括号来改变，例如，为了让加法先执行，乘法后执行，可以修改上面的表达式为：

```
w=(x+y)*z;
```

这样就会先执行 $x+y$，得到和后再和 z 进行乘法运算。

相同优先级的运算符的执行顺序，由运算符的结合性决定。运算符的结合性包括从右至左和从左至右两种。从右至左的结合性是指：运算的执行是按照由右到左的顺序进行的。从左至右的结合性刚好相反。

运算符的优先级和结合性如表 13-7 所示。

表 13-7　　　　　　　　　　　　　　　运算符的优先级和结合性

运算符	结合性	优先级
.、[]、()	从左到右	
++、--、-、!、new、typeof	从右到左	
*、/、%	从左到右	
+、-	从左到右	
<<、>>、>>>	从左到右	
<、<=、>、>=、in、instanceof	从左到右	同一行的运算符的优先级相同；不同行的运算符，从上往下，优先级由高到低依次排列
==、!=、===、!===	从左到右	
&&	从左到右	
||	从左到右	
?:	从右到左	
=	从右到左	
*=、/=、%=、+=、-=、<<=、>>=、>>>=、&=、^=、|=	从右到左	
,	从左到右	

【示例 13-12】运算符的优先级及结合性示例。

```
<!doctype html>
<html>
```

```
<head>
<meta charset="utf-8">
<title>运算符的优先级及结合性示例</title>
<script>
var expr1 = 3 + 5 * 5 % 3; //根据默认的优先级和结合性先做乘法运算,再取模,最后才进行加法运算
//使用()修改优先级,首先进行加法运算,然后按从左至右的结合性依次做乘法和取模运算
var expr2 = (3 + 5) * 5 % 3;
//使用()修改优先级,使得加法和取模运算优先级相同且最高,首先做加法和取模运算,然后做乘法运算
var expr3 = (3 + 5) * (5 % 3);
console.log("expr1 = " + expr1);
console.log("expr2 = " + expr2);
console.log("expr3 = " + expr3);
</script>
</head>
<body>
</body>
</html>
```

运算符"*"和"%"的优先级相同，它们的优先级高于运算符"+"，所以默认情况下优先于加法运算，乘法和取模运算则按它们的结合性，从左到右执行。上述代码在 IE11 浏览器中的运行结果如图 13-20 所示。

图 13-20　运算符的优先级及结合性结果

13.8　语句

JavaScript 程序是一系列可执行语句的集合。所谓语句，就是一个可执行的单元，通过执行该语句来实现某种功能。通常一条语句占一行，并以分号结束。

默认情况下，JavaScript 解释器按照语句的编写流程依次执行。如果要改变这种默认执行顺序，就需要使用条件、循环等流程控制语句。

13.8.1　表达式语句

具有副作用的表达式称为表达式语句。表达式具有副作用是指表达式会改变变量的值。加上分号后的赋值表达式、++及--运算表达式是最常见的表达式语句。表达式语句示例如下。

```
a++;
b--;
c+=3;
msg=name+"您好，欢迎光临";
```

上述 4 条语句执行结束后，变量的值都发生了变化。

13.8.2　声明语句

使用 var 和 let 声明变量的语句称为声明语句。声明语句可以定义变量，在一条 var 语句或 let 语句中可以声明一个或多个变量，声明语句语法如下。

```
var varname_1[=value_1][,…,varname_n[=value_n]];
let varname_1[=value_1][,…,varname_n[=value_n]];
```

关键字 var 和 let 之后跟随的是要声明的变量列表，列表中的每一个变量都可以带有初始化表达式，用于指定它的初始值，没有指定初始化表达式时，变量的值为 undefined。列表中的变量使用逗号分隔。

声明语句示例如下。

```
var i; //声明变量 i,i 的初始值为 undefined
var j = 3; //声明数字变量 j,j 的初始值为 3
var msg = "var 语句示例"; //声明一个字符串变量,初始值为 var 语句示例
var a = 5,b;//同时声明了两个变量,其中变量 a 的初始值为 5,变量 b 的初始值为 undefined
let x = 6;//声明变量 x,x 的初始值为 6
let x = 3,y = 9;//同时声明变量 x 和 y,其中变量 x 的初始值为 3,变量 y 的初始值为 9
```

声明语句可以出现在脚本函数体内和函数体外。如果声明语句出现在函数体内，则声明的变量为局部变量；如果声明语句出现在函数体外，则声明的变量为全局变量；如果 let 声明语句出现在 if、for 等语句块中，则声明的变量为块级变量。var 声明语句也可以出现在 for 循环语句的循环变量的声明中，例如：

```
for(var i=0;i<10;i++)
```

需注意的是，在 for 循环语句中使用 var 声明的变量不属于块级变量，此时变量的作用域与 for 循环语句所处的位置有关：处于函数外时，为全局变量，处于函数内时，为局部变量。

13.8.3　条件语句

条件语句和 13.8.4 小节将介绍的循环语句都是流程控制语句。流程控制语句在任何程序语言中都是很重要并且很常用的，所以不管学习哪种程序语言，都要熟练掌握它。

条件语句通过判断指定表达式的值来决定语句执行与否，其中用于判断的表达式称为条件表达式，它作为条件分支点，根据条件表达式的值来执行的语句称为分支语句。根据分支语句的多少，条件语句可以包含以下几种形式。

- if 语句
- if…else 语句。
- if…else if…else 语句。
- if 嵌套语句。
- switch 语句。

下面分别介绍这 5 种条件语句。

1．if 语句

if 语句是最基本、最常用的流程控制语句。该语句中只有一条分支语句，当条件表达式的值为 true 时，执行该分支语句，否则跳过 if 语句，执行 if 语句后面的语句。其基本语法如下。

```
if(条件表达式){
    语句块 1;
}
语句块 2;
```

语法说明如下。

条件表达式：必须放在圆括号中，条件表达式为关系表达式，值为逻辑值，取值为 true（或非 0）或 false（或 0）。可以使用逻辑运算符&&和||，将多个关系表达式组合起来构成复合条件判断。

语句块 1：当条件表达式的值为 true 时，执行该语句块。

语句块 2：当条件表达式的值为 false 时，流程跳过 if 语句，执行语句块 2。

当语句块 1 的代码只有一行时，可以省略花括号{}。

【示例 13-13】单一条件的 if 语句。

```
<!doctype html>
<html>
<head>
<meta charset="utf-8">
<title>单一条件的 if 语句</title>
<script>
var x,y,temp;
x=10;
y=16;
if(x<y){
    temp=x;
    x=y;
    y=temp;
}
alert("x="+x+",y="+y);
</script>
</head>
<body>
</body>
</html>
```

因为上述代码中的条件表达式 *x<y* 的结果为 true，所以执行 if 语句，实现 *x* 和 *y* 值的交换，最后会在警告对话框中显示 *x*=16，*y*=10。如果 *x<y* 的结果为 false，if 语句将不会执行，即不会交换 *x* 和 *y* 的值，最后直接在文档中输出 *x* 和 *y* 的值。

【示例 13-14】复合条件的 if 语句。

```
<!doctype html>
<html>
<head>
<meta charset="utf-8">
<title>复合条件的 if 语句</title>
<script>
var a = 15,b = 16;
if(a % 3 == 0 && b > 20){
    alert("变量的取值符合要求");
}
alert("a = " + a + ", b = " + b);
</script>
</head>
<body>
</body>
</html>
```

上述代码中的条件表达式使用逻辑运算符&&将两个关系表达式连接起来构成了复合条件。只有两个关系表达式的值都为 true 时，条件表达式才为 true，此时会在警告对话框中显示"变量的取值符合要求"信息。由于 *b* 的值小于 20，所以 if 条件表达式的值为 false，将不执行 if 语句。

2. If…else 语句

if 语句只有一条分支语句，当条件语句中存在两条分支语句时，需要使用 if…else 语句。if…

else 语句的基本语法如下。

```
if(条件表达式){
    语句块 1;
}else{
    语句块 2;
}
```

语法说明如下。

条件表达式：取值情况和 if 语句完全相同。

语句块 1：当条件表达式的值为 true 时，执行该语句序列。

语句块 2：当条件表达式的值为 false 时，执行该语句序列。和 if 语句不管条件是否满足，语句块 2 都会执行不同的是，if…else 语句只有在条件不满足的情况下，才执行语句块 2。

当各个语句块只有一条语句时，上述各层中的花括号可以省略，但建议加上，这样层次更清晰。

【示例 13-15】单一条件的 if…else 语句。

```
<!doctype html>
<html>
<head>
<meta charset="utf-8">
<title>单一条件的 if…else 语句</title>
<script>
var num=6;
if(num>=5){
    alert("您可得到 5%的折扣优惠");
}else{
    alert("您购买了"+num+"件商品");
}
</script>
</head>
<body>
</body>
</html>
```

因为上述代码中的 num 值为 6，所以满足 if 条件，执行 if 结构中的语句。如果修改 num 的值为 3，则执行 else 结构中的语句。

【示例 13-16】复合条件的 if…else 语句。

```
<!doctype html>
<html>
<head>
<meta charset="utf-8">
<title>复合条件的 if…else 语句</title>
<script>
var username="Tom",password;
if(username!=null && password!=null){
    alert("登录成功！");
}else{
    alert("请输入用户名和密码！");
}
</script>
</head>
<body>
```

```
</body>
</html>
```

上述代码中的 if 语句包括两个条件，即用户名和密码都不能为空，这两个条件必须同时满足才能执行 if 结构中的语句，否则任一条件或两个条件都不满足，将执行 else 结构中的语句。在上述代码中，由于 password 没有赋值，因而 if 结构中的 password!=null 条件不满足，最终执行 else 结构中的语句。

3. if…else if…else 语句

当条件语句存在 3 条及 3 条以上的分支语句时，需要使用 if…else if…else 语句。if…else if…else 语句的基本语法如下。

```
if (条件表达式 1){
        语句块 1;
}else if(条件表达式 2){
        语句块 2;
}
…
else if(条件表达式 n){
        语句块 n;
}else{
        语句块 n+1;
}
```

语法说明如下。

条件表达式 $1\sim n$：取值情况和 if 语句完全相同。

语句块 $1\sim n$：当条件表达式 $1\sim n$ 的值为 true 时，执行对应的语句块。

语句块 $n+1$：当条件表达式 $1\sim n$ 的值都为 false 时，执行该语句序列。

当各个语句块只有一条语句时，上述各层中的花括号可以省略，但建议加上，这样层次更清晰。

【示例 13-17】if…else if…else 语句使用示例。

```
<!doctype html>
<html>
<head>
<meta charset="utf-8">
<title>if…else if…else 语句使用示例</title>
<script>
var score=89;
if(score<60){
    alert("成绩不理想！");
}else if(score<70){
    alert("成绩及格!");
}else if(score<80){
    alert("成绩中等！");
}else if(score<90){
    alert("成绩良好!");
}else{
    alert("成绩优秀！");
}
</script>
```

```
</head>
<body>
</body>
</html>
```

上述代码中的条件语句有 6 条分支语句，执行上述代码时，首先从上往下依次执行判断语句中的条件表达式，如果表达式的值为 false，则将一直往下执行条件表达式，直到表达式的值为 true，此时执行该判断结构中的语句。如果所有条件表达式的值都为 false，则执行 else 结构中的语句。由于 score=89，所以 score<90 表达式为真，输出"成绩良好"的警示语，如图 13-21 所示。

图 13-21　成绩输出结果

4．if 嵌套语句

在实际使用中，有时需要在 if 语句的执行语句块中再使用 if 语句，即 if 语句嵌套另外一个完整的 if 语句。在使用 if 嵌套语句时，需要特别注意的是，默认情况下，else 将与最近的 if 匹配，而不是通过位置的缩进来匹配。为了改变这种默认的匹配方式，最好使用花括号{}确定相互之间的层次关系，否则可能得到完全不同的结果。

下面使用 if 嵌套语句实现这样的功能：如果变量 a 的值大于 0，则接着判断变量 b 的值是否大于 0，如果此时 b 的值也大于 0，则弹出警示对话框，显示 a 和 b 都是正整数；如果变量 a 的值小于等于 0，则弹出警示对话框，显示 a 为非正整数。按照这个需求，编写示例 13-18。

【示例 13-18】if 嵌套语句使用示例。

```
<!doctype html>
<html>
<head>
<meta charset="utf-8">
<title>if 嵌套语句使用示例</title>
<script>
var a=9,b=-2;
if(a>0)
    if(b>0)
        alert("a 和 b 都是正整数");
else
    alert("a 是非正整数");
</script>
</head>
<body>
</body>
</html>
```

上述代码希望通过位置缩进来实现 else 和第一个 if 匹配，但从执行结果可以发现，else 和第二个 if 匹配了。在上述代码中，$b>0$ 表达式为 false，如果 else 和第一个 if 匹配，则运行结果不会输出任何信息，但最终的结果是弹出了警示对话框，显示"a 是非正整数"，这样的结果正是第二

个 if 语句不满足时执行的否则情况。可见，else 并没有通过位置的缩进来匹配 if，而是通过最近
原则与 if 匹配。上述代码要实现预期结果，需要对第一层 if 语句使用花括号。修改代码如下。

```
<!doctype html>
<html>
<head>
<meta charset="utf-8">
<title>if 嵌套语句使用示例</title>
<script>
var a=9,b=-2;
if(a>0){
    if(b>0)
        alert("a 和 b 都是正整数");
}else
    alert("a 是非正整数");
</script>
</head>
<body>
</body>
</html>
```

5. switch 语句

当条件语句存在 3 条及 3 条以上的分支语句时，也经常使用 switch 语句。if…else if…else 语句
很多时候都可以使用 switch 语句代替，而且当所有判断都针对一个表达式进行时，使用 switch 语
句比 if…else if…else 语句更合适，因为此时只需要计算一次条件表达式的值。switch 语句的基本
语法如下。

```
switch (表达式){
    case 表达式 1:
        语句块 1;
        break;
    case 表达式 2:
        语句块 2;
        break;
    …
    case 表达式 n:
        语句块 n;
        break;
    default:
        语句块 n+1;
}
```

语法说明：其中的"表达式"可以是任意具有某个值的表达式。case 关键字后面的值也可以
是任意的表达式，实际中最常用的是某个类型的直接量。

switch 语句的执行流程是这样的：首先计算 switch 关键字后面的表达式，然后按照从上到下的
顺序计算每个 case 后的表达式并与 switch 后面的表达式值比较。当 switch 表达式的值与某个 case
表达式的值相等时，执行此 case 后的语句块；如果 switch 表达式的值与所有 case 表达式的值都不相
等，则执行语句中的 "default:" 语句块；如果没有 "default:" 标签，则跳过整个 switch 语句。

另外，break 语句用于结束 switch 语句，从而使 JavaScript 只执行匹配的分支。如果没有 break
语句，则该 switch 语句的所有分支都会被执行，switch 语句也就失去了使用的意义。

需要注意的是，对每个 case 的匹配操作是 "==="严格等于运算符比较操作。

【示例 13-19】使用 switch 语句修改示例 13-17。

```html
<!doctype html>
<html>
<head>
<meta charset="utf-8">
<title>switch 语句使用示例</title>
<script>
var score=89;
switch(Math.floor(score/10)){
    case 6:
        alert("成绩及格!");
        break;
    case 7:
        alert("成绩中等! ");
        break;
    case 8:
        alert("成绩良好!");
        break;
    case 9:
    case 10:
        alert("成绩优秀! ");
        break;
    default:
        alert("成绩不理想! ");
}
</script>
</head>
<body>
</body>
</html>
```

> 因为 case 9 中没有使用 break 退出 switch，所以将继续执行 case 10

上述代码中的 floor(value)方法是 Math 内置对象的一个方法，功能是返回一个小于等于参数 value 的最小整数，如 Math.floor(89/10)=Math.floor(8.9)=8。可见，如果成绩分布在 1～100，则使用 floor(score/10)方法可以得到每一段成绩对应的数字，分别为 1～10。所以判断 floor(score/10)值为哪个数字就可以知道成绩的等级了。

上述代码首先计算 switch 中的表达式 Math.floor(score/10)，然后将该值按从上到下的顺序依次与 case 后面的值比较，如果相等，则执行该 case 后面的代码并退出 switch 语句；如果与所有 case 后面的值比较都不相等，则执行 "default:"后面的语句块。由于 score=89，所以 Math.floor(89/10)=8，输出 "成绩良好"的警示语。运行结果如图 13-21 所示。

13.8.4 循环语句

在程序设计中，循环语句是一种很常用的流程控制语句。循环语句允许程序反复执行特定代码段，直至遇到终止循环的条件为止。

JavaScript 中的循环语句有以下几种形式。

- while 语句。
- do…while 语句。
- for 语句。

- for…in 语句。

下面分别介绍这 4 种循环语句。

1．while 语句

while 语句在程序中常用于根据条件执行操作而不需关心循环次数的情况。while 语句的基本语法如下。

```
while(表达式){
    循环体;
}
```

语法说明如下。

表达式：为循环控制条件，必须放在圆括号中，通常为关系表达式或由逻辑运算符&&、||、!组成的逻辑表达式，取值为 true（非 0）或 false（0）。

循环体：代表需要重复执行的操作，可以是简单语句，也可以是复合语句。当为简单语句时，可以省略花括号{}，否则必须使用花括号{}。

while 语句的执行流程如表 13-22 所示。

从图 13-22 中可以看出，while 语句首先判断表达式的值，如果为真（值为 true 或非 0 值），则执行循环体语句，然后判断表达式，如果值还是为真，则继续执行循环体语句；否则执行 while 语句后面的语句。如果表达式的值在第一次判断就为假（值为 false 或 0），则一次也不会执行循环体。

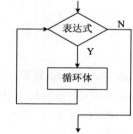

图 13-22　while 语句的执行流程

需要注意的是，为了使 while 循环正常结束，循环体内应该有修改循环条件的语句，或其他终止循环的语句，否则 while 循环将进入死循环，即会一直循环不断地执行循环体。例如，下面的循环语句就会造成死循环。

```
var i=1,s=0;
while(i<=5){
    s+=i;
}
```

在上述代码中，i 的初值为 1，由于循环体内没有修改 i 变量的值，所以表达式 i<=5 永远为真，循环体会一直执行。

死循环会极大地占用系统资源，最终有可能导致系统崩溃，所以编程时要注意避免。

【示例 13-20】使用 while 语句求出表达式 ex=1+1/(2*2)+1/(3*3)+…+1/(i*i)的值小于等于 1.5 时，i 的值。

```
<!doctype html>
<html>
<head>
<meta charset="utf-8">
<title>while 语句的应用示例</title>
<script>
var sum=1,i=1;
var ex="1";
while(sum<=1.5){
    sum+=1/((i+1)*(i+1));
    if(sum>1.5)
        break;
    i++;
    ex+="+1/("+i+"*"+i+")";
```

```
}
alert("表达式的值小于等于 1.5 时的 i="+i+"，对应的表达式为："+ex);
</script>
</head>
<body>
</body>
</html>
```

因为不知道循环次数是多少，所以适合使用 while 语句。上述代码中的 break 语句用于退出循环并执行循环语句后面的代码，关于 break 语句的使用请参见 13.8.5 节。上述代码在 IE11 浏览器中的运行结果如图 13-23 所示。

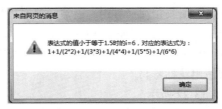

图 13-23　while 语句应用示例结果

2. do…while 语句

do…while 语句是 while 语句的变形。两者的区别在于，while 语句把循环判断条件放在循环体语句的前面，而 do…while 语句把循环判断条件放在循环体语句的后面。do…while 语句的基本语法如下。

```
do{
    循环体；
}while(表达式);
```

语法说明："表达式"和"循环体"的含义与 while 语句的相同。需要注意的是，do…while 语句最后需要使用"；"结束，如果代码中没有显式地加上"；"，则 JavaScript 会自动补上。

do…while 语句的执行流程如图 13-24 所示。

从图 13-24 中可以看出，do…while 语句首先执行循环体语句，然后判断表达式的值，如果值为真（值为 true 或非 0 值），则再次执行循环体语句。从图 13-24 中可以看到，do…while 语句至少会执行一次循环体，这一点和 while 语句有显著的不同。

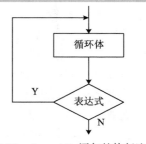

图 13-24　do…while 语句的执行流程

【示例 13-21】使用 do…while 语句修改示例 13-20。

```
<!doctype html>
<html>
<head>
<meta charset="utf-8">
<title>do…while 语句的应用示例</title>
<script>
var sum=1,i=1;
var ex="1";
do{
    sum+=1/((i+1)*(i+1));
    if(sum>1.5)
        break;
```

```
    i++;
    ex+="+1/("+i+"*"+i+")";
}while(sum<=1.5);
alert("表达式的值小于等于 1.5 时的 i="+i+", 对应的表达式为："+ex);
</script>
</head>
<body>
</body>
</html>
```

上述代码在 IE11 浏览器中的运行结果如图 13-23 所示。

3. for 语句

for 语句主要用于执行确定执行次数的循环。for 语句的基本语法如下。

```
for([初始值表达式];[条件表达式];[增量表达式]){
    循环体语句;
}
```

语法说明如下。

"初始值表达式"：为循环变量设置初值。

"条件表达式"：作为是否进入循环的依据。每次要执行循环之前，都会判断条件表达式值的。如果值为真（值为 true 或非 0），则执行循环体语句；否则退出循环并执行循环语句后面的代码。

"增量表达式"：根据此表达式更新循环变量的值。

上述 3 个表达式中的任意一个都可以省略，但需要注意的是，for()中的";"不可以省略。如果 3 个表达式都省略，则 for 语句变为"for(;;){循环体语句;}"。此时需要注意的是，如果循环体内没有退出循环的语句，程序将会进入死循环。

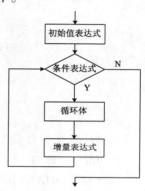

图 13-25　for 语句的执行流程

for 语句的执行流程如图 13-25 所示。

从图 13-25 所示的 for 语句执行流程可以看出，for 语句实际上等效于以下结构的 while 语句。

```
初始值表达式;
while(条件表达式){
    循环体语句;
    增量表达式;
}
```

【示例 13-22】使用 for 语句求 $\sum\limits_{i=1}^{100}$ 的值。

```
<!doctype html>
<html>
<head>
<meta charset="utf-8">
<title>使用 for 语句求 1 ~ 100 的累加和</title>
<script>
var sum=0;
for(var i=1;i<=100;i++){//在 for 语句中使用 var 声明表达式声明循环变量, 使代码更简洁
    sum+=i;
}
alert("求 1 ~ 100 的累加和 sum="+sum);
</script>
</head>
<body>
</body>
```

```
</html>
```

将上述代码中的 for 语句使用 while 语句替换，求 1～100 的累加和。

```
<!doctype html>
<html>
<head>
<meta charset="utf-8">
<title>使用 while 语句求 1～100 的累加和</title>
<scrip>
var sum=0;
var i=1;                //初始值表达式
while(i<=100){          //条件表达式
    sum+=i;
    i++;               //增量表达式
}
alert("求 1～100 的累加和 sum="+sum);
</script>
</head>
<body>
</body>
</html>
```

两段代码在 IE11 浏览器中的运行结果完全一样，结果如图 13-26 所示。

4. for…in 语句

for…in 语句和 for 语句虽然都使用了 for 关键字，但两者是完全不同的两类循环语句。for…in 语句主要用于遍历数组元素或者对象的属性。其基本语法如下。

```
for(变量 in 对象){
    循环体;
}
```

图 13-26　for 循环语句示例结果

语法说明如下。

变量：用于指定数组元素或对象的属性。对于数组，变量的值等于所遍历到的元素对应的索引；对于对象，变量的值等于所遍历到的属性名。

对象：为数组名或对象名。

需要输出遍历到的元素或属性时，需要使用"对象[变量]"格式的表达式。

【示例 13-23】使用 for…in 语句遍历数组元素和对象属性。

```
<!doctype html>
<html>
<head>
<meta charset="utf-8">
<title>使用 for…in 语句遍历数组元素和对象属性</title>
<script>
var arr=new Array("Tom","Jack","John");//定义数组
var obj=new Object();//定义对象
obj.name="张三";//设置对象属性
obj.age=21;
obj.gender='男';
console.log("使用 for…in 语句遍历数组，输出各个元素的值：")
for(var index in arr){/*指定 index 是数组 arr 的元素下标*/
```

```
        console.log("arr["+index+"]="+arr[index]);
    }
console.log("使用 for…in 语句遍历对象，输出其中的各个属性及属性值：")
for(var attr in obj){/*指定 attr 是对象 obj 的属性*/
        console.log(attr+"="+obj[attr]);
    }
</script>
</head>
<body>
</body>
</html>
```

上述代码使用了两个 for…in 语句，分别遍历数组元素和对象属性。上述代码在 IE11 浏览器中的运行结果如图 13-27 所示。

遍历数组元素除了使用 for…in 语句外，也经常使用 for 语句，所以示例 13-23 中的 for…in 语句也可以使用 for 语句代替，代码如下。

```
for(var i=0;i<arr.length;i++){
        console.log("arr["+i+"]="+arr[i]+"<br>");
    }
```

使用 for 语句遍历数组的关键是循环次数等于数组长度 -1，所以只要保证循环变量的值小于数组长度就可以了。

图 13-27　for…in 语句应用示例结果

13.8.5　循环终止和退出语句

在实际应用中，循环语句并不是必须等到循环条件不满足时才结束循环。在很多情况下，我们希望循环进行到一定阶段时，能根据某种情况提前退出循环或者终止某一次循环。要实现此需求，需要使用 break 语句或 continue 语句。

1. continue 语句

continue 语句用于终止当前循环，并马上进入下一次循环。continue 语句的基本语法如下。

```
continue;
```

continue 语句的执行通常需要设定某个条件，当满足该条件时，执行 continue 语句。

【示例 13-24】continue 语句应用示例。

```
<!doctype html>
<html>
<head>
<meta charset="utf-8">
<title>continue 语句的应用</title>
<script>
var sum = 0;
var str = "1~20 的奇数有：";
//1~20 的奇数进行累加
for(var i = 1;i < 20;i++){
    //判断 i 是否为偶数,如果模等于 0,则为偶数,结束当前循环,进入下一次循环
    if(i % 2 == 0)
        continue;
    sum += i; //如果执行 continue 语句,则循环体内的该行以及后面的代码都不会被执行
    str +=i + " ";
}
```

```
str += "\n 这些奇数的和为: " + sum;
alert(str);
</script>
</head>
<body>
</body>
</html>
```

上述代码使用 i%2==0 作为 continue 语句执行的条件，如果条件表达式的值为真，即数组元素为偶数时，执行 continue 语句终止当前循环，此时 continue 语句后续的代码都不会被执行，因而为偶数的元素都不会被累加。可见，使用 continue 语句可以保证只累加奇数元素。上述代码在 IE11 浏览器中的运行结果如图 13-28 所示。

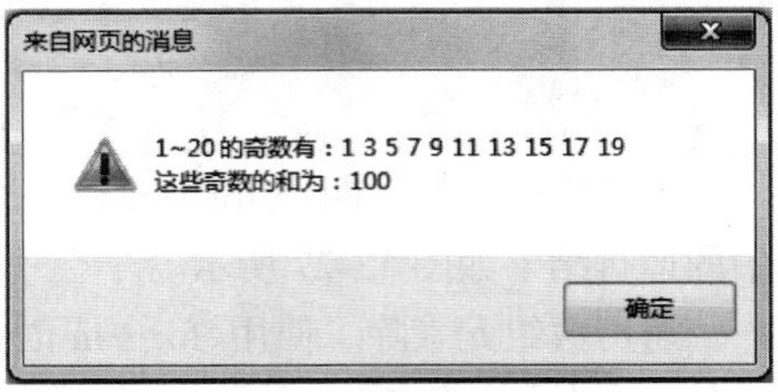

图 13-28　continue 语句的应用结果

2. break 语句

单独使用的 break 语句的作用有两方面：一是在 switch 语句中退出 switch；二是在循环语句中退出当前整个循环，从而执行循环语句后面的语句。break 语句的基本语法如下。

```
break; //在循环语句中用于退出当前整个循环
```

break 语句和 continue 语句一样，执行也需要设定某个条件，满足该条件时，执行 break 语句。

【示例 13-25】break 语句应用示例。

```
<!doctype html>
<html>
<head>
<meta charset="utf-8">
<title>break 语句应用示例</title>
<script>
var sum=0;
var str="";
console.log("被累加的元素有: ")
for(var i=0;i<100;i+=2){ //1~100 的偶数进行累加
    //如果累加和大于 100,则退出整个循环
    if(sum>100)
        break;
    sum+=i;
    str+=i+" "
}
console.log(str);
</script>
</head>
<body>
</body>
</html>
```

上述代码使用 sum>100 作为 break 语句执行的条件，如果条件表达式的值为真，则执行 break 语句退出整个循环，此时 break 语句后续的循环体中的代码都不会被执行。上述代码在 IE11 浏览器中的运行结果如图 13-29 所示。

图 13-29　break 语句应用结果

13.8.6　注释语句

为了提高程序的可读性和可维护性，在编写 JavaScript 代码时，开发人员一般会使用注释。注释语句用于对代码进行描述说明。注释语句主要是给开发人员看的。浏览器对注释语句既不会显示，也不会执行。在 JavaScript 中，注释有单行注释和多行注释两种形式。所谓单行注释，就是注释文字比较少，在一行内显示完；多行注释就是注释文字比较多，需要分多行来显示。多行注释也可以用多个单行注释来表示。单行注释以"//"开始，后面跟着的内容就是注释；多行注释以"/*"开始，以"*/"结束，它们之间的内容就是注释。这两种注释的具体写法如下。

```
（1）//单行注释文字
（2）/*
      多行注释文字
      多行注释文字
      ……
    */
```

单行注释的示例如下。

```
//将 1~100 的偶数累加
for(var i=0;i<100;i+=2){
    //如果累加和大于 100,则退出整个循环
    if(sum>100)
        break;
    sum+=i;
    console.log(i+" ");
}
```

多行注释的示例如下。

```
/*
    将 1~100 的偶数累加
    如果累加和大于 100,则退出整个循环
*/
for(var i=0;i<100;i+=2){
    if(sum>100)
        break;
    sum+=i;
    console.log(i+" ");
}
```

13.9　在网页中嵌入 JavaScript 代码

为了增强用户与网页的动态交互效果，提高用户体验，需要在网页中嵌入脚本代码。在网页中嵌入脚本代码有 3 种方式：一是在 HTML 标签的事件属性中直接添加脚本代码；二是使用 script 标签在网页中直接嵌入脚本代码；三是使用 script 标签链接外部脚本文件。

13.9.1　在 HTML 标签的事件属性中直接添加脚本代码

使用 HTML 标签的事件属性，可以直接在标签内添加脚本代码，以响应元素的事件。

【示例 13-26】在 HTML 标签的事件属性中添加脚本代码。

```
<!doctype html>
```

```
<html>
<head>
<meta charset="utf-8">
<title>在 HTML 标签的事件属性中直接添加脚本</title>
</head>
<body>
 <form>
  <input type="button" onClick="javascript:alert('欢迎来到 JavaScript 世界');"
   value="点点我看看有什么发生"/>
</form>
</body>
</html>
```

上述代码在 input 标签中的 onClick 事件属性中添加了 JavaScript 脚本代码，实现单击按钮后弹出警告对话框的功能。

 使用 HTML 标签的事件属性添加 JavaScript 脚本代码这种方法，现在已不建议使用了。

13.9.2　使用 script 标签嵌入脚本代码

这种方式首先需要在头部区域或主体区域的恰当位置添加<script></script>标签对，然后在<script></script>标签对之间根据需求添加相关脚本代码。

基本语法：

```
<script type="text/javascript">
     … //在这里放置具体的 JavaScript 脚本代码
</script>
```

<script></script>标签可以出现在 HTML 文件的任意位置。type 属性规定脚本的 MIME 类型，通常取"text/javascript"，现在使用时，也会经常省略这个属性。

【示例 13-27】使用 script 标签在 HTML 页面中嵌入脚本代码。

```
<!doctype html>
<html>
<head>
<meta charset="utf-8">
<title>使用 script 标签嵌入 JS 代码</title>
<script>
//在头部区域中嵌入 JS 代码
alert('网页的功能是计算输入的两个数的和');
</script>
</head>
<body>
  请输入两个操作数: <input type="text"/>+<input type="text"/>=<input type="text"/>
  <input type="button" value="计算"/>
  <script>
  //在主体区域中嵌入 JS 代码
  var aInp = document.getElementsByTagName('input');
  aInp[3].onclick = function (){
     aInp[2].value = Number(aInp[0].value) + Number(aInp[1].value);
  }
  </script>
```

```
<body>
</body>
</html>
```

上述代码分别在 HTML 页面的头部区域和主体区域中使用<script></script>标签对在页面中插入了 JavaScript 代码，其中第二个<script></script>中使用了 DOM 以及事件处理的内容，对这些内容的使用暂且不用过多关注，想事先了解的读者可参见后面相关章节的介绍。当 script 元素内部的 JavaScript 代码没有位于某个函数中时，这些代码会按页面加载的顺序执行，当代码位于某个函数中时，只有在调用这些函数时，才会执行这些代码。所以示例 13-27 中的 JavaScript 代码，在加载完页面标题后，会首先执行第一个<script></script>之间的代码，然后加载页面主体中的表单输入元素，最后才执行第二个<script></script>之间的 JavaScript 代码，在该块 JavaScript 代码中，会执行第一行 JavaScript 代码，当没有单击按钮时，第三行代码不会执行。

示例 13-27 中的第二块 JavaScript 代码分布在 HTML 主体区域中，因为这种做法与提倡将内容、表现和行为分开的做法不太一致，所以在实际应用中常常会将 JavaScript 代码集中放到头部区域。此时需要使用窗口的加载事件和匿名函数，等页面所有元素都加载完后再执行 JavaScript 代码。使用窗口加载事件后，将示例 13-27 的代码修改如下。

```
<!doctype html>
<html>
<head>
<meta charset="utf-8">
<title>使用 script 标签嵌入 JS 代码</title>
<script>
window.onload = function (){
    var aInp = document.getElementsByTagName('input');
    alert('网页的功能是计算输入的两个数的和');
    aInp[3].onclick = function (){
        aInp[2].value = Number(aInp[0].value) + Number(aInp[1].value);
    };
};
</script>
</head>
<body>
  请输入两个操作数: <input type="text"/>+<input type="text"/>=<input type="text"/>
  <input type="button" value="计算"/>
</body>
</html>
```

function()定义了一个匿名函数，有关匿名函数的内容请参见 14.1 节的相关介绍。

13.9.3　使用 script 标签链接外部 JavaScript 文件

如果同一段 JavaScript 代码需要在若干网页中使用，则可以将 JavaScript 代码放在一个单独的以.js 为扩展名的文件里，然后在需要使用该文件的网页中使用 script 标签引用该.js 文件。扩展名为.js 的文件称为脚本文件。

从前面的描述中可以看出，定义脚本文件的目的之一是重用脚本代码。此外，使用脚本文件还有一个目的，就是将网页内容和行为分离。基于这两个目的，在实际项目中，使用 script 标签链接脚本文件是最常用的一种嵌入脚本的方式。

基本语法：

```
<script type="text/javascript" src="脚本文件"></script>
```

src 属性用来指定外部脚本文件的 URL，是必设属性。链接脚本文件时，script 一般作为空元素，就算在标签对之间添加内容，这些内容其实也没有任何作用。

需要注意的是，虽然 script 作为空元素，但它的结束标签必须使用</script>，而不能使用缩写形式，即将开始标签的"＞"改成"/＞"来结束标签。

【示例 13-28】修改示例 13-27，使用 script 标签将脚本文件链接到 HTML 页面中。

首先新建一个 JavaScript 文件，命名为 link.js，然后通过 script 标签引用.js 文件。

（1）link.js 代码

```
window.onload = function (){
    var aInp = document.getElementsByTagName('input');
    alert('网页的功能是计算输入的两个数的和');
    aInp[3].onclick = function (){
        aInp[2].value = Number(aInp[0].value) + Number(aInp[1].value);
    };
};
```

注：脚本文件中不能包含任何标签，除非该标签使用引号引起来作为字符串使用。

（2）HTML 页面代码

```
<!doctype html>
<html>
<head>
<meta charset="utf-8">
<title>使用 script 标签链接脚本文件</title>
<script type="text/javascript" src="link.js"></script>
</head>
<body>
  请输入两个操作数：<input type="text"/>+<input type="text"/>=<input type="text"/>
  <input type="button" value="计算"/>
</body>
</html>
```

上述代码在页面头部区域使用 script 标签将外部脚本文件 link.js 链接到 HTML 页面中，在 link.js 文件中使用窗口的加载事件来调用匿名函数。

习 题 13

1. 简述题

（1）简述 JavaScript 具有哪些特点。

（2）简述 JavaScript 的基本语法。

（3）JavaScript 的数据类型有哪些？

（4）变量的作用域有哪些？

（5）JavaScript 有哪些表达式和语句？

（6）简述 for 循环与 while 和 for…in 循环的关系。

2. 上机题

（1）分别使用 for 和 while 循环语句实现 1～1 000 的偶数累加，当累加和大于 2 000 时，中止循环语句的执行。

（2）对（1）实现的代码使用 IE 开发者工具调试跟踪变量。

第14章
脚本函数

　　函数实际上是一段有名字的程序。定义函数的目的主要是更好地重用代码以及处理事件。在 JavaScript 中，函数分为内置函数和用户自定义函数。

14.1　函数定义

　　自定义函数由用户根据需要自行定义，可以定义两类函数：有名函数和匿名函数。自定义 JS 函数需要使用关键字 function，定义有名函数需要指定函数名称，定义匿名函数则不需要指定函数名称。

　　定义有名函数的基本语法如下。

```
function 函数名([参数表]){
    函数体;
    [return[ 表达式];]
}
```

　　匿名函数的定义有两种形式：函数表达式形式和事件注册形式。

　　定义函数表达式形式的匿名函数基本语法如下。

```
var fn=function([参数表]){
    函数体;
    [return[ 表达式];]
}
```

　　函数表达式将匿名函数赋给一个变量，这样，匿名函数就可以通过这个变量来调用。

　　定义事件注册形式的匿名函数基本语法如下。

```
文档对象.事件=function ( ){
    函数体;
}
```

　　有以下几点说明。

　　（1）定义有名函数时，必须指定函数名。

　　（2）函数名可任意命名，但必须符合标识符命名规范，且不能使用 JavaScript 的保留字和关键字。函数名一般首字母小写，通常是动名词，最好见名知意。如果函数名由多个单词构成，则单词之间使用下划线连接，如 get_name，或写成驼峰式，如 getName。

　　（3）参数表可选。它是用小括号括起来的 0 个以上的参数，用于接收调用函数时的参数传递，可以接受任意类型的数据。没有参数时，小括号也不能省略；如果有多个参数，参数之间用逗号分隔。此时的参数就是一个变量，没有具体的值，因而称为虚参或形参。虚参在内存中没有分配存储空间。

（4）函数体是由花括号"{}"括起来的语句块，用于实现函数功能。调用函数时，将执行函数体语句。

（5）return [表达式]是可选。执行该语句后，将中止函数的执行，并返回指定表达式的值。其中的表达式可以是任意表达式、变量或常量。如果 return 语句缺省表达式，则函数返回 undefined 值。

（6）事件注册形式定义的匿名函数通常不需要 return 语句，且一般没有参数。

当一个函数需要在多个地方调用时，需要定义为有名函数或函数表达式，而只用来处理一个对象的某个事件时，通常使用事件注册定义形式的匿名函数。

需要注意的是，有名函数可以在定义前使用，函数表达式则必须在定义后才可以使用。

【示例 14-1】定义带 return 语句的有名函数。

```
<script>
function getMax(a,b){
    if(a>b){
        return a;
    }else{
        return b;
    }
}
</script>
```

上述代码定义了名为 getMax 的函数，其中有 *a* 和 *b* 两个虚参，函数体中有两个 return 语句，当 *a* 大于 *b* 时返回 *a* 值；否则返回 *b* 值。

【示例 14-2】定义不带 return 语句的有名函数。

```
<script>
function sayHello(name){
    alert("Hello, "+name);
}
</script>
```

上述代码定义了名为 sayHello 的函数，虚参为 name，函数体中没有返回值，调用函数时会弹出警告对话框。

【示例 14-3】定义函数表达式。

```
<script>
var getMax=function(a,b){
    if(a>b){
        return a;
    }else{
        return b;
    }
}
</script>
```

上述代码将一个匿名函数赋给了变量 getMax，虚参和函数体的功能和示例 14-1 完全一样。

【示例 14-4】对事件注册匿名函数。

```
<script>
window.onload=function(){
    alert("hi");
};
</script>
```

上述代码对窗口的加载事件注册了一个匿名函数，这样文档窗口一加载完全，将立即执行该匿名函数，弹出警告对话框。

14.2　return 语句详解

return 语句在函数定义中有两个作用：一是返回函数值；二是中止函数的执行。

return 语句可以返回包括基本数据类型、对象、函数等任意类型的值。每个函数都会返回一个值，没有使用 return 语句，或使用了 return，但其后面没有指明返回值时，函数都将返回 undefined 值。如果需要返回 undefined 以外的值，则必须使用 return，同时指明返回的值。

 函数一旦执行完 return 语句，将会立即返回函数值，并停止函数的执行，此时 return 语句后的代码都不会被执行。根据 return 语句的这一特性，常常会在需要提前退出函数的执行时，利用不带返回值的 return 语句来随时中止函数的执行。

【示例 14-5】return 语句显式返回函数值。

```
<!doctype html>
<html>
<head>
<meta charset="utf-8">
<title>return 语句显式返回函数值</title>
<script>
function expressionCaculate(x){
    if((x >= -10) && (x <= 10)){
        return x * x - 1;
    } else {
        return 5 * x + 3;
    }
}
alert(expressionCaculate(6));
alert(expressionCaculate(12));
</script>
</head>
<body>
</body>
</html>
```

expressionCaculate()的 return 后面跟着一个表达式，在函数执行到 return 语句时，先计算表达式的值，然后返回该值。调用函数时，会根据传给 x 的值，返回不同表达式的值。

【示例 14-6】return 语句中止函数的执行。

```
<!doctype html>
<html>
<head>
<meta charset="utf-8">
<title>return 语句中止函数执行</title>
<script>
function add(a,b){
  if(a>b){
    console.log("a 大于 b");
```

```
      return;
      console.log("a+b="+(a+b));
   }
   console.log("a+b="+(a+b));
}
add(7,3);
</script>
</head>
<body>
</body>
</html>
```

调用 add()方法时，当第一个参数的值大于第二个参数时，在控制台中输出 "a 大于 b" 后，函数返回，停止执行，从而 return 语句后面的两条日志都不会输出。运行结果如图 14-1 所示。

图 14-1　return 语句中止函数的执行结果

【示例 14-7】return 语句返回函数。

```
<!doctype html>
<html>
<head>
<meta charset="utf-8">
<title>return 语句返回函数</title>
<script>
function outerFunc(){
   var b = 0;
   return function(){  //返回匿名函数
      b++;
      alert("内部函数中 b="+b);
   }
}
var func = outerFunc();
func();
</script>
</head>
<body>
</body>
</html>
```

因为 outerFunc()函数返回一个匿名函数，所以 outerFunc 函数的调用表达式就变为了函数表达式了，从而可以使用变量 func 来调用匿名函数。运行结果如图 14-2 所示。

图 14-2　调用 return 语句返回的匿名函数

14.3　函数调用

　　函数定义后，并不会自动执行。函数的执行需要通过函数调用来实现。在 JavaScript 中，函数的调用有 4 种模式：函数调用模式、方法调用模式、构造器调用模式和 apply、call 调用模式。本书只介绍函数调用模式，后三种调用模式属于面向对象编程的内容，感兴趣的读者请查阅相关资料。

　　函数调用模式与函数的定义方式有关。有名函数的调用方法是：在需要执行函数的地方直接使用函数名，且使用具有具体值的参数代替虚参。相比于函数定义时的参数没有具体值，函数调用时的参数有具体的值，因而称函数调用的参数为实参。实参在内存中分配了对应的空间。此时，函数调用的基本语法如下。

　　函数名(实参表);

　　把函数表达式变量看成是匿名函数的函数名时，函数表达式定义的匿名函数和有名函数的调用方法完全一样，在此不再赘述。

　　事件注册方式定义的匿名函数会在绑定的事件触发时调用执行。如果绑定的事件永远不触发，则该匿名函数将永远不会调用。

　　处理事件时调用的函数既可以是匿名函数，也可是有名函数。调用有名函数时，只写函数名，格式如下。

　　事件目标对象.事件名 = 函数名;

　　　　处理事件时，调用函数只能写函数名，函数名后面不能加小括号()，否则函数在事件没触发时就会执行，且只执行一次，这样在事件触发时反而无法执行。

　　有名函数的调用语句可以在脚本程序的不同地方重复出现。在函数执行前，会把函数调用语句中的实参传给虚参。实参表可以包含任意类型的数据（如果实参没有给虚参传递程序需要的类型，则可能会导致程序运行出错），实参和虚参的数量可以相同，也可以不同。如果参数数量相同，则实参会对应传给虚参，即把实参对应赋值传给虚参（变量）；如果实参数量少于虚参数量，则实参首先按顺序一一对应传给虚参，没有实参对应的虚参，将会对应传 undefined 值；如果实参数量多于虚参数量，则多余的实参无效。

　　【示例 14-8】函数调用及传参。

```
<script>
alert(getMax(3,7));//在函数定义的前面调用函数
function getMax(a,b){//定义函数
    if(a>b){
        return a;
    }else{
        return b;
    }
}
//alert(getMax(3,7));也可以在函数定义的后面调用函数
</script>
```

　　上述代码中的第二行 getMax(3,7)是函数调用代码，()中的 3 和 7 就是两个实参，它们分别对应传给虚参 a 和 b，即 a=3，b=7。在程序解析完后，将执行第二条语句调用函数将 7 输出到警告

对话框中。

【示例 14-9】调用函数表达式定义的匿名函数。

```
<script>
//console.log("实参为三个的结果 = "+add(3,6,7));//在这里调用,将出现类型错误
var add=function(a,b,c){//定义函数
    return a+b+c;
}
//调用函数
console.log("实参为两个的结果 = "+add(3,6));
console.log("实参为三个的结果 = "+add(3,6,7));
console.log("实参为四个的结果 = "+add(3,6,7,9));
</script>
```

上述代码将匿名函数定义赋给了变量 add，这样就可以通过 add 来调用匿名函数了。调用时需要注意的是，函数的调用语句必须放在函数定义语句的后面，否则将出错。例如，如果在上述代码的第二行调用匿名函数，将出现类型错误异常，而放在函数定义语句后面调用的 3 条代码结果都正常。上述代码在 IE11 浏览器中的运行结果如图 14-3 所示。

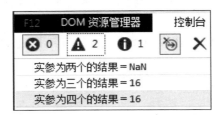

图 14-3　调用函数表达式定义的匿名函数的结果

【示例 14-10】事件注册函数的调用。

```
<!doctype html>
<html>
<head>
<meta charset="utf-8">
<title>事件注册函数的调用</title>
</head>
<body>
  <form>
    <select name="bg" id="bg">
        <option value="red">红色</option>
        <option value="blue">蓝色</option>
        <option value="green">绿色</option>
    </select>
    <input type="button" id="btn" value="使用选择的颜色更改页面背景颜色"
  </form>
  <script>
  var oBtn=document.getElementById("btn");
  var oBg=document.getElementById("bg");
  oBtn.onclick=function(){
      document.body.style.backgroundColor=oBg.value;
  };
  </script>
```

```
</body>
</html>
```

上述代码将匿名函数绑定到按钮的单击事件上，这样，每次单击按钮时，就会调用一次匿名函数，实现从下拉列表中选择颜色更改页面背景颜色。图 14-4 和图 14-5 分别是从下拉列表中选择红色和绿色后，单击按钮的结果。

图 14-4　使用蓝色更改页面背景颜色

图 14-5　使用绿色更改页面背景颜色

14.4　this 指向

在 JavaScript 程序中会经常使用 this 来指向当前对象。所谓当前对象，是指调用当前方法（函数）的对象，当前方法（函数）是指正在执行的方法（函数）。需要注意的是，在不同情况下，this 会指向不同的对象，下面通过示例 14-11 来演示说明这个结论。

【示例 14-11】this 指向示例。

```
<!doctype html>
<html>
<head>
<meta charset="utf-8">
<title>this 的指向示例</title>
<script>
window.onload = function (){
    function fn1(){
        alert(this);
    }
    function fn2(obj){
        alert(obj);
    }
    var aBtn = document.getElementsByTagName('input');//使用标签名获取所有按钮
    fn1(); //① 直接调用 fn1 函数
    aBtn[0].onclick = fn1; //② 通过按钮 1 的单击事件来调用 fn1 函数
    aBtn[1].onclick = function (){
        fn1(); //③ 在匿名函数中调用
    };
    aBtn[2].onclick = function (){
        fn2(this); //④ 在匿名函数中调用
    };
};
</script>
</head>
```

```
<body>
    <input type="button" value="按钮 1"/>
    <input type="button" value="按钮 2"/>
    <input type="button" value="按钮 3"/>
</body>
</html>
```

在上述代码中，①处代码直接调用 fn1 函数，该代码等效于 window.fn1()，因为调用当前函数 fn1 是 window 对象，所以执行 fn1 函数后，输出的 this 为 window 对象，结果如图 14-6 所示。②处代码通过按钮 1 的单击事件来调用 fn1 函数，所以此时调用 fn1 函数的是 aBtn[0]，因此执行 fn1 函数后，输出的 this 为按钮 1 对象，结果如图 14-7 所示。③处代码是在匿名函数中调用，而匿名函数又是通过按钮 2 的单击事件来调用，即对于按钮 2 来说，匿名函数为当前函数，执行当前函数体时会调用 fn1，此时 fn1 的调用等效于 window.fn1()，对于 window 对象来说，因为 fn1 为当前函数，所以 fn1 输出的 this 为 window 对象，结果如图 14-8 所示。④处代码和③处代码一样，也是由匿名函数调用，但不同的是，fn2 函数的参数是在按钮 3 的当前函数，即匿名函数中指定，所以 fn2 函数中的参数 this 指向的是按钮 3。运行结果如图 14-9 所示。

图 14-6　直接调用 fn1 的结果

图 14-7　单击按钮 1 的结果

图 14-8　单击按钮 2 的结果

图 14-9　单击按钮 3 的结果

从示例 14-11 中可以看到，this 在 JS 程序中是用来指向当前对象的，但在不同情况下，this 指向的对象不一样，在使用时需要特别注意。

14.5　内置函数

内置函数由 JavaScript 提供，用户可直接使用。JavaScript 常用的内置函数如表 14-1 所示。

表 14-1　JavaScript 常用内置函数

函数	描述
parseInt()	将字符型参数转换为整型

续表

函数	描述
parseFloat()	将字符型参数转换为浮点型
isFinite()	判断参数是否为无穷大
isNaN()	判断参数是否为 NaN
encodeURI()	将字符串转化为有效的 URL
decodeURI()	对 encodeURI()编码的文本进行解码

parseInt()和 parseFloat()在 13.6.5 节已详细介绍过了，在此不再赘述。

1. isFinite()函数

语法：isFinite(num)。

说明：num 参数为需要验证的数字。

作用：用于检验参数指定的值是否为无穷大。如果 num 参数是有限数字（或可转换为有限数字），则返回 true。如果 num 参数是 NaN（非数字），或者是正、负无穷大的数，则返回 false。

2. isNaN()函数

语法：isNaN(value)。

说明：value 参数为需要验证是否为数字的值。

作用：用于确定 value 参数是否是数字，如果不是数字，则返回 true，否则返回 false。

需要特别注意的是，isNaN()在判断参数是否为数字之前，会首先使用 Number()对参数进行数字类型转换。所以 isNaN(value)等效于 isNaN(Number(value))。当参数 value 能被 Number()转换为数字时，结果返回 false，否则返回 true。

3. encodeURI()函数

语法：encodeURI(urlString)。

说明：urlString 参数为需要转换为 URI 的字符串。

作用：将参数 url 作为 URI 进行编码。

4. decodeURI()函数

语法：decodeURI(urlString)。

说明：urlString 参数为需要解码的 URI。

作用：用于将 encodeURI()函数编码的 URI 解码成最初的字符串并返回。

【示例 14-12】内置函数示例。

```
<!doctype html>
<html>
<head>
<meta charset="utf-8">
<title>内置函数示例</title>
<script>
console.log("(1)使用 isFinite()函数的结果如下：");
console.log("123 的结果是有限值吗？"+isFinite(123));
console.log("1/0 的结果是有限值吗？"+isFinite('1/0'));
console.log("hello 的结果是有限值吗？"+isFinite('hello'));

console.log("(2)使用 isNaN()函数的结果如下：");
console.log("'250'不是数字吗？"+isNaN('250'));
//Number()将字符串'250'转换为数字 250,结果为 false
```

```
console.log("'true'不是数字吗？"+isNaN(true));
//Number()将 true 转换为数字 1,结果为 false
console.log("'100px'不是数字吗？"+isNaN('100px'));
//Number()无法将字符串 100px 转换为数字,结果为 true

console.log("(3)使用 encodeURI()函数的结果如下：");
console.log("'https://www.sise.com.cn/?username=张三'字符串编码后可得到 URI：\n"+
            encodeURI("https://www.sise.com.cn/?username=张三"));

console.log("(4)使用 decodeURI()函数的结果如下：");
console.log("对上面使用 encodeURI()编码可得到 URI 解码后的结果是：\n"+
            decodeURI(encodeURI("https://www.sise.com.cn/?username=张三")));
</script>
</head>
<body>
</body>
</html>
```

上述代码在 IE11 浏览器中的运行结果如图 14-10 所示。

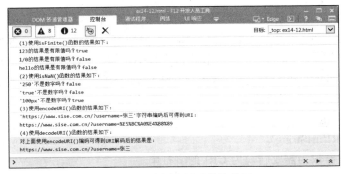

图 14-10　常用内置函数的使用

习　题　14

1．填空题

（1）定义 JavaScript 函数的关键字是_____，定义函数时的参数称为_____，调用函数时的参数称为_____。

（2）定义匿名函数的形式有两种，分别是：_____、_____。

（3）调用 JavaScript 函数有 4 种方式，分别是_____、_____、_____和_____。

2．简述题

常用内置函数有哪些？它们分别有哪些作用？

3．上机题

（1）自定义一个函数，函数名为 testFun，然后在按钮单击事件中调用该函数。

（2）演示示例 14-8～示例 14-11。

第15章
事件处理

JavaScript 的一个基本特征就是事件驱动。所谓事件驱动，就是当用户执行了某种操作后，会因此引发一系列程序的执行。在这里，用户的操作称为事件，程序对事件做出的响应称为事件处理。本章将介绍事件处理的相关概念、常用事件、事件对象和事件处理程序的注册和调用等内容。

15.1　事件处理概述

事件处理，是指程序对事件做出的响应。所谓事件，对 JavaScript 来说，就是用户与 Web 页面交互时产生的操作，如移动鼠标、按下某个键盘、单击按钮等。事件处理中涉及的程序称为事件处理程序。事件处理程序通常定义为函数。在 Web 页面中产生事件的对象，称为事件目标。在不同事件目标上可以产生不同类型的事件。应用程序通过指明事件类型和事件目标，在 Web 浏览器中注册它们的事件处理程序。这样在特定的目标上发生特定类型的事件时，浏览器会调用对应的处理程序。所以事件处理涉及的工作包括事件处理程序的定义、注册和调用。

处理事件时，经常会使用到事件对象。所谓事件对象，是指与特定事件相关且包含该事件详细信息的对象。事件对象是作为参数传递给事件处理函数的。在实际应用中，开发人员经常通过事件对象获取事件的相关信息，例如，发生鼠标事件时，可以使用事件对象获得单击鼠标处的坐标。

JavaScript 常用事件如表 15-1 所示。

表 15-1　　　　　　　　　　　　　　　　JavaScript 常用事件

事件		描述
鼠标 事件	click	用户单击鼠标时，触发此事件
	dblclick	用户双击鼠标时，触发此事件
	mousedown	用户按下鼠标时，触发此事件
	mouseup	用户按下鼠标后松开鼠标时，触发此事件
	mouseover	当用户将鼠标指针移动到某对象范围的上方时，触发此事件
	mousemove	用户移动鼠标时，触发此事件
	mouseout	当用户鼠标指针离开某对象范围时，触发此事件
键盘 事件	keypress	当用户键盘上的某个字符键被按下并且释放时，触发此事件
	keydown	当用户键盘上的某个按键被按下时，触发此事件
	keyup	当用户键盘上的某个按键被按下后松开时，触发此事件

续表

	事件	描述
窗口 事件	abort	当图形尚未完全加载前，用户就单击了一个超链接，或单击停止按钮时，触发此事件
	error	加载文件或图像发生错误时，触发此事件
	load	页面内容加载完成时，触发此事件
	resize	当浏览器窗口的大小被改变时，触发此事件
	unload	当前页面关闭或退出时，触发此事件
表单 事件	blur	当前表单元素失去焦点时，触发此事件
	click	用户单击复选框、单选按钮或 button、submit 和 reset 按钮时触发此事件
	change	表单元素的内容发生改变并且元素失去焦点时，触发此事件
	focus	当表单元素获得焦点时，触发此事件
	reset	用户单击表单上的 reset 按钮时，触发此事件
	select	用户选择了一个 input 或 textarea 表单域中的文本时，触发此事件
	submit	用户单击 submit 按钮提交表单时，触发此事件

15.2　注册事件处理程序

为了使浏览器在事件发生时，能自动调用相应的事件处理程序处理事件，需要对事件目标注册事件处理程序（也称事件绑定）。注册事件处理程序有以下 3 种方式。

（1）使用 HTML 标签的事件属性注册事件处理程序。该方式设置标签的事件属性值为事件处理程序。

（2）使用事件目标的事件属性注册事件处理函数。该方式设置事件目标的事件属性值为事件处理程序。

（3）使用事件目标调用 addEventListener()方法。注意：除 IE 8 及以前的版本外，所有浏览器都支持 addEventListener()方法。IE 8 之前的 IE 版本对应 addEventListener()方法的是 attatchEvent()方法。在此，只介绍 addEventListener()方法，对 attatchEvent()方法感兴趣的读者请查阅相关资料。

注：步骤（1）和（2）两种注册方式中的事件属性名的组成形式是 "on+事件名"，如 onclick、onfocus 等。

15.2.1　使用 HTML 标签的事件属性注册事件处理程序

需要注意的是，使用 HTML 标签的事件属性注册事件处理程序时，事件属性中的脚本代码不能包含函数声明，但可以是函数调用或一系列使用分号分隔的脚本代码。

【示例 15-1】使用 HTML 标签的事件属性注册事件处理程序。

```
<!doctype html>
<html>
<head>
<meta charset="utf-8">
<title>使用 HTML 标签的事件属性注册事件处理程序</title>
</head>
<body>
<form action="">
    <input type="button" onclick="var name='张三';alert(name);" value="测试"/>
```

```
    </form>
    </body>
    </html>
```

上述代码的 button 为 click 事件的目标对象，其通过标签的事件属性 onclick 注册了两行脚本代码来处理事件。上述代码在 IE11 浏览器中运行后，当用户单击按钮时，将弹出警告对话框，结果如图 15-1 所示。

图 15-1　使用 HTML 标签的事件属性注册事件处理程序

当事件处理程序涉及的代码在两行以上时，如果还像示例 15-1 那样注册事件处理程序，程序的可读性就会变得很差，对此，可以将事件处理程序定义为一个函数，然后在事件属性中调用该函数。

【示例 15-2】HTML 标签的事件属性为函数调用。

```
<!doctype html>
<html>
<head>
<meta charset="utf-8">
<title>HTML 标签的事件属性为函数调用</title>
<script>
function printName(){          ← 定义事件处理函数
    var name="张三";
    alert(name);
}
</script>
</head>
<body>
  <form action="">
    <input type="button" onClick="printName()" value="测试"/>          ← 事件处理程序为函数调用
  </form>
</body>
</html>
```

上述代码的执行结果和示例 15-1 完全相同。

从上述两个示例可以看到，标签事件属性将 JavaScript 脚本代码和 HTML 标签混合在一起，违反了 Web 标准的 JavaScript 和 HTML 应分离的原则。所以，使用 HTML 标签的事件属性注册事件处理程序并不是很好，在实际应用时应尽量避免。

15.2.2　使用事件目标的事件属性注册事件处理函数

使 HTML 和 JavaScript 分离的注册事件处理方法之一是使用事件目标的事件属性注册事件处理函数。

【示例 15-3】使用事件目标的事件属性注册事件处理函数。

```
<!doctype html>
<html>
```

```
<head>
<meta charset="utf-8">
<title>使用事件目标的事件属性注册事件处理函数</title>
<script>
window.onload=function(){
    var username=document.getElementById("username");
    username.onfocus=function(){
        alert("请输入用户名");
    }
    username.onblur=function(){
        alert("您输入的用户名为："+this.value);
    }
}
</script>
</head>
<body>
  <form action="">
    <input type="text" name="username" id="username">
  </form>
</body>
</html>
```

上述 JavaScript 代码处理了 3 个事件：文档加载事件 load、文本框获得焦点事件 focus 及文本框失去焦点事件 blur。这 3 个事件的处理都是使用事件目标的事件属性注册处理函数来实现的。上述脚本代码中的 3 个事件处理函数都被定义为匿名函数。在文档所有元素加载完成后会处理窗口加载事件函数，此时将首先获取文本框对象 username。当 username 元素获得焦点时，将处理其绑定的获得焦点事件处理函数；当 username 元素失去焦点时，将处理其绑定的失去焦点事件函数。

 blur 事件处理函数中的 this 代表触发当前事件的对象，即 username 文本框。上述代码在 IE11 浏览器中的运行结果分别如图 15-2 和图 15-3 所示。

图 15-2　获取焦点事件结果

图 15-3　失去焦点事件结果

15.2.3　使用事件目标调用 addEventListener()方法

在标准事件模型中，任何能成为事件目标的对象都定义了 addEventListener()方法，使用这个方法可以为事件目标注册事件处理程序。addEventListener()方法的语法格式如下。

```
addEventListner(事件类型名,事件处理函数,false|true);
```

语法说明：第一个参数为事件类型名，如 load、click 等事件名；第二个参数必须为函数，可以是函数的定义代码，也可以是函数调用语句；第三个参数为布尔值，取 false 值时，表示事件冒泡，此时当元素接收到事件时，会把它接收到的事件逐级向上传播给它的祖先元素，一直传到顶层的 document 对象。取 true 值时，表示事件捕获，此时事件从最顶层的 document 对象开始，逐级往下传播事件，即最顶层的 document 对象最早接收事件，最低层的具体被操作的元素最后接收事件。

　　使用 addEventListener()可以为同一个对象注册同一事件类型的多个事件处理函数。当对象上发生事件时，所有该事件类型的注册处理程序会按照注册的顺序依次调用执行。

　　【示例 15-4】使用 addEventListener()注册事件处理程序。

```
<!doctype html>
<html>
<head>
<meta charset="utf-8">
<title>使用 addEventListener()注册事件处理程序</title>
<script>
function mouseOverFn(){//使用 JS 设置 p 元素的样式
    p.style.color="blue";//设置 p 元素的文字颜色为蓝色
    p.style.fontSize="30px";
    p.style.fontStyle="italic";
    p.style.textDecoration="underline";
}
function mouseOutFn(){
    p.style.color="red";
    p.style.fontStyle="normal";
    p.style.textDecoration="none";
}
window.onload=function(){
    var p=document.getElementById("p");
    //click 事件处理程序直接使用函数的定义
    p.addEventListener("click",function(){alert("单击事件");},false);
    p.addEventListener("mouseover",mouseOverFn,false);//事件处理程序使用函数调用语句
    p.addEventListener("mouseout",mouseOutFn,false);
    p.addEventListener("click",function(){alert("使用 addEventListener()注册事件处
        理程序");},false);
}
</script>
</head>
<body>
    <p id="p">Hello World!</p>
</body>
</html>
```

　　上述代码涉及 load、click、mouseover 和 mouseout 这 4 个事件。对这 4 个事件共注册了 5 个处理程序。其中，load 事件处理程序使用事件目标的属性注册，当然它也可以修改为"window.addEvenetListener("load",function(){...},false)"，即使用 addEvenetListener()注册事件处理程序。另外 4 个事件处理程序的注册使用 addEventListener()方法，其中，"click"事件注册了两个处理程序，当单击事件发生时，将按它们注册的顺序依次执行，所以将依次弹出两个警告对话框。上述代码在 IE11 浏览器中的运行结果如图 15-4～图 15-8 所示。

图 15-4　初始效果　　　图 15-5　mouseover 事件发生后的效果　图 15-6　mouseout 事件发生后的效果

图 15-7　click 事件发生后弹出的第一个警告对话框　图 15-8　click 事件发生后弹出的第二个警告对话框

15.3　事件处理程序的调用

一旦注册了事件处理程序，浏览器就会在事件目标上发生指定类型事件时自动调用它。

15.3.1　事件处理程序与 this 的使用

在 JavaScript 中，开发人员经常会使用 this 来指向某个对象，以实现对该对象的操作。在脚本程序中，this 具体指向的对象取决于 this 在程序中的位置以及程序的执行方式。例如，如果它出现在事件处理函数的实参中，则指向事件目标；如果它出现在事件处理函数体中，当事件处理函数的绑定是通过 HTML 属性时，则指向 window 对象；如果事件处理函数的绑定是通过事件目标的属性，则指向事件目标。下面通过几个示例来介绍 this 在事件处理程序中的使用。

【示例 15-5】在 HTML 属性绑定的事件处理程序中 this 的使用。

```
<!doctype html>
<html>
<head>
<meta charset="utf-8">
<title>在 HTML 属性绑定的事件处理程序中 this 的使用</title>
<script>
function thisTest1(){
    alert("this 放在函数体中,此时指向的对象是: "+this);
}
function thisTest2(obj){
    alert("this 作为实参时,this 指向的对象是: "+obj);
}
</script>
</head>
<body>
    <form>
      <input type="button" value="单击这里,测试事件处理函数体中的 this"
        onclick="thisTest1()"/>
      <br><br>
      <input type="button" value="单击这里,测试事件处理函数的实参 this"
        onclick="thisTest2(this)"/>
    </form>
</body>
</html>
```

上述代码在 IE11 浏览器中的运行结果如图 15-9 和图 15-10 所示。

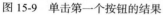

图 15-9　单击第一个按钮的结果　　　　　图 15-10　单击第二个按钮的结果

从图 15-9 和图 15-10 中可以看到，通过 HTML 属性绑定的事件处理函数体中的 this 指向的是 window 对象；而通过 HTML 属性绑定的事件处理函数中的实参 this 指向的是事件目标。

【示例 15-6】在事件目标的属性绑定的事件处理程序中 this 的使用。

```html
<!doctype html>
<html>
<head>
<meta charset="utf-8">
<title>在事件目标属性绑定的事件处理程序中 this 的使用</title>
</head>
<body>
<form>
<input id="btn" type="button" value="单击这里，测试事件处理函数的 this"/>
</form>
<script>
    var btnObj=document.getElementById("btn");
    btnObj.onclick=function(){
        alert("在事件目标绑定的事件处理函数体中，this 指向的对象是："+this);
    }
</script>
</body>
</html>
```

上述代码在 IE11 浏览器中的运行结果如图 15-11 所示。

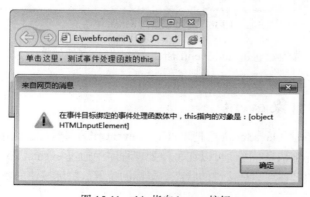

图 15-11　this 指向 button 按钮

从图 15-11 中可以看到，通过事件目标的属性绑定的事件处理函数体中的 this 指向的是事件目标。

【示例 15-7】在 addEventListener()绑定的事件处理程序中 this 的使用。

```
<!doctype html>
<html>
<head>
<meta charset="utf-8">
<title>在 addEventListener()绑定的事件处理程序中 this 的使用</title>
<script>
function thisTest(){
    alert("在 addEventListener()中绑定的事件处理函数体中，this 指向的对象是："+this);
}
</script>
</head>
<body>
<form>
<input id="btn" type="button" value="单击这里，测试事件处理函数的 this"/>
</form>
<script>
    var btnObj=document.getElementById("btn");
    btnObj.addEventListener("click",thisTest,false);
</script>
</body>
</html>
```

上述代码在 IE11 浏览器中的运行结果如图 15-12 所示。

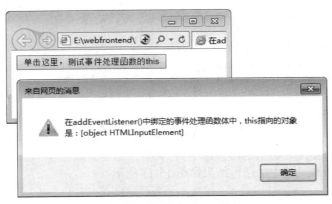

图 15-12 this 指向 button 按钮

从图 15-12 中可以看到，通过 addEventListener()绑定的事件处理函数体中 this 指向的是事件目标。

15.3.2 事件对象 event

调用事件处理程序时，JavaScript 会把事件对象 event 作为参数传递给事件处理程序。事件对象提供了有关事件的详细信息，因而可以在事件处理程序中通过 event 获取有关事件的相关信息，例如，获取事件目标的名称、键盘按键的状态、鼠标的位置、鼠标按钮的状态等。表 15-2 列出了 event 对象的常用属性和方法。

表 15-2　　　　　　　　　　　　　　event 对象的常用属性和方法

属性/方法	说明
altKey	用于判断键盘事件发生时，Alt 键是否被按下
button	用于判断鼠标事件发生时，哪个鼠标键被单击了。在遵循 W3C 标准的浏览器中，鼠标左、中、右键分别用 0、1、2 表示；在不遵循 W3C 标准的 IE 浏览器中，鼠标左、中、右键分别用 1、4、2 表示
clientX	用于获取鼠标事件发生时，相对于可视窗口左上角的鼠标指针的水平坐标
clientY	用于获取鼠标事件发生时，相对于可视窗口左上角的鼠标指针的垂直坐标
ctrlKey	用于判断键盘事件发生时，Ctrl 键是否被按下
relatedTarget	用于获取鼠标事件发生时，与事件目标相关的节点
screenX	用于获取鼠标事件发生时，相对于文档窗口的鼠标指针的水平坐标
screenY	用于获取鼠标事件发生时，相对于文档窗口的鼠标指针的垂直坐标
shiftKey	用于判断键盘事件发生时，Shift 键是否被按下
offsetX	用于获取鼠标事件发生时，相对于事件目标左上角的水平偏移，在 Chrome、Opera 和 Safari 浏览器中，左上角为外边框的位置；在 Firefox 和 IE 浏览器中，左上角为内边框的位置
offsetY	用于获取鼠标事件发生时，相对于事件目标左上角的垂直偏移，浏览器的情况与上同
srcElement	用于在 IE 8 及以下版本的 IE 浏览器中，获取事件目标
target	在 W3C 标准浏览器中获取事件目标
type	获取事件类型
returnValue	取值为 true 或 false。用于在 IE 8 及以下版本的 IE 浏览器中决定是否执行与事件关联的默认动作。当值为 false 时，不执行默认动作
preventDefault()	在 W3C 标准的浏览器中，通知浏览器取消与事件的默认操作

【示例 15-8】事件对象应用示例。

```
<!doctype html>
<html>
<head>
<meta charset="utf-8">
<title>事件对象 event 的使用</title>
<script>
window.onload=function(){
    var p=document.getElementById("p1");
    p.onmousedown=function(event){
    var e=event || window.event; // 浏览器兼容设置:非标准的 IE 浏览器使用 window.event
    var x=e.screenX
    var y=e.screenY
    alert("(screenX,screenY): (" + x+","+y+")");
    var x2=e.offsetX
    var y2=e.offsetY
    alert("(offsetX,offsetY): (" + x2+","+y2+")");
    var x3=e.clientX
    var y3=e.clientY
    alert("(clientX,clientY): (" + x3+","+y3+")");
    //浏览器兼容设置:非标准的 IE 浏览器使用 e.srcElement
    var srcObj=e.target || e.srcElement;
    alert("事件目标为: " + srcObj.id);
```

```
        var type1=e.type;
        alert("事件类型为: "+type1);
    };
};
</script>
</head>
<body>
<p id="p1">event 对象<br>event 对象<br>event 对象<br>event 对象<br>event 对象
<br>event 对象<br>event 对象<br>event 对象<br>event 对象<br>event 对象<br>event 对象
<br>event 对象<br>event 对象<br>event 对象<br>event 对象<br>event 对象<br>event 对象
</p>
</body>
</html>
```

上述代码分别使用事件对象获取单击鼠标事件发生后，相对于文档窗口的鼠标指针的坐标、相对于可视窗口左上角的鼠标指针的坐标、相对于段落左上角的坐标以及事件目标和事件类型。上述代码在 IE11 浏览器中的运行结果如图 15-13 所示。在图 15-13 所示的浏览器窗口中单击鼠标后，依次得到图 15-14～图 15-18 所示的警告对话框。

图 15-13　浏览器执行结果

图 15-14　单击鼠标后弹出的第一个对话框

图 15-15　单击鼠标后弹出的第二个对话框

图 15-16　单击鼠标后弹出的第三个对话框

图 15-17　单击鼠标后弹出的第四个对话框

图 15-18　单击鼠标后弹出的第五个对话框

15.3.3　事件处理程序的返回值

可以通过使用对象属性或 HTML 标签属性注册的事件处理程序，返回 false 值来取消事件的浏览器默认操作。例如，表单提交按钮的 onclick 属性注册的事件处理程序返回值为 false 时，将阻止浏览器提交表单；否则允许浏览器提交表单。

【示例 15-9】通过 HTML 属性注册的事件处理程序返回 false 阻止表单提交。

```
<!doctype html>
<html>
<head>
<meta charset="utf-8">
<title>通过 HTML 属性注册的事件处理程序返回 false 阻止表单提交</title>
<script>
function checkValue(){
    var name=document.getElementById("username");
    if(name.value.length==0){
        alert("请输入姓名");
        return false;
    }
    return true;
}
</script></head>
<body>
<form action="ex15-3.html">
    姓名:<input type="text" name="username" id="username"/>
    <input type="submit" value="提交" onclick="return checkValue()"/>
</form>
</body>
</html>
```

上述代码在提交按钮中使用 onclick 注册事件处理程序。该事件处理程序实现的功能是：当用户在输入表单域中输入用户名时提交表单，否则阻止表单提交。为了实现该功能，需要事件处理程序在不同情况下分别返回 false 和 true。使用 HTML 属性注册事件处理程序时，还要在属性注册处理程序中加上 return 关键字。

习 题 15

1. 填空题

注册事件处理程序有 3 种方式，分别是_____、_____和_____。

2. 简述题

（1）什么是事件、事件处理、事件目标和事件对象？

（2）取消事件的默认行为可使用哪些方法？

（3）简述 this 指针在什么情况下指向事件目标，在什么情况下指向 window 对象。

第16章
JavaScript 内置对象

JavaScript 对象是指既可以保存一组不同类型的数据（属性），又可以包含有关处理这些数据的函数（方法）的特殊数据类型。所谓 JavaScript 内置对象，是指由 ECMAScript 实现提供的对象。常用的 JavaScript 内置对象主要有 Array 对象、String 对象、Date 对象、Math 对象、正则表达式 RegExp 对象。本章主要介绍前四个内置对象，在第 17 章将介绍 RegExp 对象。

16.1　Array 对象

Array 对象是指可以存储多个相同或不同类型的值的对象，其中存储的每个值称为数组元素。

1. 创建 Array 对象

使用 Array 对象存储数据之前必须先创建 Array 对象。创建 Array 对象有多种方式，下面列出两种常用方式：

```
方式一：var 数组对象名=[元素 1,元素 2,...,元素 n];
方式二：var 数组对象名=new Array(元素 1,元素 2,...,元素 n);
```

语法说明：方式一是较简洁的数组创建方法，方式二是较正式的数组创建方法。这两种创建方式都返回新创建并被初始化了的数组对象，它们都使用参数指定的值初始化数组，元素数量（也叫数组长度）为参数的数量。这两种方式的效果一样，但由于方式一更简洁，因此在实际应用中更常用。

数组创建示例如下。

```
var hobbies1=["旅游","运动","音乐"];
var hobbies2=new Array("旅游","运动","音乐");
```

上面示例代码创建了两个数组对象，它们是完全等效的，但第一行代码是最简洁的。

需要注意的是，上述两种创建数组的方式一般情况下是完全等效的，但除了只有一个类型为 int 值的情况，因为此时，第一种创建方式创建的是一个元素，第二种创建方式创建的是多个元素的数组。例如：

```
var arr=[3]; //创建一个只有一个元素的数组,元素为 3
var arr=new Array(3); //创建一个有 3 个元素的数组,3 个元素都为 undefined
```

需要注意的是，不管使用哪种方式创建数组对象，数组对象中的元素都是可以动态增加的。添加数组元素最常用的方法是使用 push()方法。

2. 数组元素的引用

数组中存储的每个元素都有一个位置索引（也叫下标），数组下标从 0 开始，到数组长度-1

结束，即第一个元素的下标为 0，最后一个元素的下标为数组长度-1。引用数组元素需要使用数组名，同时借助下标，引用格式如下。

数组名[元素下标]

例如，"hobbies=["旅游","运动","音乐"]" 的元素的引用分别使用 hobbies[0]、hobbies[1]和 hobbies[2]。

3. 数组的访问

访问数组有两种方式。一种是直接访问数组名，此时结果返回数组中存储的所有元素值，例如，alert(hobbies)语句执行后，将在警告对话框中输出上面创建的 hobbies 数组中存储的所有元素：旅游、运动、音乐。另一种是使用数组下标访问单个数组元素，例如，alert(hobbies[1])语句执行后，将在警告对话框中输出"运动"。

4. 数组对象的常用属性

length：获取数组长度（即数组元素数量）。

5. 数组对象的常用方法

数组对象的常用方法如表 16-1 所示。

表 16-1　　　　　　　　　　数组对象常用方法

方法	描述
concat(数组 1,…,数组 n)	用于将一个或多个数组合并到数组对象中。参数可以是具体的值，也可以是数组对象
join(分隔符)	将数组内各个元素以分隔符连接成一个字符串，参数可以省略，省略时，分隔符默认为 ","
push(元素 1,…,元素 n)	向数组的末尾添加一个或多个元素，并返回新的长度。注：必须至少有一个参数
reverse()	颠倒数组中元素的顺序
slice(start[,end])	返回包含从数组对象中截取的第 start～end-1 的元素的数组。注：end 参数可以省略，省略时表示从 start 位置开始一直到最后的元素，全部截取
sort()	按字典顺序重新排序数组元素
toString()	把数组转换为字符串，并返回转换后的字符串。转换效果等效于不带参数的 join()

6. 访问数组对象的属性和方法

数组对象.属性
数组对象.方法(参数 1,参数 2,…)

【示例 16-1】数组对象的使用。

```
<!doctype html>
<html>
<head>
<meta charset="utf-8">
<title>Array 数组对象的使用</title>
<script>
 var fruit=["苹果","橙子","梨子"];  //创建数组
 var fruit1=new Array("pear","apple","orange"); //创建数组
 console.log("fruit 数组的元素个数是：",fruit.length); //访问数组对象的属性
 console.log("直接输出 fruit 数组的结果：",fruit);  //直接访问数组对象
 //以下代码分别演示了数组对象各个方法的使用
 console.log("对 fruit 数组调用 toString 后的输出结果：",fruit.toString());
```

```
        console.log("对 fruit 数组使用默认字符分隔数组的输出结果: ",fruit.join());
        console.log("对 fruit 数使用'、'分隔数组的输出结果: ", fruit.join("、"));
        console.log("将两个数组连接在一起后的输出结果: ",fruit.concat(fruit1));
        console.log("fruit1 数组排序后的输出结果: ",fruit1.sort());
        fruit.push("香蕉","西瓜");
        console.log("fruit 数组添加元素后的输出结果: ",fruit);
        console.log("对 fruit 数组截取 1～3 位置的元素后的输出结果: ",fruit.slice(1,3));
        console.log("fruit 数组倒排数组元素后的输出结果: ", fruit.reverse());
    </script>
    <body>
    </body>
</html>
```

上述脚本代码分别演示了数组对象的创建及属性和各个方法的访问。上述代码在 IE11 浏览器中的运行结果如图 16-1 所示。

图 16-1　数组对象的使用

从图 16-1 的运行结果可以看出，直接输出数组对象和使用数组对象调用 toString() 和 join() 两个方法的效果完全一样。事实上，在字符串环境中，JavaScript 会自动调用 toString() 方法将数组转换成字符串。所以，使用 console.log() 直接输出数组对象时，实际是由 JavaScript 首先调用 toString() 转换为字符串，然后再输出的。

16.2　String 对象

String 对象是包装对象，用来存储和处理文本。

1. String 对象的创建

```
var String 对象名＝new String(字符串);
```

　　　　　参数中的字符串常量必须使用双引号或单引号引起来，如果字符串中包含双引号，则引用字符串的引号必须使用单引号或使用转义字符"\"对双引号进行转义；如果字符串中包含单引号，则引用字符串的引号必须使用双引号或使用转义字符"\"对单引号进行转义。例如：

```
    var str1=new String("We are studying 'JavaScript'");    //双引号中嵌套单引号
    var str2=new String('We are studying "JavaScript"');     //单引号中嵌套双引号
    var str3=new String("We are studying \"JavaScript\"");/*加转义字符对双引号
```

进行转义*/
```
    var str4=new String('We are studying \'JavaScript\'');/*加转义字符对单引号
进行转义*/
```

　　字符串变量具有和字符串对象相同的作用，就是同样可以存储和处理文本。字符串对象和字符串具有相同的属性和方法。对字符串进行处理时，JavaScript 首先将其转换为一个伪对象，因而可以使用它访问属性和方法。因为创建字符串对象有可能拖慢执行速度，并可能产生其他副作用，所以在实际项目中尽量不要对字符串创建对象，而应直接处理该字符串，或先将其存储在一个变量中，然后针对字符串变量进行操作。另外，还要注意以下两行代码的不同。

```
new String(s); //它返回一个新创建的 String 对象,其中存放的是字符串 s
String(s);       //把 s 转换成原始的字符串,并返回转换后的值
```

2. 字符串对象的常用属性

length：返回字符串的长度（字符数）。

3. 字符串对象的常用方法

字符串对象的常用方法如表 16-2 所示。

表 16-2　　　　　　　　　　　　　字符串对象常用方法

方法	描述
charAt(位置)	返回 String 对象指定位置处的字符
indexOf(查找的子串[,index])	返回从位置 index 之后首次出现查找的子串的位置。如果参数 index 省略，则从字符串第一个字符开始查找。如果没有找到要查找的子串，则返回-1
lastIndexOf(查找的子串[,index])	返回要查找的字串在 String 对象中最后一次出现的位置。查找是从字符串的 index 位置开始，从后往前查找，如果省略 index 参数，则从字符串的最后一个字符开始查找。如果没有找到要查找的子串，则返回-1
match(正则表达式)	在一个字符串中寻找与正则表达式匹配的子串。如果找不到匹配的子串，则返回 null
replace(正则表达式,新字符串)	使用新字符串替换匹配正则表达式的字符串后，作为新字符串返回
search(正则表达式)	搜索与参数指定的正则表达式匹配的子串。如果找不到匹配的子串，则返回-1
split(正则表达式)	根据参数指定的正则表达式将字符串分隔为字符串数组
slice(索引值 i[,索引值 j])	提取并返回字符串索引值 i 到索引值 $j-1$ 之间的子串。如果省略索引值 j，则返回字符串从 i 位置开始，到结尾的所有子串。i 和 j 可以是负数
substring(索引值 i[,索引值 j])	提取并返回字符串索引值 i 到索引值 $j-1$ 之间的子串。如果省略索引值 j，则返回字符串从 i 位置开始，到结尾的所有子串。i 和 j 不可以是负数
toLowerCase()	将字符串中的字母全部转换为小写后，作为新字符串返回
toUpperCase()	将字符串中的字母全部转换为大写后，作为新字符串返回
toString()	返回字符串对象的原始字符串值。这是针对字符串对象的方法
valueOf()	返回字符串对象的原始字符串值。这是针对字符串对象的方法

注：表 16-2 中的方法也是字符串直量或变量的方法，字符串直接量或变量调用方法时，JavaScript 会通过调用 new String（字符串）的方法将字符串转换为对象，所以其实是字符串对象在调用方法。

4. 访问字符串对象的属性和方法

字符串对象.属性

字符串对象.方法(参数1,参数2,…)

5. 字符串对象的比较与字符串变量的比较

字符串变量的比较：直接将两个字符串变量进行比较。

字符串对象的比较：必须先使用 toString()或 valueOf()方法获取字符串对象的值，然后用值进行比较。

例如：

```
var str1="JavaScript";
var str2="JavaScript";
var strObj1=new String(str1);
var strObj2=new String(str2);
if(str1==str2)//比较两个字符串变量
if(strObj1.valueOf()==strObj2.valueOf())//比较两个字符串对象
```

【示例 16-2】JavaScript 字符串的使用。

```
<!doctype html>
<html>
<head>
<meta charset="utf-8">
<title>字符串的使用</title>
<script>
var str="apple、banana、pear";
var s=str.charAt(3);//获取字符串中位置 3 的字符
var len=str.length;//获取字符串的长度
var index1=str.indexOf("e");//获取首次出现 e 字符的位置
var index2=str.indexOf("a",6);//获取位置 6 之后首次出现 a 字符的位置
var index3=str.lastIndexOf("e");//获取字符串中最后一个 e 的位置
var arr=str.split("、");//使用、将字符串分隔为字符串数组
var subStr=str.substring(6,12);//截取位置 6~11 的子串
var str1=str.toUpperCase();//将字母全部转换为大写
console.log("操作的字符串是:"+str+"\n 字符串的长度为:"+len+"\n 字符串第 3 个位置的字符是:
"+s+"\n 第一个 e 的位置是:"+index1+"\n 位置 6 之后首次出现 a 的位置是:"+index2+"\n 最后一个 e 的
位置是:"+index3+"\n 使用'、'分隔字符串后得到的字符数组是:"+arr+"\n 位置 6~11 的子串是:
"+subStr+"\n 字符串字母全部大写后变为:"+str1);
</script>
</head>
<body>
</body>
</html>
```

上述脚本代码通过调用字符串方法和属性实现了对文本的处理。上述代码在 IE11 浏览器中的运行结果如图 16-2 所示。

图 16-2　字符串的使用

字符串的 match()、search() 和 replace() 3 个方法涉及正则表达式的相关内容，这 3 个方法的应用将在第 19 章介绍。

16.3　Math 对象

Math 对象用于执行数学计算。它同样包含了属性和方法，其属性包括标准的数学常量，如 PI 常量；其方法则构成了数学函数库。Math 对象和前面介绍的两类对象不同的是，它在使用时不需要创建对象，而是直接使用 Math 来访问属性或方法，如 Math.PI。

1. Math 对象的常用属性

E：欧拉常量，自然对数的底，约等于 2.718 3。

PI：圆周率常数 π，约等于 3.141 59。

2. Math 对象的常用方法

Math 对象的常用方法如表 16-3 所示。

表 16-3　　　　　　　　　　　　　　　　Math 对象常用方法

方法	描述
abs(x)	返回 x 的绝对值，参数 x 必须是一个数值
acos(x)	返回 x 的反余弦，参数 x 必须是 -1.0～1.0 的数
asin(x)	返回 x 的反正弦，参数 x 必须是 -1.0～1.0 的数
atan(x)	返回 x 的反正切弦，参数 x 必须是一个数值
ceil(x)	返回大于等于 x 的最小整数，参数 x 必须是一个数值
exp(x)	返回 e 的 x 次幂的值，参数 x 为任意数值或表达式
floor(x)	返回小于等于 x 的最大整数，参数 x 必须是一个数值
log(x)	返回 x 的自然对数，参数 x 为任意数值或表达式
max(x1,x2)	返回 x1、x2 中的最大值，参数 x1、x2 必须是数值
min(x1,x2)	返回 x1、x2 中的最小值，参数 x1、x2 必须是数值
pow(x1,x2)	返回 x1 的 x2 次方，参数 x1、x2 必须是数值
random()	产生 0～1.0 的随机数
round(x)	返回 num 四舍五入后的整数，参数 x 必须是一个数值
sqrt(x)	返回 x 的平方根，参数 x 必须是大于等于 0 的数
sin(x)	返回 x 的正弦值，参数 x 以弧度表示
cos(x)	返回 x 的余弦值，参数 x 以弧度表示
tan(x)	返回 x 的正切值，参数 x 以弧度表示

3. 访问 Math 对象属性和方法

```
Math.属性
Math.方法（参数 1,参数 2,…）
```

【示例 16-3】Math 对象的使用。

```
<!doctype html>
```

```
<html>
<head>
<meta charset="utf-8">
<title>Math 对象的使用</title>
<script>
console.log("Math.abs(-3) = "+Math.abs(-3));
console.log("Math.ceil(15.6) = "+Math.ceil(15.6));//求最高值
console.log("Math.floor(15.6) = "+Math.floor(15.6));//求最低值
console.log("Math.max(2,3) = "+Math.max(2,3));//求两个值中的最大值
console.log("Math.exp(0) = "+Math.exp(0));// 求 0 的幂指数
console.log("Math.sqrt(3) = "+Math.sqrt(3));// 求 3 的平方根
console.log("Math.pow(2,6) = "+Math.pow(2,6));//求 2 的 6 次幂
console.log("Math.round(2.6) = "+Math.round(2.6));//四舍五入
//获取 0～1.0 的随机数
console.log("Math.random() = "+Math.random());
//随机获取 0 和 1
console.log("Math.round(Math.random()) = "+Math.round(Math.random()));
//随机获取 0～6 的一个整数
console.log("Math.round(Math.random()*6) = "+Math.round(Math.random()*6));
</script>
</head>
<body>
</body>
</html>
```

图 16-3　Math 对象的使用

在上述代码中，倒数第二行代码使用 round()将 random()函数返回的 0～1.0 的数四舍五入后，最终结果为 0 或者 1。最后一行代码首先使用 Math.random()*6 得到 0～6.0 的一个随机数，然后使用 round()将 0～6.0 的随机数四舍五入取整，最终就可以得到 0～6 的一个随机整数。上述代码在 IE11 浏览器中的运行结果如图 16-3 所示。

16.4　Date 对象

Date 对象可用来处理日期和时间。

1. 创建 Date 对象

```
var dt=new Date([日期参数]);
```

日期参数的取值有以下 3 种情况。

（1）省略不写：用于获取系统当前的日期和时间。

例如：

```
var now=new Date();
```

（2）日期字符串。

参数以字符串形式表示，参数格式为"月 日，公元年 时:分:秒"、"月 日，公元年"、"月/日/公元年 时:分:秒"或"月/日/公元年"。

例如：

```
date=new Date("10/27/2000 12:06:36")
date=new Date("October 27,2000 12:06:36")
```

（3）一律以数值表示。

参数以数字表示日期中的各个组成部分，参数格式为"公元年，月，日，时，分，秒"或"公元年，月，日"。

例如：

```
date=new Date(2012,10,10,0,0,0)
date=new Date(2012,10,10)
```

2．Date 对象的常用方法

Date 对象常用的方法如表 16-4 所示。

表 16-4　　　　　　　　　　　　　Date 对象常用方法

方法	描述
getDate()	根据本地时间返回 Date 对象的当月号数，取值为 1～31
getDay()	根据本地时间返回 Date 对象的星期数，取值为 0～6，其中星期日的取值是 0，星期一的取值是 1，其他以此类推
getMonth()	根据本地时间返回 Date 对象的月份数，取值为 0～11，其中一月份的取值是 0，其他以此类推
getFullYear()	根据本地时间，返回以 4 位整数表示的 Date 对象的年份数
getHours()	根据本地时间返回 Date 对象的小时数，取值为 0～23，其中 0 表示晚上零点，23 表示晚上 11 点
getMinutes()	根据本地时间返回 Date 对象的分钟数，取值为 0～59
getSeconds()	根据本地时间返回 Date 对象的秒数，取值为 0～59
getTime()	根据本地时间返回自 1970 年 1 月 1 日 00:00:00 以来的毫秒数
Date.parse(日期字符串)	根据本地时间返回自 1970 年 1 月 1 日 00:00:00 以来的毫秒数
setDate(日期数)	根据本地时间设置 Date 对象的当月号数，参数的取值是 1～31
setMonth(月[,日])	根据本地时间设置 Date 对象的月份数，第一个参数的取值是 0～11，第二个参数的取值是 1～31
setFullYear(年份数[,月份,日期数])	根据本地时间设置 Date 对象的年份数，第一个参数的取值是一个 4 位的整数，第二个参数的取值是 0～11，第三个参数的取值是 1～31
setHours(小时[,分,秒,毫秒])	根据本地时间设置 Date 对象的小时数，第一个参数的取值是 0～23，第二和第三个参数的取值都是 0～59，第四个参数的取值是 0～999
setMinutes(分[,秒,毫秒])	根据本地时间设置 Date 对象的分钟数，第一和第二个参数的取值都是 0～59，第三个参数的取值是 0～999
setSeconds(秒,[,毫秒])	根据本地时间设置 Date 对象的秒数，第一个参数的取值是 0～59，第二个参数的取值是 0～999
setMilliSeconds(毫秒)	根据本地时间设置 Date 对象的毫秒数，参数的取值是 0～999
setTime(总毫秒数)	根据 GMT 时间设置 Date 对象 1970 年 1 月 1 日 00:00:00 以来的毫秒数，以毫秒形式表示日期可以使它独立于时区
toLocaleString()	将 Date 对象转换为字符串，并根据本地时区格式返回字符串
toString()	将 Date 对象转换为字符串，并以本地时间格式返回字符串。注意：直接输出 Date 对象时，JavaScript 会自动调用该方法将 Date 对象转换为字符串
toUTCString()	将 Date 对象转换为字符串，并以世界时间格式返回字符串

3. 访问 Date 对象的属性和方法

Date 对象.属性

Date 对象.方法 (参数 1,参数 2,…)

静态方法的访问：Date.静态方法()

【示例 16-4】Date 对象的使用。

```html
<!doctype html>
<html>
<head>
<meta charset="utf-8">
<title>Date 对象的使用</title>
<script>
    var now = new Date(); //对系统当前时间创建 Date 对象
    var year=now.getFullYear(); //获取以 4 位数表示的年份
    var month=now.getMonth()+1; //获取月份
    var date=now.getDate();//获取日期
    var day=now.getDay(); //获取星期数
    var hour=now.getHours();//获取小时数
    var minute=now.getMinutes();//获取分钟数
    var second=now.getSeconds();//获取秒数
    //创建星期数组
    var week=new Array("星期日","星期一","星期二","星期三","星期四","星期五","星期六");
    hour=(hour<10) ? "0"+hour:hour;//以两位数表示小时
    minute=(minute<10) ? "0"+minute:minute;//以两位数表示分钟
    second=(second<10) ? "0"+second:second;//以两位数表示秒数
    console.log("现在时间是: "+year+"年"+month+"月"+date+"日"+hour+":"+minute+
        ":"+second+" "+week[day]+"<hr>");
    console.log("当前时间调用 toLocaleString()的结果: "+now.toLocaleString()+
        "<br>");
    console.log("当前时间调用 toString()的结果: "+now.toString()+"<br>");
    console.log("当前时间调用 toUTCString()的结果: "+now.toUTCString()+"<br>");
</script>
</head>
<body>
</body>
</html>
```

上述脚本代码调用 Date 的无参构造函数获取系统时间。上述代码在 IE11 浏览器中的运行结果如图 16-4 所示。

图 16-4　应用 Date 对象获取系统时间

习 题 16

1. 简述题

简述 JavaScript 常用的内置对象的常用属性和方法。

2. 上机题

（1）任意创建一个可存入 10 个元素的数组，并为数组元素赋初值；然后删除数组中的第二个元素，并输出删除的元素值，以及删除后剩余元素的值。

（2）使用 Date 对象获取系统时间，并在页面中按"年-月-日　时:分:秒　星期几"的格式显示出来。要求，年份以 4 位数表示，时、分、秒以两位数来表示。

使用文档对象模型（Document Object Model，DOM）技术可以实现用户页面动态变化，如可以动态地显示或隐藏一个元素、改变它们的属性、增加一个元素通过 DOM 极大地增强了页面的交互性。

17.1　DOM 概述

DOM 提供了一组独立于语言和平台的应用程序编程接口，描述了如何访问和操纵 XML 和 HTML 文档的结构和内容。在 DOM 中，一个 HTML 文档是一个树状结构，其中的每一块内容称为一个节点。HTML 文档中的元素、属性、文本等不同的内容在内存中转换为 DOM 树中相应类型的节点。在 DOM 中，经常操作的节点主要有 document 节点、元素节点（包括根元素节点）、属性节点和文本节点这几类。其中，document 节点位于最顶层，是所有节点的祖先节点，该节点对应整个 HTML 文档，是操作其他节点的入口。因为每个节点都是一个对应类型的对象，所以在 DOM 中，对 HTML 文档的操作可以调用 DOM 对象的相关应用程序接口（Application Programming Interface，API）来实现。

下面以一个简单的 HTML 文档为例，绘制其对应的 DOM 模型树结构。

```
<!doctype html>
<html>
<head>
<meta charset="utf-8">
<title>一个简单的 HTML 文档</title>
</head>
<body>
    <h1>一级标题</h1>
    <div id="box">DIV 内容</div>
</body>
</html>
```

上面的 HTML 文档对应的 DOM 树如图 17-1 所示。

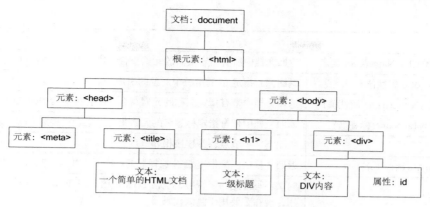

图 17-1 HTML DOM 模型树结构

17.2 DOM 对象

17.2.1 document 对象

在 DOM 中，document 节点是节点树中的顶层节点，代表整个 HTML 文档，它是操作文档其他内容的入口。一个 document 节点就是一个 document 对象。document 对象通过调用它的方法或属性来访问或处理文档。document 对象的常用属性和方法分别如表 17-1 和表 17-2 所示。

表 17-1   document 对象常用属性

属性	描述
anchors	返回文档中的所有书签锚点，通过数组下标引用每一个锚点，如 document.anchors[0]返回第一个锚点
body	代表 body 元素
forms	返回文档中的所有表单，通过数组下标引用每一个表单，如 document.forms[0]返回第一个表单
images	返回文档中的所有图片，通过数组下标引用每一张图片，如 document.images[0]返回第一张图片
lastModified	用于获取文档最后修改的日期和时间
links	返回文档中的所有链接，通过数组下标引用每一个链接，如 document.links[0]返回第一个链接
location	用于跳转到指定的 URL
title	用于设置或获取文档标题
URL	返回当前文档完整的 URL

表 17-2   document 对象方法

方法	描述
createAttribute(节点名)	创建一个属性节点
createElement(节点名)	创建一个元素节点
createTextNode(节点内容)	创建一个文本节点

方法	描述
getElementsByClassName(CSS 类名)	返回文档中所有指定类名的元素集合，集合类型为 NodeList
getElementById(id 属性值)	返回拥有指定 id 的第一个对象的引用
getElementsByName(name 属性值)	返回文档中带有指定名称的元素集合，集合类型为 NodeList
getElementsByTagName(标签名)	返回文档中带有指定标签名的元素集合，集合类型为 NodeList
normalize()	删除空文本节点，并连接相邻节点
querySelectorAll(选择器名)	返回文档中匹配指定 CSS 选择器的所有元素集合，集合类型为 NodeList
write(字符串)	向文档写指定的字符串，包括 HTML 语句或 JavaScript 代码。早期较常用，现在主要用于测试代码

需要访问 HTML 文档以及创建各类节点时，会使用到表 17-2 所示的一些方法，具体示例请参见 17.3 节和 17.4 节中的相关内容。

17.2.2　元素对象

在 HTML DOM 中，一个元素节点就是一个元素对象，代表一个 HTML 元素。使用 DOM 对文档执行插入、修改、删除节点等操作时，需要使用元素对象的相应属性和方法。元素对象的常用属性和方法分别如表 17-3 和表 17-4 所示。

表 17-3　　　　　　　　　　　　　元素对象常用属性

属性	描述
attributes	返回元素的属性列表，列表类型为 NamedNodeMap
childNodes	返回元素的子节点列表，列表类型为 NodeList
className	设置或返回元素的 class 属性
clientHeight	在页面上返回内容的可视高度，包括内边距，但不包括边框、外边距和滚动条
clientWidth	在页面上返回内容的可视宽度，包括内边距，但不包括边框、外边距和滚动条
contentEditable	设置或返回元素的内容是否可编辑
firstChild	返回元素的第一个子节点
id	设置或返回元素的 id
innerHTML	设置或返回元素的内容
lastChild	返回元素的最后一个子节点
nextSibling	返回该元素紧跟着的下一个兄弟节点
nodeName	返回元素的标签名（大写）
nodeType	返回元素的节点类型
offsetHeigth	返回元素的高度，包括边框和内边距，但不包括外边距
offsetWidth	返回元素的宽度，包括边框和内边距，但不包括外边距
offsetLeft	返回元素相对于文档或偏移容器（当元素被定位时）的水平偏移位置
offsetTop	返回元素相对于文档或偏移容器（当元素被定位时）的垂直偏移位置
offsetParent	返回元素的偏移容器
parentNode	返回元素的父节点

续表

属性	描述
previousSibling	返回该元素紧跟着的前一个兄弟节点
scrollHeight	返回整个元素的高度，包括带滚动条的隐藏的地方
scrollWidth	返回整个元素的宽度，包括带滚动条的隐藏的地方
scrollLeft	返回水平滚动条的水平位置
scrollTop	返回水平滚动条的垂直位置
style	设置或返回元素的样式属性
tagName	返回元素的标签名（大写），作用和 nodeName 完全一样
title	设置或返回元素的 title 属性

表 17-4　　　　　　　　　　　　　　　元素对象方法

方法	描述
appendChild(子节点)	在元素的子节点列表后面添加一个新的子节点
focus()	设置元素获取焦点
getAttribute(属性名)	返回元素指定属性的值
getElementsByTagName(标签名)	返回元素指定标签名的所有子节点列表，列表类型为 NodeList
getElementsByClassName(CSS 类名)	返回元素指定类名的所有子节点列表，列表类型为 NodeList
hasAttributes()	判断元素是否存在属性，存在则返回 true，否则返回 false
hasChildNodes()	判断元素是否存在子节点，存在则返回 true，否则返回 false
hasfocus()	判断元素是否获得焦点，存在焦点则返回 true，否则返回 false
insertBefore(节点 1,节点 2)	在元素指定子节点（节点 2）的前面插入一个新的子节点（节点 1）
querySelectorAll(选择器名)	返回文档中匹配指定 CSS 选择器的所有元素集合,集合类型为 NodeList
removeAttribute(属性名)	删除元素的指定属性
removeChild(子节点)	删除元素的指定子节点
replaceChild(新节点,旧节点)	使用新的节点替换元素指定的子节点（旧节点）
setAttribute(属性名,属性值)	设置元素指定的属性值

　　需要访问 HTML 文档以及对文档执行插入、修改和删除节点等操作时，将会使用到表 17-3 和表 17-4 所示的一些属性和方法，具体示例请参见 17.4 节的相关内容。

17.2.3　属性对象

　　在 HTML DOM 中，一个属性节点就是一个属性对象，代表 HTML 元素的一个属性。一个元素可以拥有多个属性。元素的所有属性存放在表示无序的集合 NamedNodeMap 中。NamedNodeMap 中的节点可通过名称或索引来访问。使用 DOM 处理 HTML 文档元素，有时需要处理元素的属性，此时需要使用到属性对象的属性和相关方法。属性对象的常用属性和相关方法如表 17-5 所示。

表 17-5　　　　　　　　　　　属性对象的常用属性和相关方法

属性/方法	描述
name	使用属性对象来引用，返回元素属性的名称

续表

属性/方法	描述
value	使用属性对象来引用，设置或返回元素属性的值
item()	为 NamedNodeMap 对象的方法，返回该集合中指定下标的节点
length	为 NamedNodeMap 对象的属性，返回该集合中的节点数

有关属性对象的使用示例请参见 17.4 节的相关内容。

17.3　使用 DOM 访问文档元素

17.3.1　获取文档元素

使用 DOM 获取文档元素可以采用以下 5 种方式。

- 用指定的 id 属性：调用 document.getElementById(id 属性值)。
- 用指定的 name 属性：调用 document.getElementsByName(name 属性值)。
- 用指定的标签名：调用 document | 元素对象.getElementsByTagName(标签名)。
- 用指定的 CSS 类：调用 document | 元素对象.getElementsByClassName(类名)。
- 匹配指定的 CSS 选择器：调用 document | 元素对象.querySelectorAll(选择器)。

下面通过示例 17-1 演示使用 DOM 获取文档元素的 5 种方式。

【示例 17-1】获取文档元素的综合示例。

```
<!doctype html>
<html>
<head>
<meta charset="utf-8">
<title>获取文档元素综合示例</title>
<script>
window.onload=function(){
    var oDiv=document.getElementById("box"); //使用 id 属性获取元素
    var oH=document.getElementsByTagName("h2")[0]; //使用标签名获取元素
    var oP1=box.getElementsByClassName("content")[0]; /*使用父元素通过 CSS 类名获取元素*/
    var oInput1=box.querySelectorAll("input")[0]; //使用父元素通过 CSS 选择器获取元素
    var oTextarea=document.getElementsByName("info")[0]; //使用 name 属性获取元素
    alert("获取的元素的标签名分别为: \n"+oDiv.tagName+", "+oH.tagName+", "+oP1.
    tagName+","+oInput1.nodeName+", "+oTextarea.nodeName);
}
</script>
</head>
<body>
  <div id="box">
    <h2>标题</h2>
    <p class="content">段落一</p>
      <p class="content">段落二</p>
    <form>
```

```
        用户名: <input type="text" name="username"><br>
        个人信息: <textarea name="info" cols="30" rows="6"></textarea><br>
        <input type="submit">
      </form>
    </div>
  </body>
</html>
```

上述脚本代码分别使用 id 属性、name 属性、标签名、CSS 类名和 CSS 选择器来选择文档元素。访问这些元素的 tagName 或 nodeName 属性可以分别获得这些元素的大写标签名，其在 IE11 浏览器中的运行结果如图 17-2 所示。

图 17-2　使用 DOM 获取文档元素

17.3.2　访问和设置文档元素属性

使用 DOM 访问或设置属性可以实现动态修改元素样式以及更换图片等功能，极大增强用户与浏览器的交互性，提高用户体验。

【示例 17-2】使用 DOM 访问和设置文档元素属性。

（1）HTML 代码

```
<!DOCTYPE html>
<html>
<head>
<meta charset="utf-8">
<title>访问和设置文档元素属性</title>
<script type="text/javascript" src="js/17-1.js"></script>
</head>
<body>
  设置页面背景颜色:
  <select name="bg" onChange="changBg()">
    <option value="-1">--请选择背景颜色--</option>
      <option value="pink">粉红色</option>
    <option value="olive">橄榄色</option>
    <option value="lightblue">浅蓝色</option>
  </select>
</body>
</html>
```

（2）JavaScript 代码（17-1.js）

```
function changBg(){/*设置页面背景颜色*/
    var oBody=document.getElementsByTagName("body")[0];//通过标签名获取 body 元素
    var bg=document.getElementsByName("bg")[0].value;//获取下拉列表选择的背景颜色
    if(bg==-1){
        oBody.style.backgroundColor="#ffffff"; //设置页面背景颜色为白色
    }else{
        oBody.style.backgroundColor=bg; //设置页面背景颜色为下拉列表所选择的颜色
    }
}
```

在上述脚本代码中，通过 body 元素的 style 属性设置页面背景颜色，背景颜色值通过下拉列表元素的 value 属性获得，从而实现页面背景颜色的动态变化。上述代码在 IE11 浏览器中的运行结果如图 17-3 和图 17-4 所示。

图 17-3　页面初始背景颜色为白色　　　　图 17-4　单击下拉列表中的选项后的背景颜色

17.3.3　使用 innerHTML 属性访问和设置文档元素内容

使用 DOM 对象的 innerHTML 属性可以访问和设置文档元素的内容，实现动态修改页面内容的功能。

【示例 17-3】使用 DOM 的 innerHTML 属性访问和设置文档元素内容。

（1）HTML 代码

```
<!doctype html>
<html>
<head>
<meta charset="utf-8">
<title>使用 innerHTML 属性访问和设置文档元素内容</title>
<style>
div{
    width:270px;
    height:196px;
    text-align:center;
}
span{
    width:width:270px;
}
</style>
<script type="text/javascript" src="js/17-2.js"></script>
</head>
<body>
  <div>
    <img src="images/01.jpg" id="pic"">
    <span>雪山</span>
  </div>
</body>
</html>
```

（2）JavaScript 代码（17-2.js）

```
window.onload=function(){
    var oImg=document.getElementById("pic");//通过 id 属性值获得图片
    var oSpan=document.getElementsByTagName("span")[0];//通过标签名获得 span 对象
    oImg.onclick=function(){/*单击图片后切换图片并更新标签*/
        alert("切换前的图片标签："+oSpan.innerHTML);//使用 innerHTML 获取 HTML 内容
        if(oImg.src.match("01")){   //使用正则表达式匹配图片
```

```
        oImg.src="images/02.jpg"; //修改 img 对象的 src 属性值,即更换图片
        oSpan.innerHTML="海滩";  //使用 innerHTML 设置 HTML 内容
    }else{
        oImg.src="images/01.jpg";
        oSpan.innerHTML="雪山";
    }
    };
};
```

上述脚本代码在 IE11 浏览器中运行后,单击图片时首先弹出一个警告对话框,对话框中显示的标签值通过图片元素的 innerHTML 属性获取,单击对话框的"确定"按钮后,切换图片,同时图片下面的标签也会对应更新,运行结果如图 17-5 和图 17-6 所示。

图 17-5　单击图片时弹出警告对话框

图 17-6　单击图片后切换的图片

17.4　使用 DOM 创建、插入、修改和删除节点

使用 DOM 创建、插入、修改和删除节点需要分别调用 document 对象和元素对象的相应方法来实现,调用情况如下。

(1)创建节点:创建元素节点调用"document.createElement("节点名")";创建文本节点调用"document.createTextNode("节点名")";创建属性节点调用"document.createAttribute("节点名")"。

(2)插入节点分为两种情况:在元素子节点列表的后面附加子节点和在元素某个子节点前面添加子节点。第一种情况调用"element.appendChild(子节点)",第二种情况调用"element.insertBefore(节点 1,节点 2)"。

(3)修改节点:element.replaceChild(新节点,旧节点)。

(4)删除节点:element.removeChild(子节点)。

下面通过示例 17-4 演示使用 DOM 对节点进行创建、添加、插入、修改和删除操作,其中节点类型包括元素节点和文本节点。

【示例 17-4】使用 DOM 操作节点综合示例。

(1)HTML 代码

```
<!doctype html>
<html>
<head>
```

```
<meta charset="utf-8">
<title>使用 DOM 操作节点</title>
<script type="text/javascript" src="js/17-3.js"></script>
</head>
<body>
  <div id="box">
    <p>段落一</p>
    <p>段落二</p>
  </div>
  <a href="javascript:addNode()">添加节点</a>
  <a href="javascript:insertNode()">插入节点</a>
  <a href="javascript:updateNode()">修改节点</a>
  <a href="javascript:deleteNode()">删除节点</a>
</body>
</html>
```

（2）JavaScript 代码（17-3.js）

```
var box=document.getElementById("box");  //通过 id 属性值获得 DIV
function addNode(){//附加节点
    var p=document.createElement("p"); //创建需要添加的元素节点
    var txt=document.createTextNode("段落三(添加的内容)");//创建文本节点
    p.appendChild(txt);//对段落节点添加文本节点
    box.appendChild(p);  //将段落节点添加到 box 的子节点列表后面
}
function insertNode(){//插入节点
    var h2=document.createElement("h2");  // 创建一个 H2 元素节点
    var txt=document.createTextNode("二级标题(插入的内容)");  //创建文本节点
    h2.appendChild(txt);  //对 H2 节点添加文本节点
    var p=document.getElementsByTagName("p")[0]; //获取第一个段落
    box.insertBefore(h2,p);  //在第一个段落前面插入一个 H2 标题
}
function updateNode(){//修改节点
    var p=document.getElementsByTagName("p")[1];//获取第二个段落
    var oldtxt=p.firstChild;//获取第二个段落的文本节点
    //创建需要替换旧文本节点的新文本节点
    var newtxt=document.createTextNode("新段落二(修改的内容)");
    p.replaceChild(newtxt,oldtxt);  //使用 newtxt 节点替换 oldtxt 节点
}
function deleteNode(){//删除节点
    var p=document.getElementsByTagName("p")[0];//获取第一个段落
    box.removeChild(p);//删除第一个段落
}
```

上述脚本代码实现的功能有：单击"添加节点"链接时，在 DIV 的子节点列表后面添加段落三；单击"插入节点"链接时，在段落一前面插入一个二级标题；单击"修改节点"链接时，修改段落二的文本内容；单击"删除节点"链接时，把段落一删除。上述代码在 IE11 浏览器中的运行结果如图 17-7～图 17-9 所示。

图 17-7　页面初始状态　　　图 17-8　添加、插入和修改节点后的效果　图 17-9　删除节点后的效果

17.5　表单及表单元素对象

表单是一个网站的重要组成内容，是动态网页的一种主要表现形式，它主要用于实现收集浏览者的信息或实现搜索等功能。在 JavaScript 中，表单是作为一个对象来处理的。在 JavaScript 中，根据对象的作用，对象主要分为 JavaScript 内置对象、DOM 对象和 BOM（浏览器）对象。因为表单属于 DOM 对象，所以可以使用 DOM 处理表单对象。

17.5.1　表单对象

一个 form 对象代表一个 HTML 表单，在 HTML 页面中由<form></form>标签对构成。JavaScript 运行引擎会自动为每个表单标签建立一个表单对象。操作 form 对象需要使用它的属性或方法。form 对象的常用属性和方法分别如表 17-6 和表 17-7 所示。

表 17-6　　　　　　　　　　　　form 对象常用属性

属性	描述
action	设置或返回表单的 action 属性
elements	包含表单中所有表单元素的数组，使用索引引用其中的元素
length	返回表单中的表单元素数
method	设置或返回将数据发送到服务器的 HTTP 方法
name	设置或返回表单的名称
target	设置或返回表单提交的数据所显示的 frame 或窗口
onreset	在重置表单元素之前调用事件处理方法
onsubmit	在提交表单之前调用事件处理方法

表 17-7　　　　　　　　　　　　form 对象常用方法

方法	描述
reset()	把表单的所有输入元素重置为它们的默认值
submit()	提交表单

获取表单的方式有以下 6 种。

（1）引用 document 的 forms 属性：document.forms[索引值]，索引值从 0 开始。

（2）直接引用表单的 name 属性：document.formName。

（3）通过表单的 ID：调用 document.getElementById()方法。

（4）通过表单的 name 属性：调用 document.getElementsByName()[表单索引]方法。

（5）通过表单标签：调用 document.getElementsByTagName()[表单索引]方法。

（6）通过选择器：调用 document.querySelectorAll()[表单索引]方法。

上述方法中，最常用的是第（2）种和第（3）种。例如：

```
<form name="form1" id="fm">
    ...
</form>
var fm=document.form1;  //获取表单方式一：直接引用表单 name 属性
var fm=document.getElementById("fm");  //获取表单方式二：通过 ID 获取表单
```

17.5.2　表单元素对象

在 HTML 页面中的<form></form>标签对之间包含了用于提供给用户输入或选择数据的表单元素。表单元素按使用的标签可分为三大类：输入元素（input 标签）、选择元素（select 标签）和文本域元素（textarea 标签）。其中输入元素包括文本框（text）、密码框（password）、隐藏域（hidden）、文件域（file）、单选按钮（radio）、复选框（checkbox）、普通按钮（button）、提交按钮（submit）、重置按钮（reset）；选择元素包括多项选择列表或下拉菜单（select）、选项（option）；文本域只有 textarea 一个元素。操作表单元素对象需要使用它们的属性或方法。不同表单元素具有的属性和方法有些相同，有些不同，下面从公共属性和私有属性两方面来介绍它们的属性和方法。

1.　表单元素的常用属性

（1）表单元素常用的公共属性主要有以下几个。

disabled：设置或返回是否禁用表单元素。

 hidden 元素没有 disabled 属性。

id：设置或返回表单元素的 id 属性。

name：设置或返回表单元素的 name 属性。

 option 元素没有 name 属性。

type：对输入元素可设置或返回 type 属性；对选择和文本域两类元素只能返回 type 属性。

value：设置或返回表单元素的 value 属性。

 select 元素没有 value 属性。

（2）text 和 password 元素具有以下几个常用的私有属性。

defaultValue：设置或返回文本框或密码框的默认值。

maxLength：设置或返回文本框或密码框中最多可输入的字符数。

readOnly：设置或返回文本框或密码框是否为只读的。

size：设置或返回文本框或密码框的尺寸（长度）。

（3）textarea 元素具有以下几个常用的私有属性。

defaultValue：设置或返回文本域元素的默认值。

rows：设置或返回文本域元素的高度。

cols：设置或返回文本域元素的宽度。

（4）radio 和 checkbox 元素具有以下几个常用的私有属性。

checked：设置或返回单选按钮或复选框的选中状态。

defaultChecked：返回单选框或复选框的默认选中状态。

（5）select 元素具有以下几个常用的私有属性。

length：返回选择列表中的选项数。

multiple：设置或返回是否选择多个项目。

selectedIndex：设置或返回选择列表中被选项目的索引号。

若允许多重选择，则仅返回第一个被选选项的索引号。

size：设置或返回选择列表中的可见行数。

（6）option 元素具有以下几个常用的私有属性。

defaultSelected：返回 selected 属性的默认值。

selected：设置或返回 selected 属性的值。

text：设置或返回某个选项的纯文本值。

2．表单元素常用的事件属性

（1）表单元素的公共事件属性主要有以下两个。

onblur：当表单元素失去焦点时，调用事件处理函数。

onfocus：当表单元素获得焦点时，调用事件处理函数。

（2）text、password、textarea 元素具有以下两个私有事件属性。

onselect：当选择 input 或 textarea 中的文本时，调用事件处理函数。

onchange：表单元素的内容发生改变并且元素失去焦点时，调用事件处理函数。

（3）radio、checkbox、button、submit 和 reset 表单元素具有以下一个私有事件属性。

onclick：单击复选框、单选框或 button、submit 和 reset 按钮时，调用事件处理函数。

3．表单元素常用的方法

（1）表单元素常用的公共方法主要有以下两个。

blur()：从表单元素上移开焦点。

focus()：在表单元素上设置焦点。

（2）text 和 password 元素具有以下一个私有方法。

select()：选取文本框或密码框中的内容。

（3）radio、checkbox、button、submit 和 reset 表单元素具有以下一个私有方法。

click()：在表单元素上模拟一次鼠标单击。

（4）select 元素具有以下两个私有方法。

add()：向选择列表添加一个选项。

remove()：从选择列表中删除一个选项。

4．获取表单元素的方式

① 引用表单对象的 elements 属性：document.formName.elements[索引值]。

② 直接引用表单元素的 name 属性：document.formName.name。

③ 通过表单元素的 ID：调用 document.getElementById()方法。

④ 通过表单元素的 name 属性：调用 document.getElementsByName()[表单元素索引]方法。

⑤ 通过表单标签：调用 document.getElementsByTagName()[表单元素索引]方法。

⑥ 通过选择器：调用 document.querySelectorAll()[表单元素索引]方法。

上述方法中，第②种~第⑥种方法都是比较常用的。

下面通过示例 17-5 演示表单及表单元素的获取以及它们的常用属性和方法的使用。

【示例 17-5】使用 DOM 操作表单及表单元素。

（1）HTML 代码

```html
<!doctype html>
<html>
<head>
<meta charset="utf-8">
<title>使用 DOM 操作表单及表单元素</title>
<script type="text/javascript" src="js/17-4.js"></script>
</head>
<!--使用表单元素的 focus()方法使用户名在页面加载完后获得焦点-->
<body onLoad="document.form1.username.focus()">
  <h2>个人信息注册</h2>
  <form id="form" name="form1">
    <table border="1" width="500" cellpadding="5" cellspacing="0">
    <tr><td>用户名</td>
    <td><input type="text" name="username" /></td></tr>
    <tr><td>密码</td>
    <td><input type="password" name="psw1" /></td></tr>
    <tr><td>确认密码</td>
    <td><input type="password" name="psw2" /></td></tr>
    <tr><td>性别</td>
    <td>
    <input type="radio" name="gender" value="男">男
    <input type="radio" name="gender" value="女">女
    </td></tr>
    <tr><td>掌握的语言</td>
    <td>
    <input type="checkbox" name="lang" value="中文">中文
    <input type="checkbox" name="lang" value="英文">英文
    <input type="checkbox" name="lang" value="法文">法文
    <input type="checkbox" name="lang" value="日文">日文
    </td></tr>
    <tr><td>个人爱好</td>
    <td><select name="hobby" size="4" multiple="miltiple">
    <option value="旅游">旅游</option>
    <option value="运动">运动</option>
    <option value="阅读">阅读</option>
    <option value="上网">上网</option>
    <option value="游戏">游戏</option>
    <option value="音乐">音乐</option>
    </select></td></tr>
    <tr><td>最高学历</td>
```

```
        <td><select name="degree">
        <option value="-1">--请选择学历--</option>
        <option value="博士">博士</option>
        <option value="硕士">硕士</option>
        <option value="本科">本科</option>
        <option value="专科">专科</option>
        <option value="高中">高中</option>
        <option value="初中">初中</option>
        <option value="小学">小学</option>
        </select></td></tr>
        <tr><td>个人简介</td>
        <td><textarea name="info" rows="6" cols="46"></textarea>
        </td></tr>
        <tr><td colspan="2" align="center">
        <input type="button" value="注 册" onclick="return getRegisterInfo()">
        <input type="reset" value="重 置">
        </td></tr>
    </table>
  </form>
</body>
</html>
```

（2）JavaScript 代码（17-4.js）

```
function getRegisterInfo(){
    //声明变量
    var sex,selDegree,infor;
    var hobbies=new Array(); //用于存储选择的爱好
    var langs=new Array(); //用于存储选择的语言
    var fr=document.form1;//获取表单对象
    //判断是否选择了性别，以及获取所选择的值
    sex=(fr.gender[0].checked?'男':(fr.gender[1].checked?'女':''));
    //将选择的语言存储在 langs 数组中
    for(var i=0;i<4;i++){
        if(fr.lang[i].checked==true)
            langs.push(fr.lang[i].value);
    }
    //将选择的爱好存储到 hobbies 数组中
    for(i=0;i<6;i++){
      if(fr.hobby.options[i].selected==true)
            hobbies.push(fr.hobby.options[i].value);
    }
        var index=fr.degree.selectedIndex;//获取被选中项的索引
        selDegree=fr.degree.options[index].value;//将选择的学历存储在 selDegree 变量中
        infor=fr.info.value;
    var msg="您提交的注册信息如下：\n 用户名："+fr.username.value+"\n 密码："+
    fr.psw1.value+"\n 性别："+sex+"\n 掌握的语言有："+langs.join("、")+"
    \n 爱好有："+hobbies.join("、")+"\n 最高学历是："+selDegree+"
    \n 个人情况："+infor+"\n 是否确认？ ";return confirm(msg);
}
```

上述脚本代码演示了直接通过 name 属性来获取表单及表单元素，以及它们的一些常用属性

和方法的使用。例如，body 标签中的 onLoad 属性调用了 username 表单元素的 focus()方法，使文本框在页面加载完成后获得焦点，这是一个提高用户体验的处理方法。此外通过表单元素的相关属性演示了不同类型的表单元素值的获取。在运行得到的表单中输入数据，如图 17-10 所示，单击"注册"按钮后，得到如图 17-11 所示的结果。

为了减少数据无效时，来回客户端和服务端时的网络带宽以及降低服务器负担，表单中的数据在提交给服务端处理之前，通常需要先使用 JavaScript 校验数据的有效性，即在客户端需要校验表单数据的有效性，即是否符合不能为空、长度范围、组成内容等有效性要求。在客户端校验表单数据的有效性通常会使用 DOM 元素的一些属性以及正则表达式来进行。有关正则表达式的内容请参见第 19 章以及笔者主编的《Web 前端开发技术——HTML、CSS、JavaScript 实训教程》中的"实验 6 使用正则表达式校验表单数据有效性"。

图 17-10　在表单中输入数据　　　　　　　图 17-11　显示用户输入的所有数据

习 题 17

1. 填空题

DOM 的全称是＿＿＿＿＿＿＿＿＿，中文意思是＿＿＿＿＿＿＿＿＿，该模型的顶层对象是＿＿＿＿＿＿＿＿＿。

2. 上机题

（1）上机演示示例 17-1～示例 17-4。

（2）使用现有的知识对示例 17-5 中的用户名和密码进行非空、长度范围以及密码和确认密码必须相等有效性校验。

第18章
BOM 对象

浏览器对象模型（Browser Object Model，BOM）提供了独立于内容的、可以与浏览器窗口进行交互的对象结构。BOM 主要用于管理窗口与窗口之间的通信。

18.1 BOM 结构

BOM 由多个对象组成，其中的核心对象是 window 对象，该对象是 BOM 的顶层对象，代表浏览器打开的窗口，其他对象都是该对象的子对象。

JavaScript 中存在两种对象模型：BOM 和 DOM。DOM 提供了访问浏览器中网页文档各元素的途径，由一组对象组成，其顶层对象 document 是 DOM 的核心对象。BOM 和 DOM 具有非常密切的关系，BOM 的 window 对象包含的 document 属性就是对 DOM 的 document 对象的引用。BOM 的结构如图 18-1 所示。

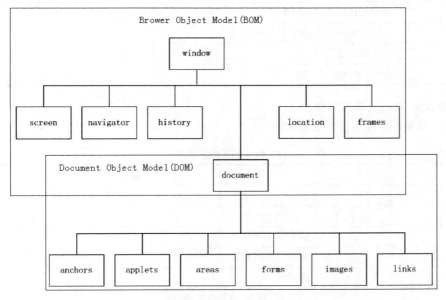

图 18-1　BOM 的结构

下面介绍 BOM 的常用对象。

18.2　window 对象

　　window 对象表示浏览器打开的窗口。如果网页文档中包含 frame 或 iframe 标签，则浏览器会为每个框架创建一个 window 对象，并将它们存放在 frames 集合中。

　　需要注意的是，window 对象的所有属性和方法都是全局性的。JavaScript 中的所有全局变量都是 window 对象的属性，所有全局函数都是 window 对象的方法。

　　window 对象是全局对象，访问同一个窗口中的属性和方法时，可以省略 window 字样，但如果要跨窗口访问，则必须写上相应窗口的名称（或别名）。

1. window 对象的常用属性

window 对象的常用属性如表 18-1 所示。

表 18-1　　　　　　　　　　　　　　　　Window 对象的常用属性

属性	描述
defaultStatus	设置或返回窗口状态栏的默认信息，主要针对 IE，Firefox 和 Google Chrome 没有状态栏
status	设置窗口状态栏的信息，主要针对 IE，Firefox 和 Google Chrome 没有状态栏
document	引用 document 对象
history	引用 history 对象
location	引用 location 对象
navigator	引用 navigator 对象
screen	引用 screen 对象
name	设置或返回窗口的名称
opener	返回创建当前窗口的窗口
self	返回当前窗口，等价于 window 对象
top	返回最顶层窗口
parent	返回当前窗口的父窗口

2. window 对象的常用方法

window 对象的常用方法如表 18-2 所示。

表 18-2　　　　　　　　　　　　　　　　window 对象的常用方法

方法	描述
back()	返回历史记录中的前一网页，相当于在 IE 浏览器上单击"后退"按钮
forward()	加载历史记录中的下一个网址，相当于在 IE 浏览器上单击"前进"按钮
blur()	使窗口失去焦点
focus()	使窗口获得焦点
close()	关闭窗口
home()	进入客户端在浏览器上设置的主页
print()	打印当前窗口的内容，相当于在 IE 浏览器中选择"文件"-"打印"命令
alert(警告信息字符串)	显示警告对话框，用于提示用户注意某些事项

方法	描述
confirm(确认信息字符串)	显示确认对话框，有"确定"和"取消"两个按钮，单击"确定"按钮返回 true，单击"取消"按钮返回 false
prompt(提示字符串,[默认值])	显示提示输入信息对话框，返回用户输入信息
open(URL,窗口名称,[窗口规格])	打开新窗口
setTimeout(执行程序,毫秒)	在指定的毫秒数后调用函数或计算表达式
setInterval(执行程序,毫秒)	按照指定的周期（以 ms 计）来调用函数或计算表达式
clearTimeout(定时器对象)	取消 setTimeout 设置的定时器
clearInterval(定时器对象)	取消 setInterval 设置的定时器

3. 访问 window 对象的属性和方法

```
[window 或窗口名称或别名].属性
[window 或窗口名称或别名].方法(参数列表)
```

例如：

```
window.alert("警告对话框");
adwin.status="https://www.sise.com.cn/";//adwin 是窗口名称
```

在实际使用时经常会省略 window。

例如：

```
alert("警告对话框");
status="https://www.sise.com.cn/";
```

在实际使用中，window 也经常使用别名代替。window 常用的别名有以下几个。

opener：表示打开当前窗口的父窗口。

parent：表示当前窗口的上一级窗口。

top：表示最顶层的窗口。

self：表示当前活动窗口。

例如：

```
self.close();   //关闭当前窗口
```

4. window 对象的应用

（1）创建警告对话框

使用 window 对象的 alert()方法可以创建警告对话框。

【示例 18-1】使用 alert()创建警告对话框。

```
<!doctype html>
<html>
<head>
<meta charset="utf-8">
<title>使用 alert()创建警告对话框</title>
<script>
    function checkPassword(testObject){
        if(testObject.value.length<6){
            alert("密码不得少于 6 位!");
        }
    }
```

```
</script>
</head>
<body>
    请输入密码:<input type=password onBlur="checkPassword(this)">
</body>
</html>
```

当用户输入的密码少于 6 个字符时,将会调用 window 对象的 alert()方法创建一个警告对话框。上述代码在 IE11 浏览器中的运行结果如图 18-2 所示。

图 18-2   创建警告对话框

（2）创建确认对话框

使用 window 对象的 confirm()方法可以创建确认对话框。

【示例 18-2】使用 confirm()创建确认对话框。

```
<!doctype html>
<html>
<head>
<meta charset="utf-8">
<title>使用 comfirm()创建确认对话框</title>
<script>
function isConfirm(){
    if(confirm("你确认删除此信息吗?"))    //当用户确认删除时返回 true,否则返回 false
        alert("信息已成功删除!")
    else
        alert("你取消了删除!");
    }
</script>
</head>
<body>
    <input type="button" value="删除" onClick="isConfirm()">
</body>
</html>
```

在图 18-3 所示的运行结果中单击"删除"按钮时, 将弹出图 18-3 所示的确认对话框。在确认对话框中单击"确定"按钮时, 确认对话框返回 true, 从而弹出图 18-4 所示的警告对话框; 在确认对话框中单击"取消"按钮时, 确认对话框返回 false, 从而弹出图 18-5 所示的警告对话框。

（3）创建信息提示对话框

使用 window 对象的 prompt()方法可以创建信息提示对话框。

图 18-3　创建确认对话框　　　　图 18-4　确认删除的结果　　　图 18-5　取消删除的结果

【示例 18-3】使用 prompt()创建信息提示对话框。

```html
<!doctype html>
<html>
<head>
<meta charset="utf-8">
<title>使用prompt()创建提示信息对话框</title>
<script>
    var name=prompt("请输入你的姓名");
    alert("你的姓名是: "+name);
</script>
</head>
<body>
</body>
</html>
```

上述代码在浏览器中运行后首先弹出一个信息提示对话框，在对话框中输入姓名，结果如图 18-6 所示。单击对话框中的"确定"按钮后，得到图 18-7 所示结果。

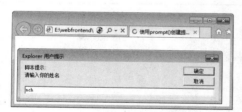

图 18-6　创建信息提示对话框　　　　图 18-7　在信息提示对话框输入信息的结果

（4）打开指定窗口

使用 window 对象的 open()方法可以按一定规格打开指定窗口。

基本语法：

```
open(URL,窗口名称[,规格参数])
```

语法说明如下。

URL：该部分可以是完整的网址，表示在指定窗口中打开该网址页面；也可以是以相对路径表示的文件名称，表示在指定窗口中打开该文件；此外，还可以是一个空字符串，此时将新增一个空白窗口。

窗口名称：这个名称可以是任意符合规范的名称，也可以使用 "_blank""_self""_parent"和 "_top"这些关键字作为窗口名称。"_blank""_self""_parent"和 "_top"作为窗口名称时，分别表示新开一个窗口显示文档、在当前窗口显示文档、在当前窗口的父窗口显示文档和在顶层窗口显示文档。窗口名称可以是一个空字符串，作用等效于"_blank"。窗口名称可以用作 a 和 form 标签的 target 属性值。

规格参数：由许多用逗号隔开的字符串组成，用于制定新窗口的外观及属性。按参数值的类型，可以将规格参数分成两类：一类是布尔类型，以 0 或 no 表示关闭，以 1 或 yes 表示显示；另一类是数值型。常用的规格参数如表 18-3 所示。

表 18-3　　　　　　　　　　　　　　　　常用的规格参数表

规格参数	用法
directories=yes | no | 1 | 0	是否显示连接工具栏，默认为 no
fullscreen=yes | no | 1 | 0	是否以全屏显示，默认为 no
location=yes | no | 1 | 0	是否显示网址栏，默认为 no
menubar=yes | no | 1 | 0	是否显示菜单栏，默认为 no；如果打开窗口的父窗口不显示菜单栏，则打开的窗口也不显示菜单栏
resizable=yes | no | 1 | 0	是否可以改变窗口尺寸，默认为 no
scrollbars=yes | no | 1 | 0	设置如果网页内容超过窗口大小时，是否显示滚动条，默认为 no
status=yes | no | 1 | 0	是否显示状态栏，默认为 no
titlebar=yes | no | 1 | 0	是否显示标题栏，默认为 no
toolbar=yes | no | 1 | 0	是否显示工具栏，默认为 no
height=number	设置窗口的高度，以 px 为单位
width=number	设置窗口的宽度，以 px 为单位
left=number	设置窗口左上角相对于显示器左上角的 x 坐标，以 px 为单位
top=number	设置窗口左上角相对于显示器左上角的 y 坐标，以 px 为单位

【示例 18-4】使用 open()打开一个新窗口。

```
<!doctype html>
<html>
<head>
<meta charset="utf-8">
<title>打开一个新窗口</title>
<script>
  window.open("https://www.baidu.com","","toolbar=yes,scrollbars=yes,height=
  200,width=400,resizable=yes,location=yes");
</script>
</head>
<body>
</body>
</html>
```

上述代码在 IE11 浏览器中运行后，打开一个 400px×200px 大小的新窗口显示百度首页。新开的窗口可以显示工具栏和滚动条，也可以调节窗口大小，当网页内容超过窗口大小时，显示滚动条。最终结果如图 18-8 所示。

【示例 18-5】在打开的窗口中显示表单的处理页面。

```
<!doctype html>
<html>
<head>
```

图 18-8　使用 open()打开一个新窗口

```
<meta charset="utf-8">
<title>在打开的窗口中显示表单的处理页面</title>
<script>
function open_win(){
  window.open("","temp","top=80,left=100,width=300,height=100");
}
</script>
</head>
<body>
<form target="temp" action="ex18-1.html">
    <input type="submit" value="打开窗口" onClick="open_win()">
</form>
</body>
</html>
```

在 form 标签中设置表单处理页面显示名称为 temp
的目标窗口，该名称正是打开的窗口的名称，因而表单
处理页面将在打开的窗口中显示。上述代码在 IE11 浏览
器中运行后，将在距显示器左上角（100，80）坐标处打
开一个 300px×100px 的新窗口显示 ex18-1.html 页面内
容，最终结果如图 18-9 所示。

图 18-9　在打开的窗口中显示表单处理页面

（5）定时器的使用

window 对象可以提供定时器的功能。定时器的作用是，在规定的时间内自动执行某个函数
或表达式。

在 JavaScript 中，定时器包括两类：一类在指定时间后调用函数或计算表达式，一类按照指
定的周期来调用函数或计算表达式。前者使用 setTimeout()创建，后者使用 setInterval()创建。这
两类定时器的区别是：前者在某一特定的时间内只执行一次操作；后者可以使操作从一开始加载
就重复不断地执行，直到窗口被关闭或执行 clearInterval()方法关闭定时器为止。利用定时器中指
定执行的函数的递归调用，setTimeout()也可以实现与 setInterval()相同的效果，即周期性地执行指
定代码。

① 使用 setInterval()创建和清除定时器

• 创建定时器的语法

```
[定时器对象名称=]setInterval(表达式,毫秒)
```

语法说明：每隔由第二个参数设定的毫秒数，就执行第一个参数指定的操作。

• 清除 setInterval 定时器的语法

```
clearInterval(定时器对象名称)
```

【示例 18-6】使用 setInterval 创建定时器。

```
<!doctype html>
<html>
<head>
<meta charset="utf-8">
<title>使用 setInterval 创建定时器</title>
<style type="text/css">
input{width:200px;}
</style>
<script>
function date(){
```

325

```
    var now=new Date();
    //设置文本框的值为系统时间的本地时间
    document.getElementById('txt').value=now.toLocaleString();
}
setInterval("date()",1000);//每隔 1s 调用一次 date()函数
</script>
</head>
<body>
    <form>
        现在时间是: <input type="text" id="txt">
    </form>
</body>
</html>
```

date()函数的功能是将系统时间的本地时间表示格式显示在文本框中。setInterval() 实现了每隔 1s 调用一次 date()函数，使文本框中显示的时间随着系统时间动态变化。上述代码在 IE11 中的运行结果如图 18-10 所示。

② 使用 setTimeout()创建和清除定时器

- 创建定时器的语法

图 18-10　setInterval 定时器的应用

```
[定时器对象名称=]setTimeout(表达式,毫秒)
```

语法说明：经过第二个参数设定的时间后，执行一次第一个参数指定的操作。

- 清除 setTimeout 定时器。

```
clearTimeout(定时器对象名称)
```

【示例 18-7】使用 setTimeout 和 clearTimeout 创建和清除定时器。

```
<!doctype html>
<html>
<head>
<meta charset="utf-8">
<title>使用 setTimeout 和 clearTimeout 创建和消除定时器</title>
<script>
var c=0,t;
function timeCount(){
    document.getElementById('txt').value=c;//设置文本框的值为变量 c 的值
    c=c+1;  //变量 c 的值递增 1
        //定时递归调用 timeCount()方法,同时把定时器名称赋给变量 t
        t=setTimeout("timeCount()",1000);
}
</script>
</head>
<body>
    <form>
        <input type="text" id="txt">
        <input type="button" value="开始计时! " onClick="timeCount()">
        <!--调用 clearTimeout(t)清除定义时器 t-->
        <input type="button" value="停止计时! " onClick="clearTimeout(t)">
    </form>
</body>
</html>
```

上述脚本函数 timeCount()中包含了 setTimeout()方法，从而实现了 timeCount()定时地递归调用自己。上述代码在 IE11 浏览器中的运行结果如图 18-11 所示。单击"开始计时"按钮时，文本框中的数字从 0 开始不断累加；单击"停止计时"按钮时，计时停止，文本框中显示单击"停止计时"按钮时的累加数。

图 18-11 setTimeout 定时器的应用

18.3 navigator 对象

navigator 对象包含有关浏览器的信息。navigator 对象包含的属性描述了正在使用的浏览器。因为 navigator 对象是 window 对象的属性，所以可以使用 window.navigator 来引用它，实际使用时一般省略 window。

navigator 没有统一的标准，因此各个浏览器都有自己不同的 navigator 版本。下面将介绍各个 navigator 对象中普遍支持且常用的属性和方法。

1. navigator 对象属性

navigator 对象的常用属性如表 18-4 所示。

表 18-4   navigator 对象的常用属性

属性	描述
appCodeName	返回浏览器的代码名
appMinorVersion	返回浏览器的次级版本
appName	返回浏览器的名称
appVersion	返回浏览器的平台和版本信息
browserLanguage	返回当前浏览器的语言
cookieEnabled	返回指明浏览器中是否启用 Cookie，如果启用则返回 true，否则返回 false
platform	返回运行浏览器的操作系统平台
systemLanguage	返回 OS 使用的默认语言
userAgent	返回由客户机发送服务器的 user-agent 头部的值

上述属性中，最常用的是 userAgent 和 cookieEnabled。前者主要用于判断浏览器的类型，后者用于判断用户浏览器是否开启了 cookie。

2. navigator 对象方法

navigator 对象的常用方法如表 18-5 所示。

表 18-5   navigator 对象的常用方法

方法	描述
javaEnabled()	规定浏览器是否启用 Java
preference()	用于取得浏览器的爱好设置

3. 访问 navigator 对象属性和方法

```
[window.]navigator.属性
```

```
[window.]navigator.方法(参数 1,参数 2,…)
```

【示例 18-8】navigator 对象的使用。

```
<!doctype html>
<html>
<head>
<meta charset="utf-8">
<title>navigator 对象的使用</title>
<script>
 var cookieEnabled=navigator.cookieEnabled?'启':'禁';
 if (navigator.userAgent.indexOf("Trident") > -1){
    alert('你使用的是 IE，浏览器'+cookieEnabled+'用了 Cookie');
 }else if(navigator.userAgent.indexOf('Firefox') > -1){
    alert('你使用的是 Firefox，浏览器'+cookieEnabled+'用了 Cookie');
 }else if(navigator.userAgent.indexOf('Opera') > -1){
    alert('你使用的是 Opera，浏览器'+cookieEnabled+'用了 Cookie');
 }else if(navigator.userAgent.indexOf("Chrome") > -1){
    alert('你使用的是 Chrome，浏览器'+cookieEnabled+'用了 Cookie');
 }else{
    alert('你使用的是其他的浏览器浏览网页！');
 }
</script>
</head>
<body>
</body>
</html>
```

上述脚本代码使用 navigator 对象来判断浏览器的类型以及是否启用了 cookie。上述代码在 IE、Firefox 和 Google Chrome 浏览器中的运行结果分别如图 18-12～图 18-14 所示。

图 18-12　在 IE 中执行的结果　图 18-13　在 Firefox 中执行的结果　图 18-14　在 Google Chrome 中执行的结果

18.4　location 对象

location 对象包含浏览器当前显示文档的 URL 信息。当 location 对象调用 href 属性设置 URL 时，可使浏览器重定向到该 URL。location 对象是 window 对象的一个对象类型的属性，因而可以使用 window.location 来引用它，使用时也可以省略 window。

需要注意的是，document 对象也有一个 location 属性，而且 document.location 也包含了当前文档的 URL 的信息。尽管 window.location 和 document.location 代表的意思差不多，但两者还是存在一些区别的：window.location 中的 location 本身就是一个对象，它可以省略 window 直接使用；document.location 中的 location 只是一个属性，必须通过 document 来访问它。

1. location 对象的属性

location 对象的常用属性如表 18-6 所示。

表 18-6　　　　　　　　　　　　location 对象常用属性

属性	描述
hash	设置或返回从井号（#）开始的 URL（锚）
host	设置或返回主机名和当前 URL 的端口号
hostname	设置或返回当前 URL 的主机名
href	设置或返回完整的 URL
pathname	设置或返回当前 URL 的路径部分
port	设置或返回当前 URL 的端口号
protocol	设置或返回当前 URL 的协议
search	设置或返回从问号（?）开始的 URL（查询部分）

完整的 URL 包括不同的组成部分。上述属性中，href 属性存放当前文档的完整 URL，其他属性则分描述了 URL 的各个部分。URL 的结构如图 18-15 所示。

图 18-15　URL 的结构示意图

2. location 对象的方法

location 对象的常用方法如表 18-7 所示。

表 18-7　　　　　　　　　　　　location 对象的常用方法

方法	描述
assign()	加载新的文档
reload()	重新加载当前文档
replace()	用新的文档替换当前文档，且无需为它创建新的历史记录

3. 访问 location 对象的属性和方法

```
[window.]location.属性
[window.]location.方法(参数1,参数2,…)
```

【示例 18-9】location 对象的使用。

```
<!doctype html>
<html>
<head>
<meta charset="utf-8">
<title>location 对象的使用</title>
<script>
function loadNewDoc(){
    window.location.assign("https://www.baidu.com");
}
function reloadDoc(){
```

```
        window.location.reload();
    }
    function getDocUrl(){
        alert("当前页面的 URL 是: "+window.location.href);
    }
    </script>
    </head>
    <body>
        <input type="button" value="加载新文档" onClick="loadNewDoc()"/>
        <input type="button" value="重新加载当前文档" onClick="reloadDoc()"/>
        <input type="button" value="查看当前页面的 URL" onClick="getDocUrl()"/>
    </body>
    </html>
```

上述脚本代码分别调用 location 的 assign()、reload()和 href 属性来加载百度首页、重新加载当前页面和获取当前页面的 URL。上述代码在 IE11 浏览器中的运行结果如图 18-16 所示。单击"查看当前页面的 URL"时，弹出图 18-17 所示的对话框；单击"加载新文档"按钮时，页面将跳转到百度首页；单击"重新加载当前文档"按钮时，将重新加载当前页面。

图 18-16 location 对象的应用　　　　　　图 18-17 使用 location 对象获取 URL

18.5 history 对象

history 对象包含用户在浏览器窗口中访问过的 URL。history 对象是 window 对象的一个对象类型的属性，可通过 window.history 属性访问它，使用时也可以省略 window。history 对象最初的设计是用于表示窗口的浏览历史。但出于隐私方面的原因，history 对象不再允许脚本访问已经访问过的 URL。唯一保持使用的功能只有 back()、forward()和 go()方法。

1. history 对象的属性

history 对象的属性主要是 length，该属性用于返回浏览器历史列表中的 URL 数量。

2. history 对象的方法

history 对象的常用方法如表 18-8 所示。

表 18-8   history 对象的常用方法

方法	描述
back()	加载 history 列表中的前一个 URL
forward()	加载 history 列表中的下一个 URL
go(number)	加载 history 列表中某个具体的页面。参数 number 是要访问的 URL 在 history 的 URL 列表中的相对位置，可取正数或负数。在当前页面前面的 URL 的位置为负数（如在前一个页面的位置为-1），反之为正数

3. 访问 history 对象的属性和方法

```
[window.]history.属性
```

```
[window.]history.方法(参数1,参数2,…)
```

4. history 对象的使用示例

```
history.back();//等效于单击"后退"按钮
history.forward();//等效于单击"前进"按钮
history.go(-1);//等效于单击一次"后退"按钮,与history.back()功能等效
history.go(-2);//等效于单击两次"后退"按钮
```

18.6　screen 对象

screen 对象包含有关客户端显示屏幕的信息。JavaScript 程序可以利用这些信息来优化输出，以达到用户的显示要求。例如，JavaScript 程序可以根据显示器的尺寸选择使用大图像还是小图像，还可以根据有关屏幕尺寸的信息将新的浏览器窗口定位在屏幕中间。

screen 对象是 window 对象的一个对象类型的属性，可以通过 window.screen 属性访问它，使用时也可以省略 window。screen 对象的使用主要是调用 screen 对象的属性。screen 对象的常用属性如表 18-9 所示。

表 18-9　screen 对象的常用属性

属性	描述
availHeight	返回显示屏的可用高度，单位为 px，不包括任务栏
availWidth	返回显示屏的可用宽度，单位为 px，不包括任务栏
height	返回显示屏的高度，单位为 px
width	返回显示屏的宽度，单位为 px
colorDepth	返回当前颜色设置所用的位数，–1：黑白；8：256 色；16：增强色；24/32：真彩色

1. 访问 screen 对象的属性

```
[window.]screen.属性
```

2. screen 对象的使用示例

```
screen.availHeight;//获取屏幕的可用高度
screen.availWidth;//获取屏幕的可用宽度
screen.height;//获取屏幕的高度
screen.width;//获取屏幕的宽度
```

习　题　18

1. 填空题

BOM 的全称是＿＿＿＿＿＿＿＿＿＿＿，中文意思是＿＿＿＿＿＿＿＿＿＿＿，该模型的顶层对象是＿＿＿＿＿＿＿＿＿＿＿。

2. 上机题

（1）分别使用 window 对象创建一个确认对话框、删除对话框、信息提示对话框。

（2）使用 window 对象的定时器和 Date 对象创建一个在页面中显示的、动态变化的系统时间。

第 19 章
正则表达式模式匹配

正则表达式是由普通字符以及特殊字符（元字符）组成的字符模式。模式描述在搜索文本时要匹配的一个或多个字符串。

19.1 正则表达式的定义

正则表达式总是以斜杠（/）开头和结尾，斜杠之间的所有内容都是正则表达式的组成部分，其中包括普通字符和特殊字符。定义正则表达式的语法如下。

/字符串序列/[正则表达式修饰符]

语法说明如下。

（1）两个斜杠（/）之间的字符串序列就是正则表达式，其中包括可打印的大小写字母和数字、不可打印的字符以及一些具有特定含义的特殊字符（元字符）。不可打印的字符在正则表达式中需要使用转义字符表示。元字符在正则表达式中主要用于匹配字符和匹配位置。常用的不可打印字符的转义字符和元字符如表 19-1 和表 19-2 所示。

（2）正则表达式修饰符用于描述匹配方式，定义时可以省略。各修饰符如表 19-3 所示。

表 19-1 　　　　　　　　　　　正则表达式常用的不可打印字符的转义字符

转义字符	描述
\f	匹配一个换页符
\n	匹配一个换行符
\r	匹配一个回车符
\t	匹配一个制表符
\v	匹配一个垂直制表符

表19-2 　　　　　　　　　　　　常用正则表达式的元字符

元字符		描述
限定符	*	匹配前面的子表达式 0 次或多次，即任意次，等价于{0,}。例如，"ab*" 能匹配 "a"，也能匹配 "ab""abb" 等字符串
	+	匹配前面的子表达式 1 次或多次，等价于{1,}。例如，"ab+" 能匹配 "ab"，也能匹配 "abb""abbb" 等字符串

续表

元字符		描述
限定符	?	匹配前面的子表达式 0 次或 1 次，等价于{0,1}。例如，"ab?"能匹配 "a" 和 "ab"
	{n}	n 为非负整数，表示匹配前面的子表达式 n 次。例如 "ab{2}" 能匹配 "abb"
	{n,m}	n 和 m 都为非负整数，且 n<=m，表示至少匹配前面的子表达式 n 次，最多匹配 m 次。例如，"ab{2,3}" 能匹配 "abb" 和 "abbb"
	{n,}	n 为非负整数，表示至少匹配前面的子表达式 n 次。例如，"ab{2,}" 能匹配 "abb" "abbb" "abbbb" 等字符串
分组符	()	将圆括号中的表达式定义为"组"，并且将匹配这个表达式的字符保存到一个临时区域。可以通过 RegExp 对象的属性$1～$9来引用组。每个组可以通过"*""+""?"和"|"等符号加以修饰。要匹配"（"和"）"时，需要使用其转义字符"\("和"\)"。$1 存储正则表达式文本，余下的元素分别存储与圆括号内的子表达式相匹配的子串
字符匹配符	[…]	匹配方括号中的任意字符，例如，[xyz][a-z][A-Z][0-9][a-zA-Z0-9]表示匹配给定范围内的任意字符，例如，[a-z]表示匹配 a～z 范围内的任意小写字母
	[^…]	匹配不在方括号中的任意字符，例如，[^xyz][^a-z][^A-Z][^0-9][^a-zA-Z0-9]表示匹配不在指定范围内的任意字符，[^a-z]表示匹配不在 a～z 范围内的任意字符
	.	匹配除了\r 和\n 之外的任意字符。要匹配"."时，需要使用其转义字符"\."
	\d	匹配一个数字字符，等价于[0-9]
	\D	匹配一个非数字字符，等价于[^0-9]
	\s	匹配任何空白字符，包括空格、制表符、换页符、换行符和回车符，等价于[\f\n\r\t\v]
	\S	匹配任何非空白字符，包括字母、数字、下划线、@、#、$、%等字符，等价于[^\f\n\r\t\v]
	\w	匹配包括下划线的任何单词字符，类似但不等价于[a-zA-Z_0-9]
	\W	匹配任何非单词字符，类似但不等价于[^a-zA-Z_0-9]
定位符	^	匹配字符串的开始位置，在多行检索中，匹配每一行的开始位置。要匹配"^"时，需要使用其转义字符\^
	$	匹配字符串的结束位置，在多行检索中，匹配每一行的结束位置。要匹配"$"时，需要使用其转义字符\$
	\b	匹配一个单词的边界，即单词和空格间的位置。例如，"er\b"可以匹配"never"中的"er"，但不能匹配"verb"中的"er"
	\B	匹配非单词边界。例如，"er\B"可以匹配"verb"中的"er"，但不能匹配"never"中的"er"
选择符	|	将两个匹配条件进行逻辑或运算。例如，"him|her"可以匹配"him"和"her"

表19-3　　　　　　　　　　　　　　　正则表达式修饰符

修饰符	描述
i	执行不区分大小写的匹配
g	执行一个全局匹配，即找到被检索字符串中所有的匹配，而不是在找到第一个之后就停止
m	多行匹配模式，此时^匹配一行的开头和字符串的开头，$匹配行的结束和字符串的结束

19.2　使用 RegExp 对象进行模式匹配

RegExp 对象是一个用于描述字符模式的对象。创建 RegExp 对象有两种方式：一种是定义一个正则表达式，每次执行这个正则表达式时，将创建一个 RegExp 对象；另一种是使用 RegExp() 构造函数。

19.2.1　创建 RegExp 对象

1. 使用定义正则表达式方式创建 RegExp 对象

脚本中存在正则表达式定义时，执行正则表达式脚本后将创建一个 RegExp 对象。例如：

```
var pattern=/\d{3}/g
var pattern1=/Java/ig;
```

上述两行代码分别定义了两个正则表达式。运行上述两个正则表达式定义代码后，将创建两个 RegExp 对象，并将它们赋值给变量 pattern 和 pattern1。第一个 RegExp 对象用来匹配检索文本中所有包含 3 个数字的字符串；第二个 RegExp 对象用来匹配检索文本中所有包含 Java 的字符串，匹配时不区分大小写。

2. 使用 RegExp() 构造函数创建 RegExp 对象

RegExp() 构造函数具有一个参数和两个参数两种形式，格式如下。

```
RegExp("正则表达式主体部分");
RegExp("正则表达式主体部分","修饰符");
```

语法说明：参数"正则表达式主体部分"是指正则表达式定义中的两条反斜线之间的文本。在第一个参数中，正则表达式主体部分的所有转义字符前面需要再添加"\"作为其前缀。例如，\d{3}作为 RegExp() 构造函数参数时，应写成"\\d{3}"。参数"修饰符"可以取 i、g、m 或它们的组合，如 ig、igm 等。

上面的 pattern 和 pattern1 两个 RegExp 对象同样可以使用构造函数来创建，格式分别如下。

```
var pattern=new Regexp("\\d{3}","g");
var pattern=new Regexp("Java","ig");
```

19.2.2　RegExp 对象的常用属性和方法

创建 RegExp 对象后，就可以使用该对象的属性和方法进行匹配字符串的操作了。RegExp 对象常用的属性如表 19-4 所示。

表 19-4　RegExp 对象常用属性

属性	描述
$1～$9	分别存储对应正则表达式中圆括号表达式所匹配的子字符串
global	用于判断正则表达式是否带有修饰符 g，带有返回 true，否则返回 false
ignoreCase	用于判断正则表达式是否带有修饰符 i，带有返回 true，否则返回 false
multiline	用于判断正则表达式是否带有修饰符 m，带有返回 true，否则返回 false
lastIndex	当正则表达式带有修饰符 g 时，该属性存储继续匹配的起始位置
source	表示正则表达式文本

RegExp 对象常用的方法有 exec(string)和 test(string)。

exec(string)方法的参数是一个字符串。该方法对参数指定的字符串匹配正则表达式，即在一个字符串中执行匹配检索。如果它没有找到任何匹配，就返回 null；如果找到了一个匹配，则返回一个数组，其中的第一个元素是第一次匹配的字符串，第二个元素是第二次匹配的字符串，其他元素以此类推。该数组的 index 属性包含发生匹配的字符开始位置。

test(string)方法的参数是一个字符串。该方法对参数指定的字符串匹配正则表达式，即在一个字符串中执行匹配测试。如果它没有找到任何匹配，则返回 false；如果找到了一个匹配，则返回 true。

【示例 19-1】RegExp 对象的创建及使用。

```
<!doctype html>
<html>
<head>
<meta charset="utf-8">
<title>RegExp 对象的创建及使用</title>
<script>
var pattern=/\d{3}/g; //使用正则表达式的定义方式创建 RegExp 对象
var pattern1=new RegExp("\\d{3}","g"); //使用构造函数的方式创建 RegExp 对象
var text="abc123def456"; //搜索字符串
var result;
console.log("下面是通过使用正则表达式定义的方式创建的 RegExp 对象实现匹配：");
while((result=pattern.exec(text))!=null){
    console.log("匹配字符串'"+result[0]+"'"+ "的位置是"+result.index+ "；下一次搜索
        开始位置是"+pattern.lastIndex);
}
console.log("下面是通过使用构造函数的方式创建的 RegExp 对象实现匹配：");
while((result=pattern1.exec(text))!=null){
    console.log("匹配字符串'"+result[0]+"'"+ "的位置是"+result.index+ "；下一次搜索
        开始位置是"+pattern1.lastIndex);

}
</script>
</head>
<body>
</body>
</html>
```

上述脚本代码分别使用正则表达式定义和构造器两种方式创建了两个 RegExp 对象，然后分别对这两个对象调用了 exec()来检索匹配以及访问其属性 lastIndex 来获取下一次搜索开始的位置。因为这两个 RegExp 对象是由同一个正则表达式文本创建的，所以这些操作的结果完全一样。RegExp 对象调用 exec()方法和访问属性 lastIndex 的结果如图 19-1 所示。

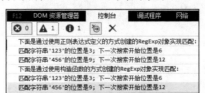

图 19-1　RegExp 对象调用方法和访问属性结果

【示例 19-2】使用 RegExp 对象校验表单数据的有效性。

（1）JavaScript 代码（19-1.js）

```
function checkValue(){
    var flag=true;
    var username=document.getElementById("username");
    var password=document.getElementById("psw");;
    var idc=document.getElementById("idc");
    var email=document.getElementById("email");
    var tel=document.getElementById("tel");
    var mobil=document.getElementById("mobile");
    var zip=document.getElementById("zip");
    var url=document.getElementById("url");
    //用户名第一个字符为字母,其他字符可以是字母、数字、下划线等,且长度为 5～10 个字符
    var pname=/^[a-zA-Z]\w{4,9}$/;
    var ppsw=/\S{6,15}/;    //密码可以为任何非空白字符,长度为 6～15 个字符
    //身份证号可以是 15 位或 18 位,18 位的可以全部为数字,也可以最后一个为 x 或 X
    var pidc=/^\d{15}$|^\d{18}$|^\d{17}[xX]$/;
/*E-mail 包含 "@",且其两边包含任意多个单词字符,后面则包含至少一个包含 "." 和 2～3 个单词
    的字符串*/
    var pemail=/^\w+([\.-]?\w+)*@\w+([\.-]?\w+)*(\.\w{2,3})+$/;
    var ptel=/^\d{3,4}-\d{7,8}$/;    //xxx/xxxx-xxxxxxx/xxxxxxxx,其中 "x" 表示一个
    数字
    //手机为 11 位数字,且第二数字只能为 3、4、5、7 或 8
    var pmobile=/^1[34578]\d{9}$/;
    var pzip=/^[1-9]\d{5}$/;   //邮编为 1～9 开头的 6 位数字
    if(!pname.test(username.value)){
        flag=false;
        alert("用户名第一个字符为字母, 长度为 5～10 个字符");
    }
    if(!ppsw.test(password.value)){
        flag=false;
        alert("密码长度为 6～15 个非空白字符");
    }
    if(!pidc.test(idc.value)){
        flag=false;
        alert("身份证号为 15 位或 18 位, 请输入正确的身份证号");
    }
    if(!pemail.test(email.value)){
        flag=false;
        alert("E-mail 包含@以及至少一个包含 "." 和 2～3 个单词的字符串");
    }
    if(!ptel.test(tel.value)){
        flag=false;
        alert("家庭电话的格式为 xxx/xxxx-xxxxxxx/xxxxxxxx");
    }
    if(!pmobile.test(mobile.value)){
        flag=false;
        alert("手机手机为 11 位数字, 且第二数字只能为 3、4、5、7 或 8");
    }
    if(!pzip.test(zip.value)){
        flag=false;
        alert("邮编为 0～9 开头的 6 位数字");
```

```
        }
    return flag;
}
```

（2）HTML 代码

```
<!doctype html>
<html>
<head>
<meta charset="utf-8">
<title>使用 RegExp 对象校验表单数据的有效性</title>
<script type="text/javascript" src="js/19-2.js"></script>
</head>
<body>
<form action="ex19-1.html">
<table border="1" width="400" cellpadding="5" cellspacing="0">
<tr><td>用 户 名 </td><td><input type="text" name="username" id="username"/>
</td></tr>
<tr><td>密 码</td><td><input type="password" name="psw" id="psw"/></td></tr>
<tr><td>身份证号</td><td><input type="text" name="idc" id="idc"/></td></tr>
<tr><td>email</td><td><input type="text" name="email" id="email"/></td></tr>
<tr><td>家庭电话</td><td><input type="text" name="tel" id="tel"/></td></tr>
<tr><td>手 机</td><td><input type="text" name="mobile" id="mobile"/></td></tr>
<tr><td>通信地址</td><td><input type="text" name="address" id="address"/> </td>
</tr>
<tr><td>邮 编</td><td><input type="text" name="zip" id="zip"/></td></tr>
<tr><td colspan="2"><input type="submit" value=" 提 交 " onClick="return
checkValue()">
    </td></tr>
</table>
</form>
</body>
</html>
```

上述脚本代码分别对用户名、密码、身份证号、E-mail、家庭电话、手机和邮编定义了正则表达式来校验用户输入这些数据的有效性。对这些正则表达式使用 RegExp 对象的 test() 来进行匹配测试。如果用户输入的数据匹配正则表达式，则 test() 方法返回 true，否则返回 false。提交表单时，将调用脚本函数 checkValue() 校验数据有效性。当所有匹配都通过测试时，表单提交给 ex19-1.html，否则停留在当前页面。上述代码运行后，输入如图 19-2 所示的数据后提交，将依次得到图 19-3～图 19-5 所示的用户名、家庭电话和手机不匹配的警示提示信息。

图 19-2　输入表单数据

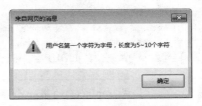

图 19-3　用户名没有通过有效性校验

图 19-4　家庭电话不通过有效性校验　　　　　　图 19-5　手机不通过有效性校验

19.3　用于模式匹配的 String 方法

在脚本编程中，除了上面介绍的可以使用 RegExp 对象匹配模式外，还可以使用一些 String 方法匹配模式。具有模式匹配功能的 String 方法如表 19-5 所示。

表 19-5　　　　　　　　　　　　具有模式匹配功能的 String 方法

方法	描述
match(pattern)	在一个字符串中寻找与参数指定的正则表达式模式 pattern 的匹配
replace(pattern,newStr)	将匹配第一个参数指定的正则表达式 pattern 的子串替换为第二个参数指定的子串
search(pattern)	搜索与参数指定的正则表达式 pattern 的匹配
split(pattern)	根据参数指定的正则表达式 pattern 分隔字符串

1. match()方法

match()方法是最常用的 String 正则表达式方法。它有一个参数，该参数是一个正则表达式。如果没有匹配，则返回 null；如果有匹配，则返回一个由匹配结果组成的数组；如果该正则表达式设置了修饰符 g，则该方法返回的数组包含字符串中的所有匹配结果。例如：

```
"1 plus 2 equal 3".match(/\d/g); //返回[1,2,3]
```

如果正则表达式没有设置修饰符 g，则 match()只检索第一个匹配，此时返回一个数组，该数组的第一个元素就是正则表达式匹配的结果，其余的元素则是由正则表达式中用圆括号括起来的子表达式所匹配的结果。其用法请参见示例 19-3。

2. replace()方法

replace()方法用于匹配检索以及替换操作。它有两个参数，第一个参数是一个正则表达式，第二个参数是用来替换字符串中匹配第一个参数的原子串的新子串。执行 replace() 时，该方法首先会对调用它的字符串使用第一个参数指定的模式进行匹配检索，找到匹配子串后，使用第二个参数替换。如果正则表达式中设置了修饰符 g，则原字符串中所有与模式匹配的子串都将替换成第二个参数指定的字符串；如果不带修饰符 g，则只替换所匹配的第一个子串。例如：

```
//将所有不区分大小写的 javascript 都替换成大小写正确的 JavaScript
var text="javascript is different from java. I like javascript."
text=text.replace(/javascript/gi,"JavaScript");
text=text.replace(/java/gi,"Java");
//返回"JavaScript is different from Java. I like JavaScript."
```

如果 replace()的第一个参数是字符串而不是正则表达式，则 replace()将直接搜索这个字符串。

3. search()方法

search()是最简单的用于模式匹配的 String 方法。它有一个参数，该参数是一个正则表达式。如果找到匹配子串，将返回第一个与之匹配的子串的起始位置；如果找不到匹配的子串，则返回 -1。例如：

```
"JavaScript".search(/script/i);//找到匹配的子串,结果返回 4
"JavaScript".search(/script1/i);//找不到匹配的子串,结果返回-1
```

需注意的是，search()方法不支持全局检索。

4. split()方法

split()方法用于将调用它的字符串拆分成一个由子串组成的数组，使用的分隔符是 split()方法的参数。例如：

```
"ab,cd,  ef ".split(/\s*,\s*/);//按"空格,空格"的格式分隔字符串,结果返回[ab,cd,ef]
```

需注意的是，该参数既可以是正则表达式，也可以是其他字符。

【示例 19-3】match()和 replace()方法的使用。

```
<html>
<head>
<meta http-equiv="Content-Type" content="text/html; charset=utf-8" />
<title>match()和 replace()方法的使用</title>
<script>
var url=/(\w+):\/\/([\w\.]+)\/(\S*)/;
var text="https://www.sise.com.cn/news.html?id=1";
var result=text.match(url); //使用 url 模式对字符串进行模式匹配检索
if(result!=null){
    console.log("完整 url: "+result[0]+"（匹配数组中的第一个元素）");
    console.log("协议: "+result[1]+"（匹配数组中的第二个元素）");
    console.log("主机地址: "+result[2]+"（匹配数组中的第三个元素）");
    console.log("资源路径: "+result[3]+"（匹配数组中的第四个元素）");
}
//将 text 字符串中所有小写的 c 替换为大写 C
console.log("替换后的 URL 为: "+text.replace(/c/g,"C"));
</script>
</head>
<body>
</body>
</html>
```

上述脚本代码分别使用 String 方法中的 match()和 replace()来实现字符串的模式匹配和替换。其在 IE11 浏览器中运行后，弹出的警告对话框如图 19-6 所示。

图 19-6　字符串的匹配和替换结果

【示例 19-4】使用 String 方法和正则表达式校验表单数据的有效性。

（1）JavaScript 代码（19-2.js）

```
function checkValue(){
    var flag=true;
    var username=document.getElementById("username");
    var password=document.getElementById("psw");;
    var idc=document.getElementById("idc");
    var email=document.getElementById("email");
    var tel=document.getElementById("tel");
    var mobile=document.getElementById("mobil");
    var zip=document.getElementById("zip");
    var url=document.getElementById("url");
    //用户名第一个字符为字母,其他字符可以是字母、数字、下划线等,且长度为 5~10 个字符
    var pname=/^[a-zA-Z]\w{4,9}$/;
    var ppsw=/\S{6,15}/;   //密码可以为任何非空字符,长度为 6~15 个字符
     //身份证号是 15 位或 18 位数字或 17 位数字后面跟 x 或 X
    var pidc=/^\d{15}$|^\d{18}$|^\d{17}[xX]$/;
/*E-mail 包含"@",且其两边包含任意多个单词字符,后面则至少包含一个包含"."和 2~3 个单词的
    字符串*/
    var pemail=/^\w+([\.-]?\w+)*@\w+([\.-]?\w+)*(\.\w{2,3})+$/;
    var ptel=/^\d{3,4}-\d{7,8}$/;   //xxx/xxxx-xxxxxxx/xxxxxxxx,其中 x 表示一个数字
    var pmobil=/^1[34578]\d{9}$/;
    //手机为 11 位数字,且第二数字只能为 3、4、5、7、8
    var pzip=/^[1-9]\d{5}$/; //邮编为 1~9 开头的 6 位数字
    if((username.value.search(pname))==-1){  //使用 String 的 search()方法进行模式匹配
        flag=false;
        alert("用户名第一个字符为字母,长度为 5~10 个字符");
    }
    if((password.value.search(ppsw))==-1){
        flag=false;
        alert("密码长度为 6~15 个字符");
    }
    if((idc.value.search(pidc))==-1){
        flag=false;
        alert("身份证号为 15 位或 18 位, 请输入正确的身份证号");
    }
    if((email.value.search(pemail))==-1){
        flag=false;
        alert("E-mail 包含@以及至少一个包含"."和 2~3 个单词的字符串");
    }
    if((tel.value.match(ptel))==null){ //使用 String 的 match()方法进行模式匹配
        flag=false;
        alert("家庭电话的格式为 xxx/xxxx-xxxxxxx/xxxxxxxx");
    }
    if(mobile.value.match(pmobil)==null){
        flag=false;
        alert("手机为 11 位数字, 且第二数字只能为 3、4、5、7、8");
    }
    if(zip.value.match(pzip)==null){
        flag=false;
        alert("邮编为 0~9 开头的 6 位数字");
```

```
    }
        return flag;
    }
```

（2）HTML 代码

```
<!doctype html>
<html>
<head>
<meta charset="utf-8">
<title>使用 String 方法和正则表达式校验表单数据的有效性</title>
<script type="text/javascript" src="js/19-2.js"></script>
</head>
<body>
<form action="ex19-1.html">
<table border="1" width="400" cellpadding="5" cellspacing="0">
<tr><td>用 户 名 </td><td><input  type="text"  name="username"  id="username"/>
</td></tr>
<tr><td>密 码</td><td><input type="password" name="psw" id="psw"/></td></tr>
<tr><td>身份证号</td><td><input type="text" name="IDC" id="idc"/></td></tr>
<tr><td>E-mail</td><td><input type="text" name="email" id="email"/></td></tr>
<tr><td>家庭电话</td><td><input type="text" name="tel" id="tel"/></td></tr>
<tr><td>手 机</td><td><input type="text" name="mobile" id="mobile"/></td></tr>
<tr><td>通信地址</td><td><input type="text" name="address" id="address"/></td>
</tr>
<tr><td>邮 编</td><td><input type="text" name="zip" id="zip"/></td></tr>
<tr><td colspan="2"><input type="submit" value="提交" onClick="return checkValue()">
</td></tr>
</table>
</form>
</body>
</html>
```

上述脚本代码分别使用 String 的 search()和 match()来对用户输入的用户名、密码、身份证号、E-mail、家庭电话、手机和邮编进行模式匹配，校验用户输入的这些数据的有效性。校验效果和示例 19-2 完全一样。

习 题 19

上机题

分别上机演示示例 19-2 和示例 19-4，熟悉正则表达式的定义以及使用 RegExp 对象和 String 方法校验数据有效性的方法。

第20章
JavaScript 经典实例

本章将介绍目前网站中比较常用的几个实例，其中每个实例都整合了 JavaScript+CSS 两方面的相关知识。

20.1　使用 JavaScript 创建选项卡切换内容块

使用选项卡切换内容块，可以在有限的空间显示更多内容。这种方法在网易、腾讯、搜狐、新浪等各大门户网站上被大量使用，图 20-1 就是网易主页中的一个选项卡切换内容块。

图 20-1　网易主页选项卡切换内容块

下面介绍使用 JavaScript+CSS 创建类似于图 20-1 所示的选项卡切换内容块实例。

1．实例描述

默认显示选项卡 1 的内容，当鼠标指针移动到其他选项卡上时，显示该选项卡对应的内容，效果如图 20-2 所示。

图 20-2　实例的选项卡切换内容块效果

2．技术要点

要求鼠标指针移动到选项卡时，选项卡样式变化，同时显示其对应的内容块，其他选项卡样式保持不变，同时它们对应的内容块全部隐藏。

本实例使用 CSS 对选项卡中的 li 元素进行浮动排版，以及设置选项卡 1 为默认显示。使用 JavaScript 主要是修改选项卡和内容的类名来应用不同的样式，从而实现选项卡和对应内容的显示和隐藏。涉及的 JavaScript 知识点包括事件（onmouseover 和 onmouseout 事件）处理及 DOM 编程（通过 DOM 中的相关方法获取选项卡及其对应的内容，并使用 DOM 对象中的 className 属性为它们更换样式）。

3．实现代码

（1）HTML 代码

```
<!doctype html>
<html>
<head>
<meta charset="utf-8">
<title>选项卡切换示例</title>
<link href="css/20-1.css" type="text/css" rel="stylesheet"/>
<script src="js/20-1.js" type="text/javascript"></script>
</head>
<body>
  <div class="box">
    <ul id="tab">
      <li class="act">选项卡 1</li><!--默认点击的选项卡-->
      <li>选项卡 2</li>
      <li>选项卡 3</li>
    </ul>
    <div id="content">
      <div>选项卡 1 内容</div><!--默认点击的选项卡内容 DIV-->
      <div class="hide">选项卡 2 内容</div>
      <div class="hide">选项卡 3 内容</div>
    </div>
  </div>
</body>
</html>
```

（2）CSS 代码（20-1.css）

```
body,ul,li{
    margin:0;
    padding:0;
    font:12px/18px Arial;/*字号为12px,行间距为18px*/
}
ul{
    list-style:none;/*不显示列表项的前导符*/
}
.box{
    width:400px;
    margin:20px auto;/*使盒子在窗口中水平居中*/
}
.hide{
    display:none;/*隐藏内容块*/
```

```
}
#tab{
    height:25px;
    border-bottom:1px solid #ccc;
}
li{
    float:left; /*浮动排版*/

    width:80px;

    height:24px;

    line-height:24px; /*使选项卡上的文本垂直居中*/

    margin:0 4px;
    text-align:center;
    border:1px solid #ccc;
    border-bottom:none;
    background:#f5f5f5;
    cursor:pointer; /*使鼠标指针移动到选项卡上时变成手指形状*/
}
li.act{
    height:25px;
    background:#fff;
}
#content{
    border:1px solid #ccc;
    border-top:none;
    padding:20px;
    height:200px;
}
```

（3）JavaScript 代码（20-1.js）

```
window.onload = function(){
    var topic = tab.getElementsByTagName("li");//获取所有选项卡
    var content = document.getElementById("content");//获取选项卡内容 DIV 所在的盒子
    var div = content.getElementsByTagName("div");//获取所有选项卡内容 DIV
    var len = topic.length;//获取选项卡数
    for(var i=0; i<len; i++){ //循环历遍选项卡 onmouseover 事件
        topic[i].index = i;//index 是自定义属性
        topic[i].onmouseover = function(){
            for(i=0; i<len; i++){//循环历遍去掉选项卡样式并隐藏 div 内容
                topic[i].className = ''; //清空选项卡的样式
                div[i].className = 'hide';//隐藏所有 DIV
            }
            topic[this.index].className = 'act';//为当前选项卡添加样式
            div[this.index].className = '';//显示当前选项卡内容 DIV
        };
    }
};
```

　　上述代码首先使用 CSS 样式设置"选项卡 1"为默认选中状态以及显示"选项卡 1"对应的内容块。当把鼠标指针移动到其他选项卡时，触发 onmouseover 事件。在该事件中，首先把所有选项卡的样式去掉并隐藏所有内容块，然后设置当前选项卡样式并显示当前选项卡对应内容块。

20.2　使用 JavaScript 创建折叠菜单

折叠菜单（也叫伸缩菜单）是指单击某个标题时，可以隐藏或显示其对应下级菜单的菜单。当菜单项比较多时，如果在同一页面显示所有菜单项，就会显得比较杂乱，且占用较多空间，此时使用折叠菜单可以节省空间，使页面排版更加紧凑。折叠菜单常用在后台管理导航菜单。折叠菜单有两种类型：一种是一次只显示一个标题下的菜单，单击其他标题时，隐藏已打开的菜单；还有一种是可以打开所有菜单，单击其他标题不会隐藏已打开的菜单，要隐藏打开的菜单需要再次单击对应的标题。图 20-3 所示就是第二种类型的折叠菜单。

图 20-3　折叠菜单效果

下面介绍使用 JavaScript 创建折叠菜单的方法。

1. 实例描述

本实例实现上述的第一类折叠菜单，即一次只显示一个标题的下级菜单。其最初效果只显示各个标题，单击某个标题时，显示该标题的下级菜单；此后单击其他标题时，隐藏已显示的菜单，并显示最后单击的标题的下级菜单；如果再次单击已显示菜单的标题，将隐藏显示的菜单，回到最初效果。效果如图 20-4～图 20-6 所示。

图 20-4　运行最初效果

图 20-5　单击第一个标题效果

图 20-6　单击第三个标题效果

2. 技术要点

运行的最初效果通过 CSS 设置各个菜单对应列表 ul 的显示样式为 none 来实现。使用 JavaScript 实现的功能是：单击一个标题时，首先判断其下级菜单是否显示，如果显示，则隐藏其菜单列表；如果不显示，则首先隐藏所有菜单列表，然后显示该标题的下级菜单。

本实例涉及的 JavaScript 知识点包括 onClick 事件处理及 DOM 编程。通过 DOM 中的相关方法获取菜单标题和菜单列表，并使用 DOM 对象中的 style 属性设置显示样式，从而实现单击菜单标题时，切换菜单列表的显示和隐藏状态。

3. 实现代码

（1）HTML 代码

```html
<!doctype html>
<html>
<head>
<meta charset="utf-8">
```

```html
<title>创建伸缩菜单</title>
<link href="css/20-2.css" type="text/css" rel="stylesheet"/>
<script src="js/20-2.js" type="text/javascript"></script>
</head>
<body>
  <div class="menu" id="menu">
    <div>
      <p>用户管理</p>
      <ul>
        <a href="#"><li>新增用户</li></a>
        <a href="#"><li>用户查看</li></a>
      </ul>
    </div>
    <div>
      <p>部门管理</p>
      <ul>
        <a href="#"><li>新增部门</li></a>
        <a href="#"><li>部门查看</li></a>
      </ul>
    </div>
    <div>
      <p>新闻管理</p>
      <ul>
        <a href="#"><li>发布新闻类型</li></a>
        <a href="#"><li>新闻类型查看</li></a>
        <a href="#"><li>发布新闻</li></a>
        <a href="#"><li>新闻查看</li></a>
      </ul>
    </div>
  </div>
</body>
</html>
```

（2）CSS 代码（20-2.css）

```css
*{
    margin:0;
    padding:0;
    font-size:14px;
}
a{
    font-size:14px;
    text-decoration:none;
}
.menu{
    width:210px;
    margin:50px auto;
}
.menu p{
    color: #fff;
    height: 36px;
    cursor: pointer;
    line-height: 36px;
    background: #2980b9;
```

```
        padding-left: 5px;
        border-bottom: 1px solid #ccc;
}
.menu div ul{
    display:none;/*默认隐藏所有菜单列表*/
    list-style:none;
}
.menu li{
    height:33px;
    line-height:33px;
    padding-left:5px;
    background:#eee;
    border-bottom: 1px solid #ccc;
}
```

（3）JavaScript 代码（20-2.js）

```
window.onload=function(){
    // 将所有单击的标题和对应的列表取出来
    var ps = document.getElementsByTagName("p");
    var uls = document.getElementsByTagName("ul");
    // 遍历所有要单击的标题并给它们添加索引及绑定单击事件
    for(var i = 0, n = ps.length; i <n; i += 1){
        ps[i].id = i;//添加索引
        ps[i].onclick = function(){
            //判断当前的菜单列表是否显示,如果是隐藏的,则首先隐藏所有菜单列表,然后显示当前菜单列表
            if(uls[this.id].style.display!="block"){
                //隐藏所有菜单列表
                for(var j = 0; j < n ; j += 1){
                    uls[j].style.display = "none";
                }
                uls[this.id].style.display = "block";//显示当前菜单列表
            }else{//如果当前菜单列表是显示的,则单击当前菜单标题后,隐藏当前菜单列表
                uls[this.id].style.display = "none";
            }
        }
    }
}
```

上述代码创建的折叠菜单是第一种类型的。如果将 if 条件语句中的循环语句注释掉的话，将得到第二种类型的折叠菜单。

20.3　使用 JavaScript 创建二级菜单

二级菜单是在用户将鼠标指针移动到导航条中的某个菜单上时弹出的菜单。二级菜单是相对于作为一级菜单的导航条来说的。根据二级菜单的排列方式，二级菜单又分为横向二级菜单和纵向（又称下拉）菜单。图 20-7 所示的导航条包括一个二级下拉菜单。二级菜单可以极大地节省导航条占用的空间，而且很容易体现菜单之间的层次关系，因而应用在许多网站中。

图 20-7　二级下拉菜单效果

其实仅仅使用 CSS，一样可以创建二级菜单。细心的读者此时可能就会问了，既然单纯使用 CSS 就可以创建二级菜单，那么为什么还要使用 JavaScript 呢？这主要是因为很多 CSS 样式存在浏览器兼容问题，比如 hover 等伪类在一些低版本的浏览器中是不支持的，此时就无法在这些浏览器中得到二级菜单。而 JavaScript 可以很好地解决浏览器兼容问题。因而在实际项目中，更多是 JavaScript 和 CSS 相结合来创建二级菜单，其中 CSS 用于设置默认的样式，JavaScript 用于设置动态变化的样式。

下面介绍使用 JavaScript+CSS 创建类似于图 20-7 所示的二级下拉菜单。

1．实例描述

在页面的导航条创建一个二级下拉菜单。当用户将鼠标指针移动到包含二级菜单的导航条菜单项上时，该菜单项的背景颜色变为白色，同时在该菜单项的正下方弹出一个下拉菜单，下拉菜单的背景颜色也是白色。当用户将鼠标指针移动到某个二级菜单项上时，菜单项背景颜色改变，效果如图 20-8 所示。

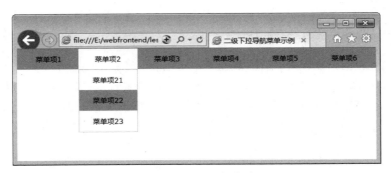

图 20-8　二级下拉菜单

2．技术要点

本实例使用 CSS 对导航条中的 li 元素进行浮动排版和相对排版，以及设置二级菜单默认隐藏效果。使用 JavaScript 主要实现显示和隐藏二级菜单、修改一级菜单项和二级菜单的背景颜色以及定位二级菜单。涉及的 JavaScript 知识点包括事件（onmouseover、onmouseout 事件）处理及 DOM 编程。通过 DOM 中的相关方法获取一级菜单项以及二级菜单项，并使用 DOM 对象中的 style 属性设置它们的样式。

3．实现代码

（1）HTML 代码

```
<!doctype html>
<html>
```

```
<head>
<meta charset="utf-8">
<title>二级下拉导航菜单示例</title>
<link href="css/20-3.css" type="text/css" rel="stylesheet"/>
<script src="js/20-3.js" type="text/javascript"></script>
</head>
<body>
  <div id="nav">
    <ul>
     <li class="menu">菜单项 1
        <ul class="subMenu">
        <li><a href="#">菜单项 11</a></li>
          <li class="last"><a href="#">菜单项 12</a></li>
          </ul>
      </li>
        <li class="menu">菜单项 2
          <ul class="subMenu">
          <li><a href="#">菜单项 21</a></li>
          <li><a href="#">菜单项 22</a></li>
            <li class="last"><a href="#">菜单项 23</a></li>
          </ul>
        </li>
        <li class="menu"><a href="#">菜单项 3</a></li>
        <li class="menu"><a href="#">菜单项 4</a></li>
        <li class="menu"><a href="#">菜单项 5</a></li>
        <li class="menu"><a href="#">菜单项 6</a></li>
    </ul>
  </div>
</body>
</html>
```

（2）CSS 代码（20-3.css）

```
*{
    margin:0px;
    padding:0px;
}
body{
    font-size:12px;
    font-family:Verdana, Geneva, sans-serif;
}
#nav{
    width:100%;
    height:36px;
    background:#999;
    height:36px;
}
ul{
    width:600px;
    margin:0 auto;/*控制菜单居中*/
    list-style-type:none;
}
.menu{
```

```
        position:relative;/*设置相对定位,便于二级菜单对它进行绝对定位*/
        float:left;
        width:100px;
        height:36px;
        line-height:36px;
        text-align:center;
    }
    .subMenu{
        display:none;  /*使用 CSS 代码设置二级菜单默认隐藏效果*/
        border:1px solid #ccc;
    }
    li.last{
        /*覆盖前面.subMenu li 选择器设置的下边框线样式,使最后一个列表项的下边框线不显示*/
        border-bottom:0px;
    }
    a:link{
        color:#000;
        text-decoration:none;
    }
```

（3）JavaScript 代码（20-3.js）

```
window.onload=function(){
  var menu=document.getElementById("nav").getElementsByClassName("menu");
  for(i=0;i<menu.length;i++){
        //鼠标指针移动到导航条菜单项上时，显示二级菜单并设置一级菜单项和二级菜单的样式
        menu[i].onmouseover=function(){
            this.style.background="#fff";
            var lis=this.getElementsByTagName("ul")[0].getElementsByTagName("li");
            this.getElementsByTagName("ul")[0].style.display="block";  //显示二级菜单
            this.getElementsByTagName("ul")[0].style.width="98px";  //设置二级菜单宽度
            //绝对定位二级菜单
            this.getElementsByTagName("ul")[0].style.position="absolute";
             for(var i=0;i<lis.length;i++){
                lis[i].onmouseover=function(){//鼠标指针移动到二级菜单项上时,背景颜色修改为#999
                    this.style.background="#999";
                }
                lis[i].onmouseout=function(){//鼠标指针移出二级菜单项上时,背景颜色修改为白色
                    this.style.background="#fff";
                }
            }
        }
        //鼠标指针移出导航条菜单项上时，隐藏二级菜单，并修改一级菜单项的背景颜色
        menu[i].onmouseout=function(){
            this.style.background="#999";
            this.getElementsByTagName("ul")[0].style.display="none";
        }
    }
}
```

上述脚本代码的导航条菜单项中的 onmouseover 事件处理函数又包含了二级菜单项的 onmouseover 和 onmouseout 两个事件处理函数，分别用来实现鼠标指针移入和移出时，二级菜单项背景颜色的修改。

习 题 20

上机题

（1）上机演示本章的 4 个实例。

（2）使用 JavaScript+CSS 实现图 20-9 所示的效果。其中导航条的默认背景颜色为#999，鼠标指针移动到的菜单项以及弹出的二级菜单的背景颜色都是#eee。另外，当鼠标指针移动到二级菜单项时，一级菜单项的颜色变为红色。

图 20-9　左侧菜单的二级菜单效果

第21章

使用 HTML5+CSS+JavaScript 创建企业网站

21.1 网站的建设与发布流程

网站建设是一个系统工程，包含一定的工作流程，只要遵循这个流程，按部就班把每一步工作做好，就有可能创建出令人满意的网站。简单来说，这个流程大致可分为：网站策划、网站素材收集、网页规划、网站目录设计、网页制作、网站测试和网站发布等几个主要步骤。

21.1.1 网站策划

网站策划，即网站定位，在建设网站前，首先必须确定网站的主题。这一步主要是确定网站的题材，即明确网站的类型，网站是作为个人主页，还是门户网站、社交网站、公司网站或是电子商务网站。确定主题后，还要明确访问网站的对象和网站内容。主题、对象和内容三者之间存在的相互关系如图 21-1 所示。

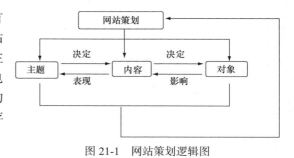

图 21-1 网站策划逻辑图

21.1.2 网站素材收集

网站定位后，就应该围绕网站的主题和访问对象收集网站的素材了。这些素材主要包括文字、图片、动画、声音及影像等类型的资料。收集网站素材的途径主要有以下两种。

（1）自己编制文字材料或使用制作软件（如 Photoshop、Fireworks 等）制作图片，使用 Flash 等软件制作动画，以及使用影视软件制作影像视频等多媒体文件。

（2）从网络、书本、报刊、杂志、光盘等媒体中获取所需素材。

收集的素材，应分门别类地保存在相应的目录中，以便制作网站时使用。另外，在使用别人的素材时，要注意版权问题，并确保内容的完整性与正确性。

21.1.3 网页规划

网页规划包括网页版面布局和颜色规划。

网页的版面是指在浏览器中看到的完整的页面大小。由于浏览器有 800px×600px、1 024px×768px、1 280px×800px 等多种分辨率，所以为了能在浏览器窗口完整地显示页面，制作网页时需要设置页面的宽度。目前宽度一般设置为不超过 800px 或让网页自适应浏览器宽度变化。

网页布局是指设计网页结构，即合理地设计页面的栏目和板块，并将其合理地分布在页面中。例如，网站主页包括网站标志、导航栏、广告条、主内容区、页脚等基本构成内容，在规划网页时，需要对这些内容进行布局规划。例如，网站的标志应该能集中体现网站的特色、内容及其文化内涵和理念；广告条位置应该对访问者有较大的吸引力，通常在此处放置网站的宗旨、宣传口号、广告语或设置为广告席位来出租；导航栏可以根据具体情况放在页面的左侧、右侧、顶部和底部；主内容区一般是二级链接内容的标题、内容提要或内容的部分摘录，布局通常是按网站内容的分类进行分栏或划分板块；页脚通常用来标注站点所属单位的地址、E-mail 链接、版权所有和导航条。

页面颜色的规划需要遵循一定的原则：保持网页色彩搭配的协调性；保持不同网页色彩的一致性；根据页面的主题、性质及浏览者来规划整体色彩。

21.1.4　网站目录设计

为了能正确访问，以及便于日后维护和管理，在设计网站目录时，需要遵循这样的原则：目录的层次不要太深，一般不要超过 3 层；不要使用中文目录；尽量使用意义明确的目录名称。

设计网站目录的一般步骤如下。

（1）创建一个站点根文件夹。

（2）根据网站主页中的导航条，一般在站点根文件夹下为每个导航栏目创建一个文件夹（除首页栏外）。

（3）在站点根目录下创建用于存放公用图片的 images 文件夹。

（4）在站点根目录下创建一个存放样式文件的 css 文件夹。

（5）在站点根目录下创建一个存放脚本文件的 js 文件夹。

（6）如果有 Flash、AVI 等多媒体文件，则可以在站点根文件夹下再创建一个用于存放多媒体文件的 media 文件夹。

（7）创建主页，并命名为 index.html 或 default.html，然后存放在根目录下。

（8）每个导航栏目的文件分别存放在相应的导航栏目录下。

21.1.5　网页制作

上述各项工作做好后，就可以开始制作网页了。网页包括静态网页和动态网页，如果是静态网页，只需使用 HTML、CSS 和 JavaScript 来创建；如果是动态网页，则还需要使用诸如 JSP、ASP.net、PHP 等用于创建动态网页的技术。在此主要介绍静态网页的制作。静态网页的制作可以使用任意一种文本编辑工具，如记事本、Dreamweaver 等。

21.1.6　网站测试

为了保证建设的网站能被用户快速有效地访问到，在发布网站之前以及之后，都应对网站进行测试。根据测试内容的不同，网站测试可分为以下几种类型。

（1）浏览器兼容测试：在不同的浏览器中和在不同的浏览器版本下访问网页，查看显示情况是否正确。

（2）链接测试：单击每一个链接，查看能否正确链接到目标页面，确保不存在无效和孤立链接。

（3）发布测试：将网站发布到 Internet 上后，测试网站中网页的链接及访问速度等内容，确保各个链接有效，同时确保访问速度可接受。

21.1.7　网站发布

网站创建好后，就可以申请域名供别人访问了，如果需要使用别人提供的网站空间，则还需要申请空间，并且将网站上传到所申请的空间上。上传网站既可以使用 CuteFtp 这样的 FTP 软件，也可以使用 Dreamweaver 软件的上传文件功能。

21.2　使用 HTML5+CSS+JavaScript 创建网站

本节将综合应用前面介绍的 HTML5、CSS 和 JavaScript，创建如图 21-2 所示的企业网站。

图 21-2　企业网站页面效果图

21.2.1　网站的创建流程

上一节介绍了网站建设是一个系统工程，在创建网站时应首先进行网站策划，然后收集素材、规划网页、设计网站目录，最后制作网页。

1. 网站策划

网站策划，即网站定位，主要是明确网站的类型。经过策划，我们确定将要创建的网站是一个企业网站，主要用于宣传企业形象、企业文化和产品，并提供企业与用户的在线交流。网站主要面向的用户是单位。

2. 网站素材收集

根据上面的策划，在制作网站前，需要相关的素材，如网站标志（Logo）、Flash 广告、公司简介、产品图片及信息等资料。

3. 网页规划

网页规划包括网页版面布局和颜色规划。

为了能在尽可能多的浏览器窗口中完整地显示网页，本网站将网页宽度设定为 800px。根据网站策划，可确定网站的栏目主要有首页、公司简介、新闻中心、产品展示、合作伙伴、网上订购、人才招聘和联系我们。网页涉及的板块主要包括网站 Logo、导航条、Flash 广告、侧边栏、主内容区和页脚。经过分析，可知网页的版式为：页眉+左右两栏+页脚，页面的总体结构如图 21-3 所示，使用 HTML5+DIV+CSS 布局的网页布局结构如图 21-4 所示。通过对页面的分析，可以看到，页眉又划分为 Logo+导航条+广告条，此时页面的总体结构如图 21-5 所示，对应的网页布局结构如图 21-6 所示。

图 21-3　网页总体结构

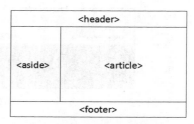

图 21-4　网页布局结构

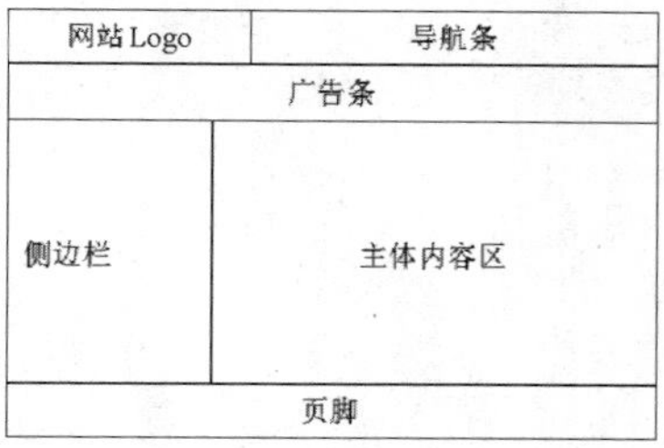

图 21-5　页眉细分后的网页总体结构

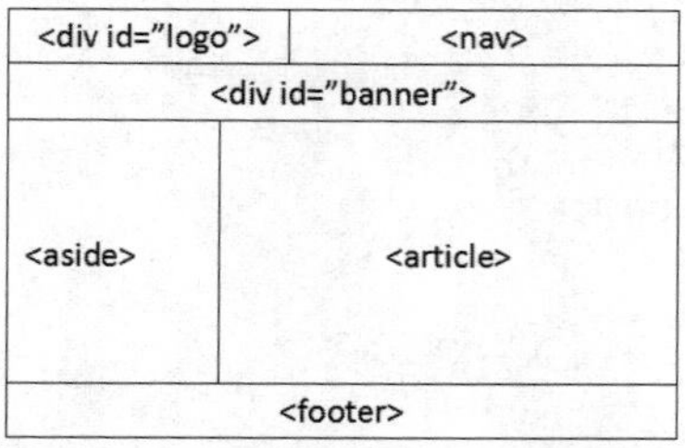

图 21-6　页眉细分后的网页布局结构

颜色规划需要从两方面考虑，一是网页内容，二是访问者。在网站策划中已知道，网站面向的用户主要是单位，因而网站可以做得简洁、大方。为此，将网站的背景色调定为白色，前景主色调定为中灰色，对某些需强调或希望引起浏览者注意的地方则使用橙色，整个网页的颜色尽可能不超过 3 种。

4. 网站目录设计

根据网站策划，该网站的目录可包括首页 index.html、保存网站公共图片的 images 文件夹、保存样式文件的 css 文件夹、保存脚本文件的 js 文件

图 21-7　网站目录结构

夹、保存多媒体文件的 media 文件夹，以及针对导航条栏目设置的一些文件夹。网站目录结构可设计成如图 21-7 所示。

其中 product 文件夹包括产品相关的内容，company 文件夹包括公司简介、联系方式等相关信息。

5．网页制作

可以使用任意文本编辑工具制作网页，但为了提高网页制作的效率，建议使用 Dreamweaver 等可视化的网站管理和制作工具。使用 Dreamweaver 工具时，首先使用它的"站点"菜单创建一个本地站点，然后在这个站点中把第 4 步设计好的目录一一创建好，之后就可以开始网页制作了。下面将通过公司简介和网上订购两个页面来介绍网页的制作，其中涉及 HTML5、CSS 和 JavaScript 的内容。

21.2.2　公司简介网页的制作

公司简介网页的结构如图 21-3 所示，其中的主体内容就是公司简介，页面的最终效果如图 21-2 所示。

1．页面头部制作

页面头部包括网站 Logo、导航条和 Flash 广告这几部分，如图 21-8 所示。

图 21-8　网页头部

（1）头部内容的 HTML 结构代码

```
<header class="wrap">
   <div id="logo">
     …
   </div>
   <nav>
     …
   </nav>
   <div id="flash">
     …
   </div>
</header>
```

（2）页眉布局 CSS 代码

```
.wrap {
    width:800px;
    margin:0 auto;/*水平居中显示*/
}
```

（3）网站 Logo 设置

① 设置网站 Logo 的 HTML 代码。

```
<div id="logo"><img src="images/maintop001.gif"/></div>
```

② 布局网站 Logo 的 CSS 代码。

```
/*设置 Logo 的最外层 DIV 的样式*/
```

```
#logo{
    width:180px;
    margin:0px;
    padding:0px;
    float:left;
}
/*设置 Logo 图片的样式*/
#logo img{
    width:100%;
    height:129px;
}
```

上述代码使网站 Logo 居左浮动。

（4）导航条设置

① 设置网站导航条的 HTML 代码。

```
<nav>
    <ul>
        <li><a href="">首 页</a></li>
        <li><a href="">公司简介</a></li>
        <li><a href="">新闻中心</a></li>
        <li><a href="">产品展示</a></li>
        <li><a href="">新品推荐</a></li>
        <li><a href="">合作伙伴</a></li>
        <li><a href="">网上订单</a></li>
        <li><a href="">人才招聘</a></li>
        <li class="last"><a href="">联系我们</a></li>
    </ul>
</nav>
```

导航条使用无序列表创建，通过设置 CSS 样式将列表的各个选项布局在一行中。

② 布局导航条的 CSS 代码。

```
/*设置导航条的样式*/
nav{
    margin:0;
    width:620px;
    height:46px;
    font-size:12px;
    padding-top:83px;
    float:right;
}
/*设置无序列表项样式*/
nav li{
    display:inline;
    list-style-type:none;
    padding:0 5px;
    border-right:1px solid #ccc;   /*使用右边框线作为菜单项的分隔线*/
}
/*设置超链接未访问和已访问两种状态的样式*/
a:link,a:visited{
    font-family:"宋体";
    font-size:13px;
```

```
    color:#666666;
    text-decoration:none;
}
/*设置超链接悬停状态的样式*/
a:hover{
    font-family:"宋体";
    color:#FF6600;
    text-decoration:none;
}
```

上述代码使用 display:inline 将各个列表项显示在一行中，使用 border-right:1px solid #ccc 设置右边框线，实现菜单项之间的分隔。

（5）Flash 广告设置

① 设置 Flash 广告的 HTML 代码。

```
<div id="flash">
  <object classid="clsid:D27CDB6E-AE6D-11cf-96B8-444553540000"
    id="FlashID" width="800" height="165">
  <param name="movie" value="flash/top_01.swf">
  <param name="quality" value="high">
  <param name="wmode" value="opaque">
  <param name="swfversion" value="6.0.65.0">
  <param value="../Scripts/expressInstall.swf" name="expressinstall">
  <object type="application/x-shockwave-flash"
    data="flash/top_01.swf" width="800" height="165">
    <param name="quality" value="high">
    <param name="wmode" value="opaque">
    <param name="swfversion" value="6.0.65.0">
    <param value="../Scripts/expressInstall.swf" name="expressinstall" >
    <div>
        <h4>此页面上的内容需要较新版本的 Adobe Flash Player</h4>
        <p><a href="http://www.adobe.com/go/getflashplayer">
        <img src="http://www.adobe.com/images/shared/
        download_buttons/get_flash_player.gif" width="112"
        height="33" alt="获取 Adobe Flash Player"/>
    </a></p>
    </div>
  </object>
  </object>
</div>
```

② 布局导航的 CSS 代码。

```
/*设置 Flash 广告 DIV 样式*/
#flash{
    clear:both;/*清除左、右浮动,使动画显示在 Logo 和导航条下面*/
    width:800px;
    height:165px;
    margin:0;
    padding:0;
}
```

上述代码使用 clear:both 使广告条不上浮，从而避免与 Logo 和导航条发生重叠。

2. 页面内容布局版式

页面内容包括侧边栏和主体内容两块，使用左右两栏布局版式。

（1）HTML 结构代码

```
<div id="content" class="wrap clearfix">
    <aside>
        …
    </aside>
    <article>
        …
    </article>
</div>
```

（2）布局导航的 CSS 代码

```
/*设置网页内容与页眉的间距*/
#content{
    margin-top:12px;
}
/*左侧边栏向左浮动*/
aside{
    float:left;
    width:186px;
}
/*主体内容向右浮动*/
article{
    width:586px;
    padding:0;
    margin:0 0 0 20px;
    float:right;
}
/*使用伪元素解决左右两栏浮动后，#content 父元素高度自适应问题*/
.clearFix:after {
    content:"";
    display:block;
    clear:both;
}
```

上述 HTML 代码将网页内容分为左、右两块，其中左边内容作为侧边栏，右边内容作为主体内容。CSS 将左、右两块内容分别设置为向左和向右浮动，因此需要对父元素#content 设置高度自适应。上述代码使用伪元素来解决父元素的高度自适应问题。

3. 页面主体内容制作

公司简介页面的主体内容是公司简介，公司简介包括公司简介标题和公司简介内容，如图 21-9 所示。HTML 结构代码如下。

```
<article>
    <h1><img src="images/newtoptb001.gif" style="float:left;"></h1>
    <section id="main">
        …
    </section>
</article>
```

（1）放置主体内容的布局 CSS 代码

```
article{
    width:586px;
    padding:0;                  /*设置主体内容与区块边框上、下、左、右的间距为 0*/
    margin:0 0 20px;            /*设置主体内容与侧边栏的间距为 20px,与周围其他对象的间距为 0*/
    float:right;                /*居右浮动*/
```

```
}
```

上述代码使用 float:right 设置主体内容居右浮动。

图 21-9　网页主体内容

（2）主体内容标题设置

① 设置主体内容标题的 HTML 代码。

```
<h1>
    <!--使用内联样式设置图片居左浮动 -->
    <img src="images/newtoptb001.gif" style="float:left; ">
</h1>
```

上述代码使用一级标题标签设置主体内容标题，起到强调作用。另外，因为 article 区块设置了居右浮动，所以为了让内容标题单独居左浮动，需要覆盖父区块的样式设置，使用内联样式可达到这一目的。上述代码对标题图片设置了内联样式，使图片居左浮动。

② 主体内容标题的样式代码。

```
/*设置主体内容标题布局样式*/
article h1{
    width:566px;
    margin:0 0 5px 0;
    padding:0px;
}
/*设置主体内容标题图片样式*/
article h1 img{
    width:265px;
    height:35px;
}
```

（3）主体内容设置

① 设置主体内容的 HTML 代码。

```
<section id="main">
    <p class="desc">深圳市都龙实业发展有限公司于 1992 年诞生于全国最大的礼品研发、生产基地深
        圳。经都龙人十载的不懈努力和奋斗，都龙现已成为颇具实力与规模的专业礼品公司。公司集研发、生
        产和代理于一体，主要产品有：广告礼品、促销礼品、圣诞礼品、旅游纪念品、劳保用品等。
    </p>
    <div>
        <img src="images/00001.gif" id="phto">
        <p class="desc">我们致力于为用户传播企业文化、塑造品牌形象，以极富创意的设计、精湛的制
            作工艺及专业的销售服务获得广大客户的好评，在业界享有良好的口碑。先后得到了中国电信、
            中国移动、中国联通、中国银行、中国建行、中国人寿、中国人保、五粮液集团、剑南春集团、
            绵阳卷烟厂等单位的青睐与支持。
        </p>
    </div>
    <div>
        <strong>我们的理念</strong><br>
        <p class="desc">
            我们以"互利共赢，资源共享，共谋发展"为理念，以传递时尚、品位、交流、关爱为定位，透
            过策略性的思考，审视客户的市场现状及客源定位，根据客户的品牌风格、产品的性质，在符合
            客户预算的范围内做出有创造性的礼品选择和方案设计，令礼品与客户的品牌在风格上得到充分
            的统一和升华，最大限度地吸引消费者，让客户的企业和产品在激烈的市场竞争中如虎添翼。
        </p>
    </div>
    <div>
        <strong>全方位的创意</strong><br>
        <p class="desc">面对纷纭繁杂的礼品种类和千变万化的市场需求，礼品方案的选择及设计决定
            着促销活动的成败，我们所秉持的是：
        </p>
        <p class="pt">→如何吸引消费者最大的注意</p>
        <p class="pt">→传达一个简单而有力的品牌主张</p>
        <p class="pt">→占据有效而极具竞争力的市场定位</p>
    </div>
</section>
```

主体内容中使用了 HTML 5 的 section 标签。作为 article 的正文内容，"我们的理念"和"全方位的创意"分别使用了 strong 标签来实现加粗样式，以达到强调效果。

② 布局主体内容的 CSS 代码。

```
/*设置主体内容的样式*/
#main{
    margin:0;
    padding:0;
    clear:left;  /*清除主体内容标题的左浮动*/
    width:576px;
    font-size:14px;
    font-family:"宋体";
    text-align:left;
```

```
        line-height:180%;
        color:#666666;
}
/*设置主体内容中的图片样式*/
#phto{
        width:319px;
        height:194px;
        float:right;  /*居右浮动*/
}
p{
        text-indent:24px;/*段首缩进两个字符*/
}
.desc{
        margin-top:0;/*重置段落的上外边距为0*/
}
.pt{
        margin:0;/*重置段落的上、下外边距为0*/
}
```

在#main 中使用 clear:left 清除主体内容标题居左的浮动，使内容显示在标题的下面。另外，为了让公司简介中的图片居右显示，再一次使用了 float:right 让其浮动到文字的右边。由于段落默认存在上、下边距，在上述 CSS 代码中分别使用两个类选择器来重置相关段落的上外边距以及上、下外边距。需要注意的是，段首缩进应使用 CSS 来设置，不要使用 " " 来设置缩进，因为 " " 在不同浏览器中解析的字符可能是不同的。

4. 页面侧边栏制作

页面侧边栏的内容包括最新公告、友情链接和图片广告。

（1）侧边栏的 HTML 结构代码

```html
<aside>
    <section id="notice">
        …
    </section>
    <section id="link">
        …
    </section>
    <section id="ad">
        …
    </section>
</aside>
```

上述代码使用 HTML5 的 section 元素将侧边栏分为三块，分别设置公告、友情链接和广告。

（2）侧边栏的布局 CSS 代码

```css
aside{
    float:left;
    width:186px;
}
```

（3）最新公告设置

① 设置最新公告的 HTML 及 JavaScript 代码。

```html
<section id="notice">
    <h1>最新公告</h1>
    <div class="box" id="notice_content">
        <ul id="col1">
```

```
                    <li>本公司将一如即往,服务好新老客户,为客户提供最优价产品,欢迎联系我们!<br>
                        热线: 0755-83155222  <br>
                        传真: 0755-83155366<br>
                        电邮: dulonglp@vip.163.com<br>
                        QQ: 59223322  228238633<br>
                    </li>
                </ul>
                <ul id="col2"></ul>
        </div>
</section>
<script>
    //使用 JS 产生滚动字幕效果
    var LEN = 200; // 一个完整滚动条的长度
    var x = 0;
    var t;
    var speed=30;//滚动速度
    var box=document.getElementById("notice_content");
    var col1 = document.getElementById("col1");
    var col2 = document.getElementById("col2");
    col2.innerHTML=col1.innerHTML;
    var marquee = function(){
        col1.style.top = x + 'px';
        col2.style.top = (x + LEN) + 'px';
        x--;
        if( (x + LEN) == 0 ){
          x = 0;
        }
    };
    t = setInterval(marquee,speed);
    box.onmouseover=function(){/*鼠标指针移动到公告上停止滚动*/
        clearInterval(t);
    };
    box.onmouseout=function(){/*鼠标指针移开公告上继续滚动*/
        t=setInterval(marquee,speed);
    };
</script>
```

上述代码将最新公告划分成了标题和公告两块,分别使用 h1 和 div 来设置。在 HTML 代码
中,公告的滚动字幕效果使用 JavaScript 代码来实现。

② 最新公告的 CSS 代码。

```
#notice{ /*公告容器样式*/
    width:186px;
    margin:0;
    padding:0;
}
h1{ /*公告标题样式*/
  margin:0;
    padding:0;
    color:#000;
    font-size:13px;
}
#notice_content{/*公告内容样式*/
```

```
    text-align:left;
    position:relative;
    width:186px;
    height:170px;
    overflow:hidden;
    border:1px solid #f1f1f1;
}
#col1, #col2 {  /*设置滚动字幕的样式*/
    list-style:none;
    height:340px;
    color:#FF6600;
    padding:5px;
    font-size:12px;
    position:absolute;
}
h1,#col1,#col2 {
    font-family:"宋体";
    text-align:left;
    line-height:180%;
}
```

为了引起访问者的注意，将公告内容颜色设置成橙色。

（4）友情链接设置

① 设置友情链接的 HTML 代码。

```
<section id="link">
    <h1>友情链接</h1>
    <div id="link_content">
       <div id="img">
          <a href="http://www.hongkongzousonfu.com" target="_blank">
             <img src="images/link002.gif" />
          </a>
       </div>
       <div id="form">
         <form>
            <select size="1" class="shared" name="quickbar"
            onChange="QbDcTEST(this);"language="JavaScript"
            style="font-size:9pt;background-color:#000000;color:#ffffff">
             <option value="-1" >-----友情链接-----</option>
             <option value="http://www.bjgift.com">礼品网</option>
             <option value="http://www.allmug.com/main.htm">上海欧源工艺礼品</option>
             <option value="http://www.cjol.com">中国人才热线</option>
             <option value="http://www.sina.com.cn">新浪网</option>
             <option value="http://www.szptt.net.cn">深圳之窗</option>
             <option value="http://www.szonline.net">深圳热线</option>
         </select>
         <script language="JavaScript">
          function QbDcTEST(s){
            var d = s.options[s.selectedIndex].value;
            window.open(d);
             s.selectedIndex=0;
          }
          </script>
         </form>
```

```
        </div>
      </div>
</section>
```

上述代码将友情链接划分成了标题和链接两部分，其中链接内容又进一步划分成图片链接和下拉列表链接两部分。下拉列表使用了内联样式设置背景颜色和前景颜色。另外，在 HTML 中嵌入脚本响应下拉列表的选项变化事件。

② 布局友情链接的 CSS 代码。

```
#link{    /*友情链接的布局样式*/
      margin:15px 0 0 0;
      padding:0;
      width:186px;
}
h1{    /*与最新公告标题样式完全相同*/
      …
}
#link_content{/*设置友情链接 DIV 样式*/
      margin:0;
      padding:0;
      border:1px solid #f1f1f1;
}
#link img{/*设置友情链接图片样式*/
      width:175px;
      height:56px;
      border:0;
      padding:0;
      margin:5px 5px 0 5px;
}
#form{/*设置下拉列表样式*/
      text-align:center;
      padding:0;
      margin:10px 0 10px 0;
}
form{
      margin-bottom:0;/*重置下外边距为 0*/
}
```

5. 页脚制作

页脚主要用于设置版权信息、网站备案信息、联系方式等内容，效果如图 21-10 所示。

图 21-10　网页页脚

图 21-10 所示的页脚包含两种背景图片，可设置两个 div 得到该效果。页脚的 HTML 结构代码如下。

```
<footer>
  <div id="bg1">
      …
    </div>
```

```
    <div id="bg2">
      …
    </div>
</footer>
```

（1）设置页脚的 HTML 代码

```
<footer>
    <div id="bg1"> </div>
    <div id="bg2">
        版权所有：深圳市都龙实业发展有限公司　网站备案编号：
        <a href="http://www.miibeian.gov.cn" target="_blank">
        <span>粤 ICP 备 05054648 号</span></a>
        服务热线：0755-83155222 传真：0755-83155366<br>
        E-mail: <a href="mailto:dulonglp@vip.163.com">
                dulonglp@vip.163.com</a>
    <div>
</footer>
```

页脚中的第一个 div 不包含任何内容，纯粹是用来设置背景图片的；第二个 div 用于设置版权信息、网络备案信息和联系方式。

（2）布局页脚的 CSS 代码

```
#bg1{/*设置放置第一个背景图片的 DIV 样式*/
    width:100%;
    background:url(../images/bg002.jpg);
    margin:0;
    padding:0;
}
#bg2{/*设置放置第二个背景图片的 DIV 样式*/
    width:100%;
    margin:0;
    padding:20px 0 0;
    background:url(../images/bg001.gif);
    height:60px;
    color:#666666;
    font-family:"宋体";
    font-size:14px;
    line-height:180%;
}
#bg2 span{/*设置超链接文本颜色*/
    color:#FF6600;
}
```

上述代码在#bg1和#bg2中分别设置了背景图片，另外，为了突出网络备案信息，特意使用 span 对该信息设置了橙色。

6. 网页居中显示设置

在 21.2.2 节中，已经设置了网页的宽度为 800px。为了让网页居中显示，在非标准的 IE 浏览器中可以设置 body 的文本居中显示；但在标准的浏览器，如 Firefox、Chrome 以及遵循 W3C 标准的较高版本的 IE 等浏览器中，必须设置网页所在 div 的左右边距为 0、上下边距自动调整。在本案例中，对页眉、内容和页脚使用了 class="wrap"作为网页各块内容的外部容器。按照这个思路，可以设置以下 CSS 样式来实现在各种浏览器中的居中显示效果。

```
body{
    /*在非标准的 IE 浏览器中，只要设置文本水平居中即可使网页居中显示*/
    text-align:center;
    margin:0;
}
.wrap{
    width:800px;
    margin:0 auto;/*设置标准浏览器中的内容水平居中显示*/
}
```

21.2.3　网上订购页面的制作

网上订购页面的结构如图 21-2 所示，其中的主体内容主要为网上订购表单，页面的最终效果如图 21-11 所示。

图 21-11　网上订购页面效果

1. 主体内容 HTML 代码

```
<div id="order">
    <h1>
        <!--使用内联样式覆盖父 div 的居右浮动设置-->
        <img src="images/newtoptb006.gif" style="float:left;">
    </h1>
    <div id="order_ad">
        <img src="images/newp006.jpg">
    </div>
    <div id="order_form">
```

```html
<!--提交表单时首先执行 check()脚本函数，校验表单数据是否有效-->
<form  action="" onSubmit="return check()">
  <table>
    <tr>
        <td class="label">订购产品: </td>
        <td class="element">
            <input name="product" id="product" size="26" required>
        </td>
    </tr>
    <tr>
        <td class="label">订购数量: </td>
        <td class="element">
            <input name="account" id="account" size="6" type="number"required>
        </td>
    </tr>
    <tr>
        <td  class="label">订购公司: </td>
        <td class="element">
            <input name="company" id="company" size="30"  required>
        </td>
    </tr>
    <tr>
        <td class="label">联系人: </td>
        <td class="element">
            <input name="name" id="name" size="12" required>
        </td>
    </tr>
    <tr>
        <td class="label">联系电话: </td>
        <td class="element">
            <input name="tel" id="tel" size="18" required>
        </td>
    </tr>
    <tr>
        <td class="label">联系传真: </td>
        <td class="element">
            <input name="fax" id="fax" size="18">
        </td>
    </tr>
    <tr>
        <td class="label">E-mail: </td>
        <td class="element">
            <input name="email" id="email" size="18" type="email" required>
        </td>
    </tr>
    <tr>
        <td class="label" valign="top">备注: </td>
        <td class="element">
          <textarea name="message" id="message"cols="45"rows="10"></textarea>
        </td>
    </tr>
    <tr>
        <td class="label"> </td>
```

```
                <td class="element">
                        <input name="cmdOk" type="submit" value="提交订单">
                        <input name="cmdReset" type="reset" value="重写">
                </td>
            </tr>
        </table>
    </form>
  </div>
</div>
```

上述代码使用表格来布局表单 label 和表单元素，并分别使用 label 和 element 类选择器来设置表单 label 和表单元素的样式，以实现样式的重用。另外，使用 HTML 5 表单新增的 type 属性分别设置了订购数量和 email 两个元素的类型，从而无需使用 JavaScript 代码，也能保证输入的订购数量只能是数字，以及正确格式的 E-mail。同时，在 HTML 5 表单中那些必填字段则增加了 required 属性以实现非空有效性校验。通过在 HTML 5 输入表单元素中使用 type 和 required 两个属性，可以极大地压缩数据有效性校验代码。

2. 布局主体内容的 CSS 代码

```
/*主体内布局样式代码*/
#order{
    width:586px;
    margin:0 0 0 20px;
    padding:0;      /*主体内容与div边框间距为0px*/
    float:right;  /*设置网上订购主体内容div居右浮动*/
}
/*设置主体内容标题样式*/
#order h1{
    width:566px;
    padding:0;
    margin:0 0 5px 0; /*主体内容标题与下面的广告图片的间距为5px,与周围其他对象的间距为0px*/
}
/*设置标题图片的样式*/
#order h1 img{
    width:265px;
    height:35px;
}
/*设置广告div的宽度*/
#order_ad{
    width:586px;
}
/*设置广告图片的样式*/
#order_ad img{
    width:580px;
    height:80px;
    border:1px solid #f1f1f1;       /*广告图片边框线为实线,宽为1px,颜色为浅灰色*/
}
/*设置网上订购表单div的样式*/
#order_form{
    width:566px;
    margin:5 0 0 0px;/*网上订购表单与上面的广告图片间距为5px,与其他对象的间距为0px*/
    padding:0;  /*网上订购表单与div边框的间距为0px*/
```

```css
}
/*设置表单 label 样式*/
.label{
    height:25px;
    width:130px;
    text-align:right;
    font-family:"宋体";
    font-size:12px;
    line-height:180%;  /*行间距为默认行间距的 180% */
    font-weight:bold;   /*字体加粗显示*/
}
/*设置表单元素样式*/
.element{
    width:455px;
}
/*设置表格样式*/
table{
    width:100%;
    height:79px;
}
```

3. 校验表单数据有效性的脚本代码

校验表单数据有效性，使用了两种方式，一是使用 HTML 5 表单新增的 type 类型实现数值和 E-mail 类型的有效性校验，使用 requried 属性来实现字段值的非空校验；二是对一些字段使用正则表达式进行 JavaScript 校验。JavaScript 校验代码如下。

```javascript
<script>
function check(){
   var flag=true;
   //定义正则表达式
   var pattern=/\S{3,}/;  //至少包含 3 个非空白字符
   var ptel=/\d{11}/;  //验证电话必须是 11 位数字
   //获取 DOM 对象
   var product=document.getElementById("product");
   var tel=document.getElementById("tel");
   //使用正则表达式校验数据有效性
   if(product.value.match(pattern)==null){
     alert("必须输入至少三个非空字符");
     flag=false;
     product.select();
   }
   if(tel.value.match(ptel)==null){
     alert("请输入 11 位手机号");
     flag=false;
     tel.select();
   }
   return flag;
}
</script>
```